BIBLIOTHÈQUE SCIENTIFIQUE CONTEMPORAINE

LA

Lumière Électrique

GÉNÉRATEURS

FOYERS. DISTRIBUTION. APPLICATIONS

DU MÊME AUTEUR

LA TÉLÉGRAPHIE ACTUELLE

EN FRANCE ET A L'ÉTRANGER

LIGNES, RÉSEAUX, APPAREILS, TÉLÉPHONES

1 vol. in-16 334 pages, avec 131 figures intercalées dans le texte. 3 fr. 50

Bibliothèque Scientifique Contemporaine

Nouvelle collection de volumes in-16, comprenant 300 à 400 pages, imprimés en caractères elzéviriens et illustrés de figures intercalées dans le texte

PRIX DE CHAQUE VOLUME : **3 FR. 50**

75 volumes sont en vente.

DERNIERS VOLUMES PARUS

BERNARD (Claude). La science expérimentale.

BOUANT. La galvanoplastie, le nickelage, l'argenture, la dorure et l'électro-métallurgie.

CHARPENTIER (A.). La lumière et les couleurs au point de vue physiologique.

COUVREUR (E.). Le microscope et ses applications à l'étude des végétaux et des animaux.

DALLET. La prévision du temps et les prédictions météorologiques.

DALLET. Les merveilles du ciel.

DUCLAUX. Le lait, études chimiques et microbiologiques.

FOUQUÉ. Les tremblements de terre.

GADEAU DE KERVILLE. Les animaux lumineux.

GARNIER (Léon). Ferments et fermentations, étude biologique des ferments, rôle des fermentations dans la nature et l'industrie.

GRAFFIGNY (de). La navigation aérienne et les ballons dirigeables.

GUX (le colonel). L'artillerie actuelle en France et à l'étranger, canons, fusils, poudres et projectiles.

—— L'électricité appliquée à l'art militaire.

IMBERT. Les anomalies de la vision, introduction par le docteur JAVAL.

LEFÈVRE (Julien). La photographie, applications aux sciences, aux arts et à l'industrie.

PLANTÉ (G.). Phénomènes électriques de l'atmosphère.

RAVENEZ. La vie du soldat, au point de vue de l'hygiène.

SAIORTA (Ant.). Les théories et les notations de la chimie moderne. Introduction par C. FRIEDEL, membre de l'Institut.

LEFÈVRE (Julien). *L'électricité à la maison.* 1 vol. in-18 jésus, 396 pages avec 209 figures intercalées dans le texte *(Biblioth. des connaissances utiles).* . 4 fr.

LA
Lumière Électrique

GÉNÉRATEURS
FOYERS. DISTRIBUTION. APPLICATIONS

PAR

L. MONTILLOT

DIRECTEUR DE TÉLÉGRAPHIE MILITAIRE

Avec 190 figures intercalées dans le texte

PARIS

LIBRAIRIE J.-B. BAILLIÈRE ET FILS

RUE HAUTEFEUILLE, 19, PRÈS DU BOULEVARD SAINT-GERMAIN

1890

PRÉFACE

Permettre au lecteur de se rendre un compte exact des procédés mis en œuvre pour obtenir l'éclairage électrique, tel a été le but de ce livre.

Notre plan était dès lors tout indiqué : *générateurs, foyers, distribution, applications.*

Après un résumé historique très succinct qui fait l'objet du premier chapitre, nous examinons successivement les piles industrielles, les accumulateurs, les machines magnéto-électriques et les machines dynamo-électriques.

L'étude des foyers comprend les régulateurs à arc, les bougies électriques et les lampes à incandescence.

Les différents systèmes de canalisation et de distribution, les compteurs d'électricité et les transformateurs ont trouvé place dans le chapitre VIII.

Le reste de l'ouvrage est consacré aux applications de la lumière électrique à l'éclairage de la voie publique, aux théâtres, aux phares, à la marine, à la guerre, à l'industrie (usines, chantiers, mines, trains de chemins de fer, etc.).

Enfin, sous le titre d'applications diverses, nous avons réuni tout ce qui a trait aux études microscopiques, à la chirurgie, à la photographie et aux installations domestiques.

En terminant cet exposé, qu'il nous soit permis d'exprimer toute notre gratitude à MM. Hippolyte Fontaine, Bréguet, Clémançon, Trouvé, qui nous ont obligeamment prêté plusieurs figures: à MM. Boistel, d'Einbrotht, Harlé, qui ont bien voulu nous fournir une foule de renseignements intéressants pendant les visites que nous avons faites aux usines de la compagnie l'*Éclairage électrique*, de la Compagnie continentale Edison et de MM. Sautter, Lemonnier; puissent nos lecteurs nous témoigner la même bienveillance.

L. MONTILLOT.

Paris, le 5 septembre 1880.

TABLE DES MATIÈRES

FIN DE LA TABLE DES MATIÈRES

LA

Lumière Électrique

I

ARC ET INCANDESCENCE

Les différents modes d'éclairage depuis l'antiquité jusqu'à nos jours. — L'arc voltaïque. — Les charbons. — L'incandescence.

Les différents modes d'éclairage depuis l'antiquité jusqu'à nos jours. — Les rues de Paris ne sont pas encore éclairées à l'électricité et, dans notre fièvre, dans notre désir immodéré de vivre vite, dûssions-nous ne pas vivre longtemps, nous nous en étonnons !

Jusqu'à un certain point, cet étonnement est légitime. N'existe-t-il pas, tant en France qu'à l'étranger, nombre de petits centres de population, un peu plus que des bourgades, un peu moins que des villes, auxquels l'électricité déverse chaque soir des flots de lumière, alors que bien des grandes voies de la capitale ne sont dotées que d'un éclairage imparfait !

Quoiqu'il en soit, je ne puis m'empêcher d'admirer les progrès réalisés depuis le commencement de ce siècle qui, à juste titre, pourra dans l'histoire prendre le nom de *siècle de la lumière*, et alors, émerveillé des résultats déjà obtenus, j'attends patiemment que les procédés les plus perfectionnés reçoivent une suprême sanction par leur application à l'éclairage de la capitale. Ma patience ne sera pas longtemps à l'épreuve.

Nous ne parlerons pas de la lampe antique; du reste, les musées en regorgent, et il ne faudrait pas courir bien loin pour en trouver des types, fort peu modifiés, dans les campagnes où, reléguées dans des coins, elles sont certainement moins rares que les vieilles assiettes si recherchées par les collectionneurs.

Il nous faut remonter au XIIe siècle pour voir apparaître la chandelle en Angleterre; au XIVe seulement on l'introduit en France. L'éclairage public par des lanternes ne date que du XVIIe siècle, et ce n'est que vers le milieu du XVIIIe, en 1745, qu'on adapta à ces falots des réflecteurs et qu'ils devinrent des *réverbères*.

Au commencement du siècle actuel, trois branches d'éclairage entrent, non pas en concurrence, mais en ligne, par suite du perfectionnement des lampes, de la transformation de la chandelle, et de la découverte du gaz.

En 1785, Quinquet imagine la lampe qui porte son nom et qui est basée sur le principe des vases communiquants; bientôt après, il applique à son système la mèche circulaire dont l'idée revient à Argant.

En 1800, Carcel crée le type de lampe à mouvement d'horlogerie qui sert encore aujourd'hui d'unité pour les mesures photométriques.

Un peu plus tard, M. Chevreul découvre la composition des corps gras et, en 1831, l'emploi de la bougie stéarique vient faire une sérieuse concurrence à l'antique chandelle.

Pendant ce temps, en 1801, Lebon pose les bases de l'éclairage au gaz et, après les essais de 1818, la consommation du nouveau produit ne fait que progresser.

L'éclairage par les huiles minérales ne date que de 1860; il n'a fait que modifier les conditions de l'éclairage à l'huile en fournissant une lumière plus intense et à meilleur marché.

Mais, la lumière électrique elle-même, nous n'en avons pas encore parlé. Que faut-il pour l'obtenir? quelle est son origine? sous quelle forme se présente-t-elle? comment peut-on pratiquement l'utiliser?

Toute manifestation lumineuse de l'électricité est produite par un corps solide, liquide ou gazeux porté à une haute température. Cette température élevée est due au passage d'un flux énergique d'électricité à travers un milieu résistant; l'électricité se transforme alors en chaleur, de même que, dans d'autres conditions, la chaleur se transforme en électricité.

Plus la température est élevée, plus la quantité de lumière produite est considérable.

L'arc voltaïque. — Lorsque l'échauffement dû à l'électricité se propage à travers un milieu gazeux, la lumière produite reçoit le nom d'*arc voltaïque.*

Ce phénomène fut constaté pour la première fois, en Angleterre, en 1808, par Humphry Davy, à l'aide d'une pile de 2.000 éléments.

Dans son expérience, Davy avait fermé le circuit de sa pile par l'intermédiaire de deux tiges de charbon taillées en pointe. En éloignant légèrement ces pointes, il vit apparaître entre elles une lueur continue, d'un éclat éblouissant, qui persista jusqu'à ce que la distance entre les charbons eût atteint 11 centimètres. Là, tout phénomène lumineux cessa, et c'est en vain que l'illustre chimiste tenta de le reproduire en rapprochant lentement les charbons ; la flamme ne reparut qu'après un nouveau contact entre les charbons.

L'arc voltaïque — c'est ainsi que Davy baptisa sa découverte — est le résultat d'un jet de parcelles incandescentes détachées des charbons.

Lorsque le flux électrique ne change pas de sens, on remarque que l'un des charbons s'use beaucoup plus rapidement que l'autre, dans la proportion de 1 à 2 à peu près. Les physiciens furent portés tout d'abord à penser que le transport avait lieu seulement dans le sens du flux électrique; on reconnut plus tard qu'il y avait réciprocité, que le transport s'effectuait d'un charbon à l'autre, dans les deux sens, mais qu'il était prédominant dans l'un des sens, ce qui explique l'usure plus grande de l'un des charbons.

La température est aussi beaucoup plus élevée sur le charbon qui se consume le plus.

Cette usure des charbons leur donne, au bout d'un certain temps, un aspect différent.

L'un prend la forme d'un tronc de cône terminé par une partie concave, par une sorte de cratère, l'autre représente une pointe émoussée ; tous deux, lorsque le charbon n'est pas pur, se recouvrent de gouttelettes liquides dues à la présence de corps étrangers.

L'éclat et la coloration de l'arc voltaïque dépendent

du milieu dans lequel il se produit, de l'énergie du flux électrique. et des substances entre lesquelles il jaillit, car le charbon n'en a pas le monopole. et tout autre corps suffisamment conducteur peut le remplacer.

On est parvenu à rendre blanche cette lumière qui, dans l'origine, avait une coloration violette fortement prononcée. L'arc faisait également entendre un sifflement désagréable dont on a notablement diminué l'intensité.

Les charbons. — Les premiers charbons employés par Davy étaient des baguettes de charbon de bois éteint dans le mercure. Foucault imagina d'utiliser le *charbon des cornues* que l'on recueille en abondance sur les parois des cornues servant à la distillation de la houille pour la fabrication du gaz d'éclairage. Ce charbon se consume beaucoup plus lentement que le charbon de bois. mais, en raison de son impureté. il produit fréquemment des variations dans l'éclat de la lumière et se brise même parfois; ajoutons que. pour lui donner la forme appropriée à son nouvel usage, les frais de main-d'œuvre étaient considérables : il fallait le débiter en baguettes de un centimètre carré de section et d'une longueur d'une vingtaine de centimètres. Cette opération s'exécutait à la scie et ne laissait pas que d'être très coûteuse, en raison de l'extrême dureté du produit et des déchets volumineux.

Purifier le charbon. le produire artificiellement, tel fut le double but que se proposèrent beaucoup d'inventeurs.

Sans nous arrêter à la période de transition, nous dirons ici quelques mots des procédés employés aujourd'hui par M. Carré et par M. Gauduin pour produire les charbons à lumière électrique, nous réservant de revenir sur certains détails de fabrication lorsque nous traiterons des régulateurs à arc et des bougies électriques.

M. Fontaine nous fournit à ce sujet d'utiles renseignements [1] :

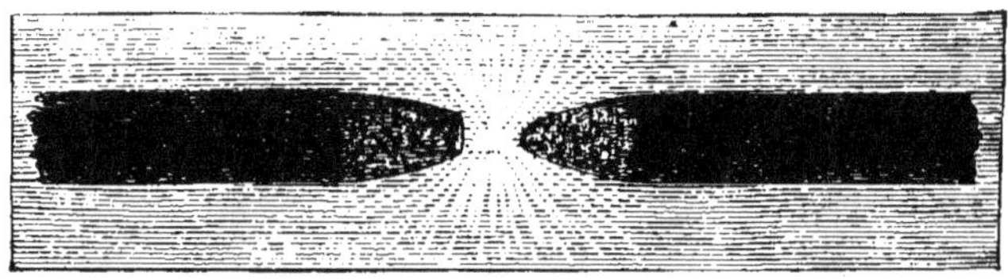

Fig. 1. — L'arc voltaïque.

« On se sert aujourd'hui, pour former la pâte des crayons électriques, de charbon de cornue pulvérisé, ou de coke de pétrole également pulvérisé et aggloméré avec du goudron de gaz. La qualité du produit dépend surtout du broyage intime des substances employées et de leur cuisson. La presse à comprimer est terminée par une filière qui donne au crayon sa forme cylindrique et qui permet de le fabriquer en longueurs quelconques. La cuisson s'opère dans des fours à plusieurs étages ; elle comprend une série d'opérations qui diffèrent un peu dans chaque fabrication. Voici le mode de procéder indiqué par M. Carré.

« Les charbons sont d'abord placés horizontalement dans le creuset en fonte, sur une couche de poussière de coke : chaque lit est séparé par une feuille de papier pour éviter toute adhérence. Entre la dernière couche

---

[1] Hippolyte Fontaine, *Éclairage à l'électricité*, Paris, 1888.

et le couvercle, on met un centimètre de sable de coke, et un centimètre de sable siliceux sur le joint du couvercle.

« Après la première opération, qui doit durer de quatre à cinq heures au moins et atteindre le rouge cerise, les charbons doivent rester deux ou trois heures dans un sirop très concentré et bouillant de sucre de canne ou de caramel, avec deux ou trois intervalles de refroidissement notable, afin que la pression atmosphérique le fasse pénétrer dans tous les pores. On laisse ensuite les charbons égoutter en ouvrant un robinet placé au bas du vase, puis on les agite quelques instants dans l'eau bouillante pour dissoudre le sucre resté à la surface. »

Les charbons sont soumis à plusieurs autres cuissons. jusqu'à ce qu'ils aient acquis la densité et la solidité requises ; on les laisse ensuite sécher lentement.

« Plusieurs fabricants ont simplifié ces opérations, mais le système est resté le même : cuire les crayons en plusieurs fois et les nourrir de carbone pur entre chaque cuisson. »

En 1887, M. Carré a pris un nouveau brevet pour la fabrication des charbons à lumière. Son procédé consiste à introduire dans un cylindre creux de charbon un crayon composé de silicates, carbonates, sulfates, aluminates ou borates de chaux. Le but que se propose l'inventeur est d'allonger l'arc, de donner de la stabilité à la lumière et de la colorer agréablement.

L'un des produits que nous venons d'énumérer est réduit en poudre et délayé dans de l'eau contenant un cinquième de gomme : on en forme une pâte que l'on moule, et, après dessiccation, on introduit les crayons ainsi obtenus dans des baguettes de charbon creuses.

On peut encore diminuer la proportion de gomme et introduire la pâte dans les baguettes de charbon par une pression d'air de un à deux kilogrammes par centimètre carré. Le tout est placé dans une étuve pour dessécher la pâte, carboniser la gomme et déshydrater le sulfate de chaux, lorsque c'est ce corps que l'on emploie.

Depuis quelques années, on a imaginé de cuivrer les charbons pour les rendre plus conducteurs et augmenter leur durée. On obtient le dépôt de cuivre, à très bon marché, par l'électrolyse. Les charbons préparés de la sorte sont surtout employés en Amérique.

L'incandescence. — Lorsqu'un flux énergique d'électricité traverse un conducteur solide, de faible conductibilité, il l'échauffe au point de le rendre lumineux ; il y a *incandescence*. Il suffit, pour que le phénomène soit durable, de faire usage d'un corps assez réfractaire pour ne pas se désagréger.

Les premiers essais d'incandescence eurent lieu sur des fils de platine.

Sans nous arrêter aux essais plus anciens exécutés pour la plupart avec des piles primaires d'un fonctionnement défectueux, nous devons enregistrer les expériences faites par M. Planté en 1872.

Pendant une conférence faite à cette époque au Conservatoire des arts et métiers, le savant inventeur des *accumulateurs*, opérant dans l'obscurité, faisait usage, lorsqu'il avait besoin de lumière pour éclairer sa table d'expériences, de deux fils de platine recourbés en V, comme le montre la figure 2, et portés au rouge blanc

par un accumulateur. Ce n'est que plus tard, vers 1880,
que l'on abandonna le platine pour recourir au charbon
encore bien moins fusible.

On fait habituellement usage de fibres végétales, carbonisées au préalable par des procédés que nous indi-

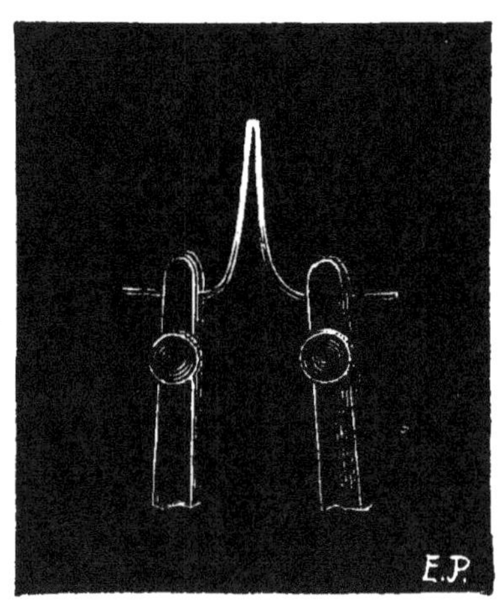

Fig. 2. — Fil de platine incandescent.   Fig. 3 — L'incandescence.

querons, et rendues à la fois tenaces, élastiques et
incombustibles. Évidemment nous exagérons un peu en
disant que ces fibres sont rendues incombustibles,
nous voulons seulement dire par là qu'elles résistent
pendant longtemps aux plus hautes températures,
surtout si elles sont placées dans des conditions favorables. C'est qu'en effet, leur degré de combustibilité

dépend beaucoup du milieu dans lequel elles se trouvent. A l'air libre, elles brûlent encore facilement sous l'effet de l'électricité ; en vase clos, la combustion est moins rapide, mais ses produits ternissent la transparence du récipient ; dans le vide seulement elles donnent l'éclat que nous observons chaque jour dans les installations de lampes à incandescence.

Si la coloration de l'arc voltaïque tourne parfois au violet, celle des lampes à incandescence est sensiblement jaune tirant sur le rouge.

La nature des fibres carbonisées, leurs dimensions et leur mode d'installation dans les lampes varie d'après les constructeurs et fera l'objet d'une étude plus détaillée quand nous décrirons les différents systèmes.

Pour nous maintenir ici dans les généralités, il nous suffit de dire que l'éclat des lampes à incandescence peut varier entre 1 et 1.000 bougies, mais qu'on s'en tient ordinairement, dans la pratique, aux types de 8, 10, 16 et 20 bougies.

II

LES PILES

L'élément voltaïque. — Lorsqu'au commencement de ce siècle, la célèbre discussion scientifique entre Volta et Galvani amena la découverte de la pile électrique, le monde savant d'alors n'aurait pas osé prédire l'immense avenir réservé à cette source d'électricité.

Faible d'abord, inconstante dans son rendement, épuisant rapidement ses forces, la pile, après trente années d'existence était suffisamment perfectionnée pour rendre d'éclatants services à la science et à l'industrie.

Les causes d'affaiblissement avaient été combattues avec succès et, en 1836, on possédait des piles à courant constant dont le principe avait été posé par Becquerel en 1829.

Associés en petit nombre, ces nouveaux éléments alimentaient les télégraphes; accouplés en grandes masses, ils produisaient la lumière électrique.

Une plaque de zinc, une plaque de cuivre, entre les deux un morceau de drap imbibé d'eau acidulée avec de l'acide sulfurique, et vous avez l'élément voltaïque. C'est une source d'électricité bien minime. mais, si à cet élément, on en ajoute un second, puis un troisième, et ainsi de suite, si, en d'autres termes, on forme une colonne zinc, drap, cuivre, zinc, drap, cuivre, etc., on obtiendra une somme d'effets qui formera un tout d'autant plus énergique que la colonne sera plus élevée ; on aura composé une *pile de Volta*.

Malheureusement, si tout s'use en ce monde, la pile n'échappe pas à la loi commune ; dans notre colonne voltaïque, le zinc attaqué par l'acide sulfurique se transforme en sulfate de zinc. l'eau acidulée s'appauvrit par cela même. le cuivre se recouvre d'hydrogène provenant de la décomposition de l'eau et, en peu de temps, notre édifice est réduit à néant : on y retrouve bien toujours du zinc. du cuivre et du drap, mais l'énergie électrique a disparu.

Un examen attentif des phénomènes chimiques dont nous venons d'esquisser les ravages a permis d'atténuer leurs effets.

Le gros écueil, la principale cause d'affaiblissement de l'élément voltaïque, la cause du moins la plus difficile à combattre, consistait dans le dépôt d'hydrogène sur la lame de cuivre. Cet hydrogène isolait en quelque sorte la lame de cuivre du reste de l'élément ; l'élément était *polarisé* ; le courant ne circulait plus, ou tout au moins ne circulait qu'imparfaitement.

Il fallait à tout prix se soustraire à l'envahissement de l'hydrogène et, pour celà, Becquerel imagina de lui fournir un aliment, de le mettre en présence d'une quantité d'oxygène suffisante pour qu'en se combinant à eux deux, ils forment de l'eau, non-seulement inoffensive, mais encore utile au bon fonctionnement de l'élément.

Pour cela, on disposa, sur le parcours de l'hydrogène un corps riche en oxygène, sorte de magasin dans lequel ce gaz peut puiser par voie de réduction. Tel est le secret des piles à deux liquides ou à *courant constant*, à peu près seules employées aujourd'hui dans l'industrie.

Ce qui se passe dans un élément de pile. — Il ne nous semble pas indifférent de rappeler ici, avec quelques détails, ce qui se passe dans un élément de pile.

Si, dans un vase rempli d'eau contenant un dixième d'acide sulfurique, on plonge une lame de cuivre et une lame de zinc, de telle sorte que ces deux lames n'aient aucun point de contact et soient seulement en relation par l'eau acidulée qui les entoure, aucun phénomène électrique apparent ne se produit. Et cependant, les deux lames ont pris des charges électriques de sens contraire ; la lame de cuivre s'est électrisée positivement, la lame de zinc négativement ; ces charges, progressives d'abord, ont bientôt atteint un maximum et l'équilibre établi se maintient tant que les lames restent séparées ; les deux lames possèdent, comme disent les savants, *une diffé- rence de potentiel* qui ne dépend que de leur nature et de celle de l'eau acidulée.

Si, dérangeant les deux lames, nous les appliquons l'une contre l'autre, par la partie qui émerge au-dessus des liquides, ou bien, si nous les réunissons par un fil conducteur, il se produit un mouvement électrique, quelque chose comme si l'électricité de la lame de cuivre s'écoulait dans la lame de zinc, et si pareille quantité, ressortant de la pile, alimentait de nouveau la

lame de cuivre ; en résumé, la lame de cuivre se comporte vis-à-vis du fil conducteur comme si elle possédait un robinet électrique toujours ouvert et déversant
son trop plein sur la lame de zinc.

C'est ce mouvement qu'on appelle *courant électrique ;*
la lame de cuivre et la lame de zinc sont les *pôles* ou
mieux les *électrodes* de la pile : le cuivre est le pôle positif,
le zinc le pôle négatif.

Quelques définitions. — L'action spéciale qui produit
la différence de charge, la différence de potentiel sur les
deux pôles d'une pile a reçu le nom de *force électro-
motrice*.

La *quantité* d'électricité produite par une pile dépend
de la surface immergée des électrodes et de leur éloignement.

L'*intensité* d'un courant, enfin, est la quantité d'électricité qui traverse la section d'un conducteur pendant
l'unité de temps ; c'est le *débit électrique* de la pile.

Il faut, pour alimenter les foyers de lumière électrique des piles à grand débit, encore ne peut-on les
utiliser que pour de petites installations, et seulement
s'il s'agit d'un travail de quelques heures.

Nous plaçant au point de vue spécial qui nous occupe,
nous ne décrirons ici que les piles à grand débit dont le
type primitif est l'élément Bunsen.

Avant de commencer cette étude, il nous faut encore
rappeler la signification de quelques termes qui revien-
dront souvent dans le cours de cet ouvrage.

L'unité pratique de résistance électrique est l'*ohm*,
qui équivaut à la résistance d'un fil de fer de 4 millimètres de diamètre et long de 100 mètres.

L'unité de force électro-motrice est le *volt*, représenté à peu près par la force électro-motrice d'un élément Daniell.

L'unité d'intensité est l'*ampère*; c'est le quotient obtenu en divisant un volt par un ohm.

L'unité de puissance électrique, qui a reçu le nom de *watt*, est la puisssance produite par un ampère sous une différence de potentiel de un volt.

L'unité de travail usitée dans la pratique est le *kilogrammètre*, représentant le travail produit par un kilogramme tombant d'un mètre de hauteur.

Les unités de puissance industrielle sont le *kilogrammètre par seconde*, ou bien le *cheval-vapeur* qui vaut 75 *kilogrammètres par seconde*.

Dans les mesures photométriques, les unités sont le *bec Carcel* brûlant 42 grammes d'huile à l'heure avec une flamme de 4 centimètres, et la *candle* usitée en Angleterre et dont la valeur correspond à l'éclat d'une bougie.

La pile Bunsen. — L'élément Bunsen (fig. 4) fut le premier utilisé pour la production de la lumière électrique. Il se compose d'un vase en poterie dans lequel se place un cylindre de zinc amalgamé Z, ouvert suivant une de ses génératrices. Puis viennent, en allant de la circonférence au centre, un vase en terre poreuse et un prisme de charbon des cornues.

Le vase poreux contient de l'acide azotique ; le vase en poterie est rempli aux trois quarts par de l'eau acidulée à l'acide sulfurique.

Le prisme de charbon forme le pôle positif de l'élément, le cylindre de zinc en est le pôle négatif.

Pour assurer la liaison entre les éléments successifs de la pile, on fait usage de griffes métalliques munies de vis de pression qui se fixent, d'une part sur le cylindre de zinc, et s'adaptent d'autre part au prisme de charbon de l'élément suivant.

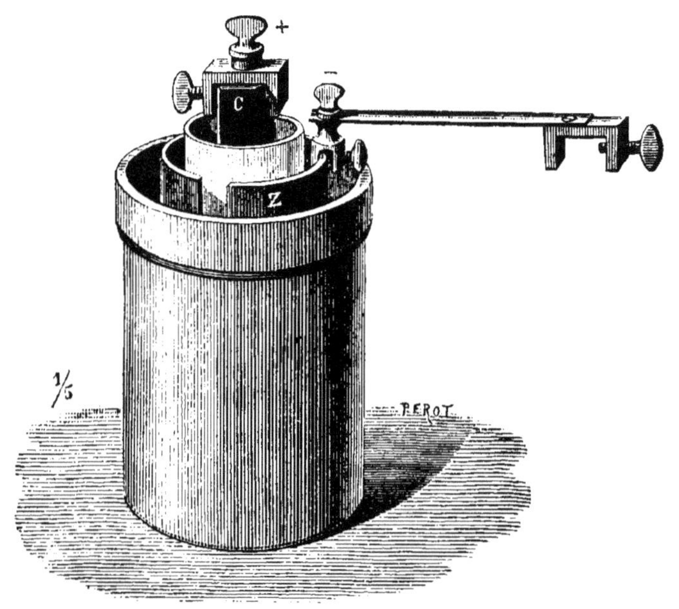

Fig. 4. — Elément Bunsen.

La pile Bunsen, dont la force électro-motrice atteint 1,7 volt. exige des manipulations délicates et parfois dangereuses. Le maniement journalier de bonbonnes d'acide sulfurique et d'acide azotique peut donner lieu à de regrettables accidents. En outre, lorsqu'elle est en activité, elle dégage des vapeurs d'acide hypoazotique d'une odeur désagréable et nuisibles à la santé. Ce sont ces raisons qui l'ont mise en discrédit. On peut, il est vrai, empêcher le dégagement des vapeurs rutilantes en recouvrant l'acide azotique du vase poreux avec une couche d'huile à brûler.

Les éléments Bunsen étaient encore utilisés, il y a quelques années, à l'Opéra, pour les effets de scène ; on y faisait usage de 360 éléments : il ne faut pas compter, d'ailleurs, obtenir un arc voltaïque stable, à moins de mettre en jeu 40 éléments au moins.

En dehors des applications d'éclairage en grand, où elle serait d'un faible secours, la pile Bunsen peut rendre d'importants services pour les projections lumineuses dont on fait aujourd'hui un si grand usage dans l'enseignement, et notamment dans les conférences ayant trait à des relations de voyages.

Pile au bichromate de potasse de M. Trouvé. — Il existe un grand nombre de piles qui, au point de vue chimique, ne diffèrent de l'élément Bunsen que par la substitution du bichromate de potasse à l'acide azotique.

La pile de M. Trouvé, qui compte au nombre de celles-ci, est montée par batteries de 6 éléments qu'il est aisé d'associer les unes aux autres ; elle a été construite dans le but d'alimenter des lampes à incandescence pendant 6 ou 8 heures ; deux batteries suffisent pour obtenir ce résultat.

Une boîte en chêne (fig. 5), s'ouvrant sur le devant, contient six auges en ébonite, indépendantes les unes des autres. Dans chacune de ces auges plongent une plaque de zinc et deux lames de charbon, la plaque de zinc occupant le milieu. Pour faciliter la liaison d'élément à élément, chacune des plaques, zinc ou charbon, a un coin abattu ; cette disposition permet de poser facilement les griffes de raccord sans qu'il y ait danger de contact entre les charbons et le zinc d'un même élément ; ainsi, à deux coins de charbon pleins, correspond un coin abattu de zinc ; à un coin intact de zinc, correspondent deux coins abattus de charbon.

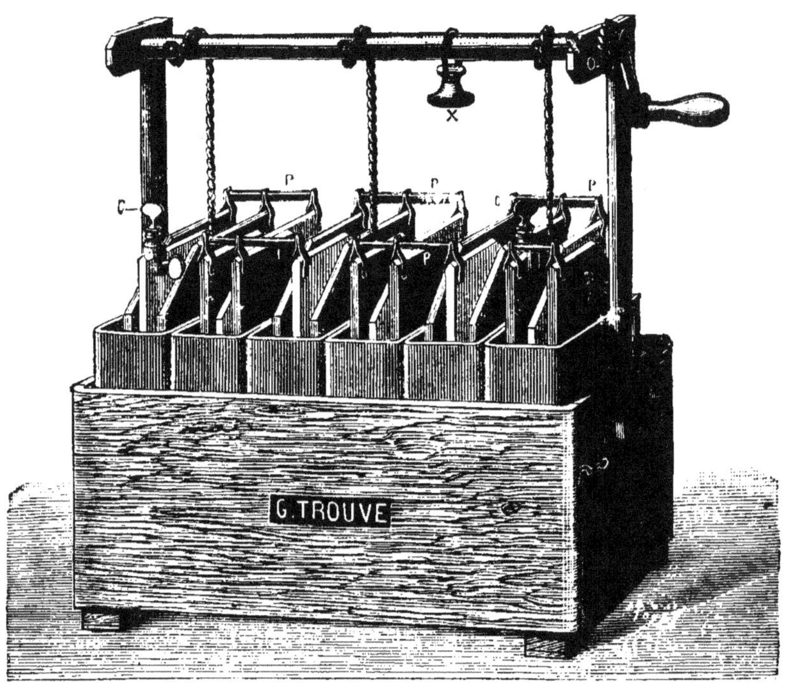

Fig. 5. — Pile Trouvé.

Une triple griffe saisit les deux charbons d'un élément et le zinc de l'élément voisin. Dans le but d'assurer un bon contact, la partie supérieure des charbons a été cuivrée par des procédés galvanoplastiques.

Les six éléments ainsi associés sont suspendus par des cordes à un petit treuil muni d'un encliquetage et d'une manivelle. Il est facile de graduer ainsi la partie des électrodes immergée dans le liquide actif et de régler par suite le débit de la pile ; un arrêt en bois s'oppose d'ailleurs à ce que les zincs et les charbons puissent sortir complètement des vases en ébonite. Lorsqu'on veut nettoyer la pile, il suffit de rejeter sur le côté l'arrêt en bois ; les éléments peuvent alors être soulevés au-dessus des vases en ébonite et il suffit, pour retirer ces derniers, de rabattre la paroi antérieure de la caisse en chêne qui est montée à charnière.

Le liquide actif est une solution de bichromate de potasse additionnée d'acide sulfurique.

On verse dans l'eau le bichromate de potasse réduit en poudre et on agite pendant quelques instants avec une baguette de verre. On verse ensuite l'acide sulfurique lentement, par mince filet, sans cesser d'agiter le mélange. L'introduction de l'acide sulfurique produit un échauffement du liquide qu'il convient de laisser disparaître avant de verser la solution dans les vases en ébonite.

Au bout de dix minutes on obtient un liquide clair, limpide, transparent, d'une belle coloration orange.

La charge de chaque élément nécessite :

	kg.
Eau.	1,330
Bichromate de potasse pulvérisé. . . .	0,200
Acide sulfurique.	0,600

Le poids d'une pile de six éléments, toute montée, est d'environ 34 kilogrammes.

Les constantes sont : force électro-motrice 1,9 volt, résistance intérieure 0,07 à 0,08 ohm.

Les piles au bichromate à un seul liquide ne peuvent

s'appliquer qu'à des éclairages intermittents et de petite durée, encore faut-il avoir le soin de retirer les zincs du liquide lorsque les lampes ne fonctionnent pas, car les piles de cette nature ne cessent pas de travailler en circuit ouvert et, pendant les périodes de repos, le zinc s'use en pure perte, à peu près autant que pendant les périodes actives.

Piles Radiguet. — Radiguet a construit, pour l'éclairage intermittent une pile au bichromate de potasse à deux liquides, dont l'aménagement dispense de retirer les zincs lorsque la pile cesse d'être utilisée.

Dans le vase en grès (fig. 6), contenant une solution de bichromate de potasse, se placent trois ou quatre lames de charbon des cornues, reliées entre elles par un anneau en cuivre, et offrant ainsi une vaste surface de dépolarisation. A l'intérieur de cette ceinture de charbons, est disposé un vase poreux renfermant de l'eau acidulée et une lame de zinc dont la base repose dans un godet rempli de mercure ; le zinc se trouve ainsi constamment amalgamé.

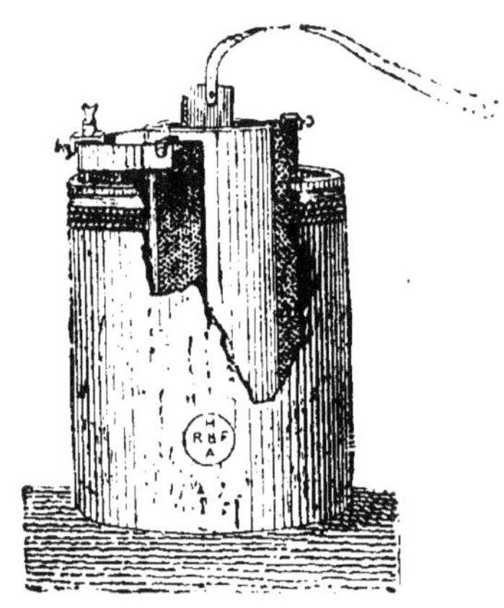

Fig. 6. — Elément Radiguet.

La solution du vase en grès, dont la hauteur, suivant le modèle, est de 15 ou de 21 centimètres, contient 75 ou 200 grammes de bichromate de potasse ; l'eau acidulée du vase poreux doit être changée quand elle devient ver-

dâtre et peut être renouvelée quatre fois contre une fois
le bichromate.

Quoique, dans cette pile, les électrodes soient destinées
à rester immergées pendant les périodes d'inaction, il
est avantageux de les retirer et de séparer les deux
liquides si la pile doit rester longtemps inactive. C'est
dans ce but que les éléments installés en batterie (fig. 7),
ont été montés sur un treuil permettant de soulever les
zincs.

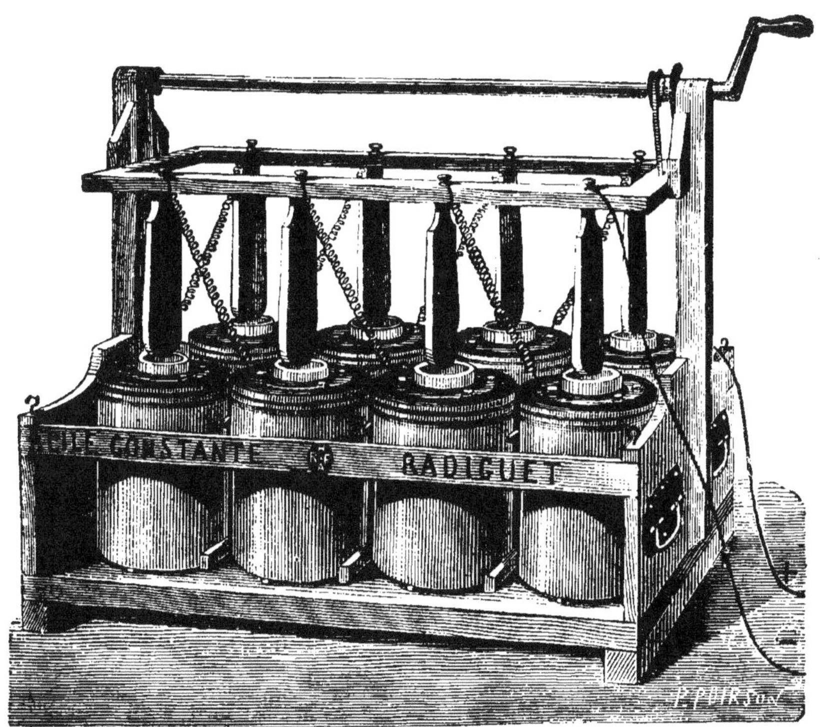

FIG. 7. — Pile Radiguet à treuil.

Dans le même ordre d'idées, Radiguet construisit sa
pile à déversement (fig. 8 et 9). Les substances actives

peuvent être les mêmes que dans l'élément précédent,
toutefois, l'inventeur préfère substituer le bichromate de

Fig. 8. — Pile Radiguet à déversement.

soude au bichromate de potasse; quant à la disposition,
elle est absolument différente.

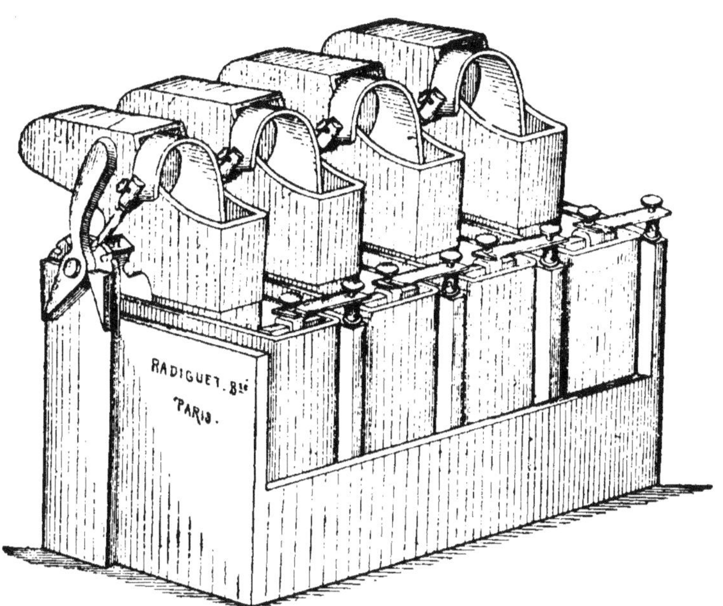

Fig. 9. — Pile Radiguet à déversement.

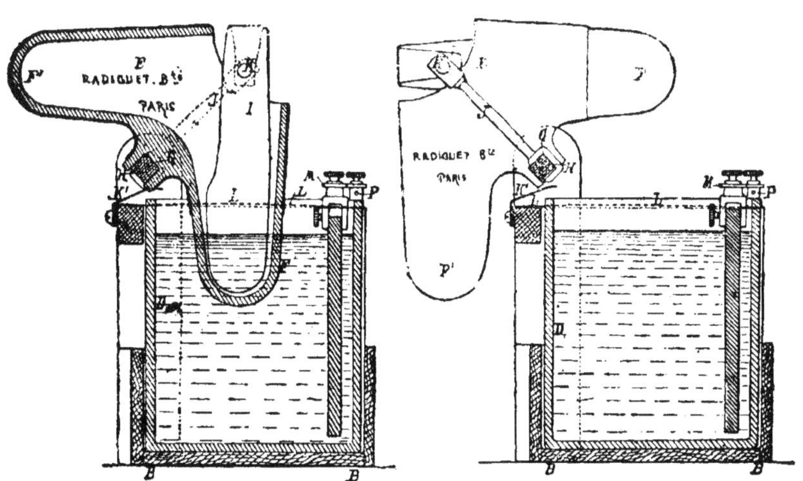

FIG. 10. — Elément Radiguet
à déversement (en activité).

FIG. 11. — Elément Radiguet
à déversement (au repos).

Un châssis en bois (fig. 8) supporte six éléments renfermés dans autant de vases en grès. A la partie postérieure de ce châssis, un axe commandé par une crémaillère que l'on aperçoit sur la droite de la figure, supporte tous les vases poreux, et peut les faire basculer de 90°. Les zincs sont placés à demeure dans ces vases qui contiennent l'eau acidulée, tandis que le charbon et la dissolution de bichromate de potasse restent à poste fixe dans les vases en grès.

Chaque vase poreux (fig. 10 et 11) présente deux appendices dont l'un F, celui qui renferme le zinc, est poreux et peut plonger dans le vase en grès. Tout le reste du vase poreux est émaillé, par conséquent, complètement étanche, et n'est utilisé que comme réservoir. Lorsque la pile est en activité, la partie poreuse de tous les vases baigne dans le bichromate, comme le montre la figure 10 ; veut-on laisser reposer la batterie, un simple mouvement de bascule de la crémaillère entraîne tous les vases poreux et les assujettit dans la position représentée par la figure 11. Pendant ce mouvement de bascule, l'eau acidulée de la partie poreuse s'est écoulée dans l'appendice émaillé F', où elle est maintenue provisoirement en dépôt ; le zinc reste à sa place, dans une position horizontale et sèche à l'air libre. Un mouvement inverse de la crémaillère remet tous les éléments en activité d'un seul coup.

Dans un nouveau modèle, dit *pile domestique* (fig. 12), Radiguet a complètement modifié la disposition de l'électrode négative. C'est sous forme de grenaille amalgamée que le zinc figure dans l'élément. Il est déposé dans une petite corbeille, surmontée d'un tube, et repo-

sant sur une cuvette contenant l'amalgame destiné à
maintenir celui des billes de zinc. L'ensemble de ce système a reçu le nom de *support à amalgamer* (fig. 13).

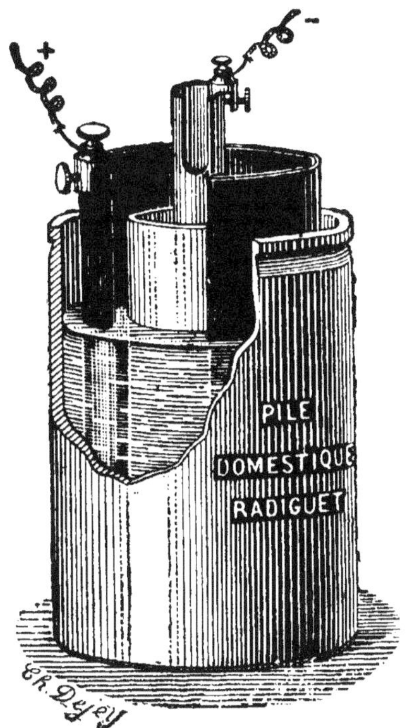

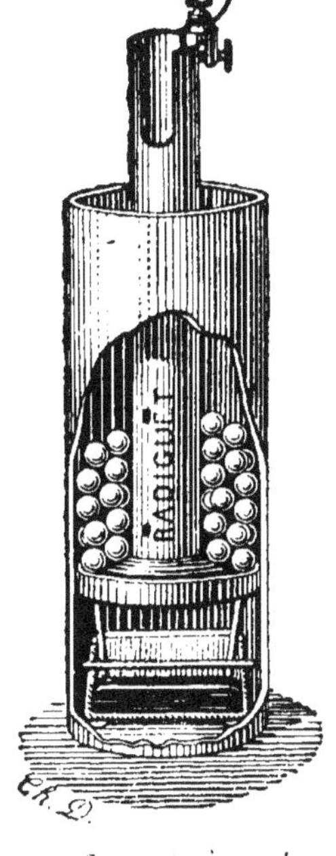

FIG. 12. — Pile domestique.   FIG. 13. — Supports à amalgamer.

Radiguet indique ainsi le mode de préparation des
liquides de ses piles :

« Le chargement doit être fait avec soin, en se conformant pour chaque grandeur d'élément aux quantités
indiquées ci-contre :

« La meilleure marche à suivre est de :

« 1° Démonter la pile, c'est-à-dire retirer des vases
extérieurs les charbons et les vases poreux ;

« 2° Verser dans le vase extérieur la quantité de bichromate necessaire au chargement, y ajouter la première mesure d'eau, puis agiter avec une baguette de verre et pendant que le liquide est en mouvement, verser lentement l'acide sulfurique ;

« Ce mélange produit une chaleur suffisante pour que, continuant à remuer, le bichromate se dissolve facilement.

« Après la dissolution complète, verser la seconde mesure d'eau, en continuant à agiter ;

« 3° Emplir le vase poreux d'eau et d'acide sulfurique dans les proportions indiquées. Il est préférable que le niveau du liquide du vase poreux soit plus élevé que celui de la dissolution de bichromate ;

« 4° Remonter la pile en ayant soin toutefois, d'attendre le complet refroidissement des liquides. »

FORMULES POUR LA CHARGE

Vase extérieur.

	Élément de 15 centimètres.	Élément de 20 centimètres.
Bichromate de potasse.	75^{gr}	200^{gr}
1re mesure d'eau.	265^{cc}	650^{cc}
Acide sulfurique.	175	425
2e mesure d'eau.	265	650

Vase poreux.

Eau.	150	550
Acide sulfurique au soufre.	15	55

Le prix des batteries à treuil varie de 80 à 240 francs ; celui des batteries à déversement est compris entre 50 et 300 francs, suivant le modèle et le nombre des éléments variant de 4 à 12 ; enfin, l'élément de la pile domestique coûte 12 francs.

Piles Leclanché-Barbier. — Un modèle à grande sur-

face de l'élément zinc-chlorhydrate d'ammoniaque-peroxyde de manganèse a été construit dans le but d'obtenir des effets intermittents d'intensité. La figure 14
montre le crayon de zinc central muni à sa partie supérieure d'un bouchon en bois, et à son extrémité
inférieure d'une bague de caoutchouc qui l'empêche de
toucher l'aggloméré : celui-ci, représenté par la figure 15,

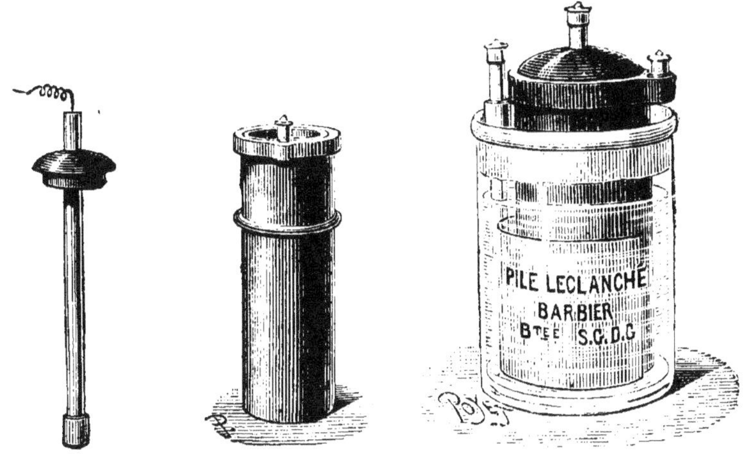

Fig. 14 — Zinc.   Fig. 15. — Aggloméré.   Fig. 16. — Elément complet.
Leclanché-Barbier.

est un cylindre creux composé de charbon des cornues
et de peroxyde de manganèse : le charbon collecteur a
été supprimé. Dans la figure 16, on distingue le cylindre
de zinc extérieur ; il est séparé de l'aggloméré par des
rondelles de caoutchouc et baigne entièrement dans la
dissolution de chlorhydrate d'ammoniaque.

La force électro-motrice de cet élément est de 1,5 volt ;
il coûte 6 fr. 25.

L'entretien est celui de toutes les piles : maintenir les
contacts propres et les vases bien isolés. La couleur lai-

teuse que prend le liquide indique que le sel ammoniac y est devenu insuffisant; il faut en ajouter. La charge normale de l'élément est de 150 grammes de chlorhydrate.

Les piles Leclanché-Barbier ne sauraient convenir pour un éclairage continu, mais pour allumer instantanément une petite lampe à incandescence, pour porter au rouge un mince fil de platine et allumer une lampe à essence, voire même une cigarette, elles sont d'un très bon usage; on a construit des *allumoirs* électriques élégants, alimentés par trois éléments et fonctionnant très régulièrement.

Pile Goodwin. — Ce n'est pas à proprement parler une pile nouvelle; c'est plutôt un modèle perfectionné

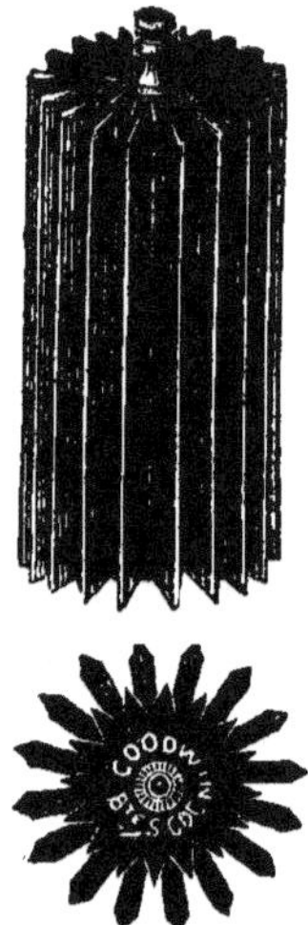

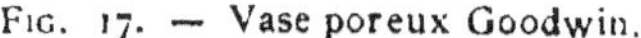

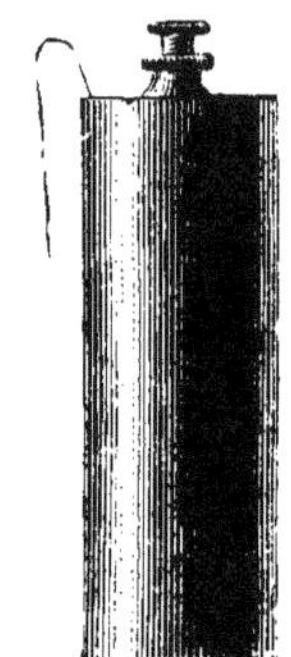

FIG. 17. — Vase poreux Goodwin.   FIG. 18. — Pile sèche Goodwin.

de vase poreux s'adaptant aux éléments à chlorhydrate d'ammoniaque. Le vase, tout monté, contient du peroxyde de manganèse, du coke concassé, l'électro de positive, et forme une seule pièce garnie d'un bouton de serrage. Il suffit de placer ce vase (fig. 17) au centre d'un zinc circulaire baignant lui-même dans une dissolution de chlorhydrate d'ammoniaque. Plus récemment, M. Goodwin a construit une pile sèche basée sur le même système (fig. 18). Le vase extérieur est en fer-blanc verni ; il contient le vase poreux en charbon, un zinc circulaire, une matière absorbante dans laquelle 200 grammes de chlorhydrate d'ammoniaque à l'état humide sont emmagasinés.

L'élément est hermétiquement clos.

L'inventeur a construit cette pile dont le prix varie entre 3 et 5 francs pour des éclairages de courte durée et diverses autres applications domestiques.

Pile de Lalande et Chaperon. — Dans un autre ouvrage [1], nous avons décrit la pile de Lalande et Chaperon appliquée au service télégraphique ; c'est un élément à petit débit, mais, les mêmes inventeurs ont construit d'autres modèles, dits à grand débit, qui, par leur extrême constance et par leur prix de revient minime, peuvent rendre des services au point de vue de petites installations d'éclairage électrique. Les éléments à grand débit sont de deux types, l'un à auge, l'autre à fermeture hermétique ; c'est ce dernier que représente la figure 19.

L'élément à auge comprend une cuve en fer (pôle positif) tapissée d'une couche de bioxyde de cuivre. La plaque de zinc, en est isolée par quatre cales en ciment, placées aux quatre coins, et baigne dans une solution de potasse caustique. Le tout est recouvert d'une couche

---

[1] L. Montillot, *la Télégraphie actuelle (Bibliothèque scientifique contemporaine)*, J.-B. Baillière et Fils.

d'huile lourde de pétrole qui soustrait la potasse à l'action de l'air qui la transformerait bientôt en carbonate de potasse.

Ce type comporte deux modèles dont la hauteur est de 10 centimètres, tandis que la longueur et la largeur sont respectivement de 25 et 14 centimètres pour le petit modèle et de 40 et 20 centimètres pour le grand.

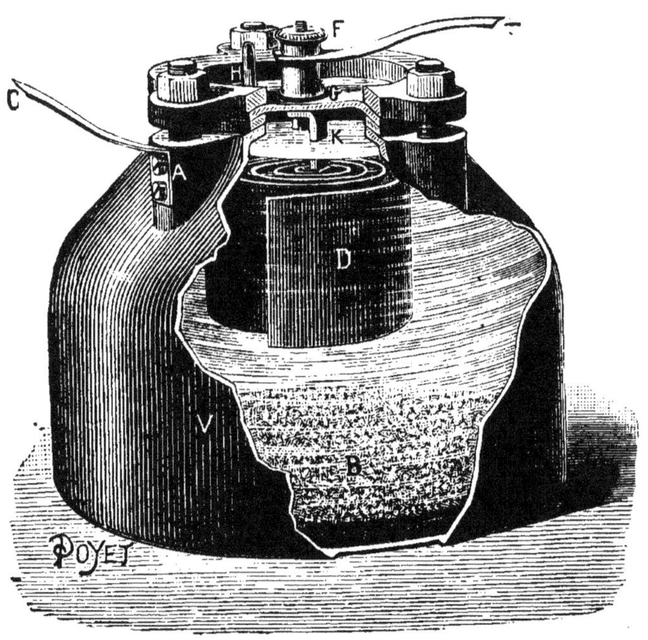

Fig. 19. — Élément de Lalande et Chaperon à fermeture hermétique.

Avec l'élément à auge, des renversements ou un débordement du liquide sont à craindre, et la solution de potasse caustique en se répandant peut amener des accidents. Avec la pile à fermeture hermétique ce danger n'est plus à redouter ; l'élément est solide, facilement transportable et d'une grande stabilité.

Le vase extérieur V, en fonte (fig. 19), a 22 centimètres de diamètre. L'oxyde de cuivre est répandu en
B sur le fond du vase en fonte qui forme le pôle positif
de la pile et qui, extérieurement, est paraffiné pour
éviter l'oxydation et les pertes. Au-dessus du bioxyde
de cuivre, se trouve la potasse caustique, dans laquelle
baigne une lame de zinc D enroulée en spirale, et présentant par conséquent une grande surface. Le zinc est
suspendu à un couvercle d'ébonite G fixé sur le vase
extérieur par un anneau en fer et trois écrous. Une lame
de caoutchouc interposée rend la fermeture parfaitement
étanche. Un conducteur attaché en A, représente en C
le pôle positif; la lame F, pincée sous un écrou, est le
pôle négatif.

Ces éléments, de même que les éléments à auge,
renferment 2 kilogrammes de potasse et 900 grammes
d'oxyde de cuivre.

Plusieurs installations d'éclairage domestique ont été
faites à Londres avec cette pile.

Pile Cloris-Baudet. — La pile Cloris-Baudet, connue
sous le nom de *pile siphoïde impolarisable* comprend
12 éléments montés côte à côte sur une étagère. Elle
se distingue des précédentes par la circulation constante du liquide excitateur et du mélange dépolarisant.
Les deux réservoirs en verre R, *r* (fig. 20) placés à l'étage
supérieur contiennent l'un de l'eau acidulée, l'autre une
dissolution de bichromate de potasse. Ils sont, à leur
partie inférieure, munis de robinets et, à l'aide de tubes
en caoutchouc, déversent peu à peu leur contenu dans
le premier élément de la batterie.

Les robinets étant préalablement fermés, on remplit

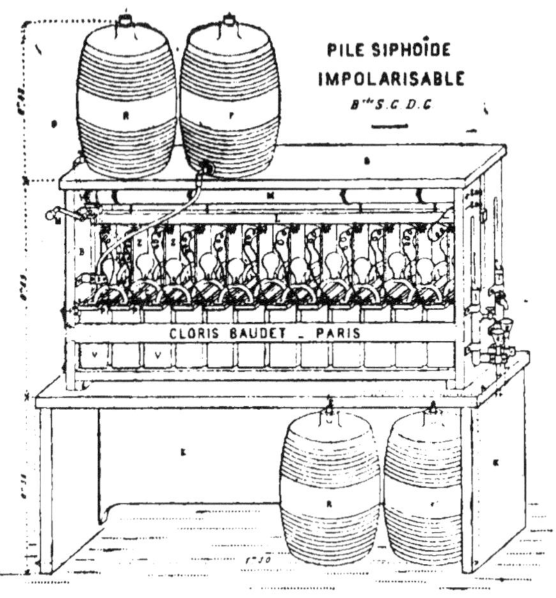

Siphons des Vases poreux

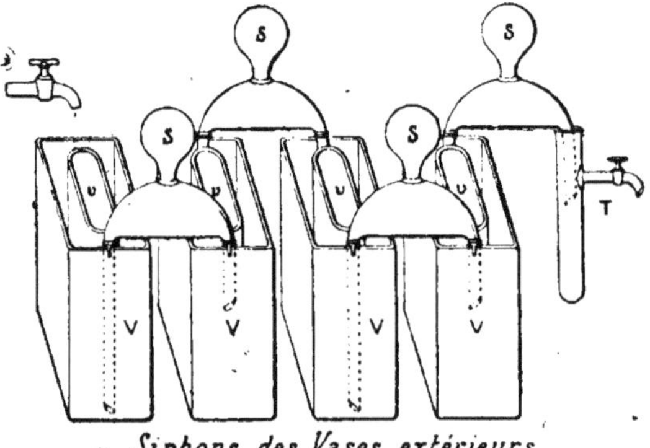
Siphons des Vases extérieurs

Fig. 20. — Pile Cloris-Baudet.

les réservoirs, on les ferme hermétiquement avec leurs bouchons de caoutchouc et on règle le débit en ouvrant convenablement les robinets.

Chaque élément comprend : un vase en verre V, deux lames de charbon CC, un vase poreux v. Les zincs sont montés sur un treuil qui permet de les immerger à volonté dans les vases poreux ; les charbons sont réunis deux à deux, et chaque paire est reliée au zinc de l'élément voisin par un fil de cuivre recouvert de gutta-percha.

Tous les vases poreux communiquent deux à deux par l'intermédiaire d'un siphon ; il en est de même des vases extérieurs, de telle sorte que, si on suppose tous ces siphons amorcés et les robinets des deux réservoirs ouverts, il y aura un écoulement continu des deux liquides à travers tous les éléments de la pile.

L'amorçage des siphons se fait par une poire en caoutchouc qui surmonte chacun d'eux. En pressant la poire avec la main, on chasse l'air contenu dans le tube, et dès que le pression cesse, le liquide commence à circuler. Les liquides épuisés sont reçus dans des réservoirs R', r.

La circulation des liquides s'effectue de la manière suivante : le liquide du réservoir R par exemple, arrive à la partie supérieure du premier élément ; il est puisé à la partie inférieure par la plus longue branche du siphon de cet élément qui le conduit à la partie supérieure du second élément, et ainsi de suite.

Le liquide actif se compose de :

Eau.	1.000 grammes.
Acide sulfurique du commerce à 66°. .	50	—

La formule du dépolarisant est :

Eau.	1.000 grammes.
Bichromate de potasse pulvérise. . .	100 —
Acide sulfurique à 66°.	180 —

Le prix de la batterie complète est de 450 francs.

Il est clair que, d'après l'aménagement de cette batterie, si l'écoulement des liquides est bien réglé, la durée de l'effet utile ne dépend que de la capacité des réservoirs et de l'usure des zincs qu'il est d'ailleurs aisé de remplacer promptement.

Avec une batterie de 12 éléments, et des réservoirs de 27 litres, on peut, dit-on, fournir un éclairage de 9 heures avec 4 lampes de 12 volts ou 8 de 6 volts ; dans ces conditions, la durée des zincs est de 160 heures environ.

Modèles divers. — Nous passerons sous silence les piles thermo-électriques qui, bien que résolvant un problème intéressant, la transformation de la chaleur en électricité, n'ont pas reçu d'application pratique à l'éclairage électrique.

Il ne nous reste plus alors qu'à indiquer quelques piles hydro-électriques d'invention récente, à l'aide desquelles on a réalisé plusieurs installations d'éclairage domestique.

La pile Holmes et Burcke, qui date de 1883 et a été perfectionnée depuis par MM. Webster et March, dérive de la pile Bunsen en ce qu'elle utilise les mêmes agents actifs, mais elle a cet avantage que l'acide azotique, formant le dépolarisant, n'est mis en liberté qu'au fur et à mesure des besoins. Cette pile, dont la force électro-motrice est de 1,8 volt a une faible résistance intérieure,

0,03 ohm. C'est l'azotate de soude qui constitue l'agent dépolarisant en contact avec une lame de charbon, tandis que le zinc plonge dans de l'acide sulfurique étendu.

16 éléments alimentent 10 lampes à incandescence de 10 bougies chacune pendant 20 heures.

La pile Upward, inventée en 1886, se distingue de ses devancières par son originalité; c'est un gaz qui produit l'électricité. En revanche, elle nécessite une installation monumentale; cependant son fonctionnement n'occasionne aucun embarras, et son entretien n'exige pas de précautions spéciales.

La pile, construite par MM. Woodhouse et Rawson de Londres, comprend une série de chambres closes, en faïence vernie, contenant alternativement, baignés dans l'eau, des fragments de charbon et des blocs de zinc. Un courant de chlore, en circulant à travers ces chambres, produit du chlorure de zinc et fournit une force électromotrice de 2,1 volts.

L'entretien consiste à ajouter de l'eau tous les huit jours et à changer les zincs tous les six mois.

La production du chlore s'obtient, dans une cornue entourée de sable chauffé au gaz, par la réaction de l'acide chlorhydrique sur le bioxyde de manganèse. Toutes les 24 heures on verse dans le récipient contenant le manganèse la quantité nécessaire d'acide indiquée par une jauge, et des regards vitrés placés le long des tubes de dégagement permettent de constater, à sa coloration jaune, la production du gaz. Woodhouse et Rawson utilisent cette pile pour l'éclairage de leurs bureaux où elle alimente 24 lampes à incandescence de

10 bougies chacune ; elle est installée dans les caves et ne cause aucun embarras.

La pile Dronier, au bichromate de potasse, qui. comme les piles Trouvé et Radiguet, est montée sur un treuil, convient pour l'éclairage d'un cabinet de travail ou d'un petit laboratoire comportant une ou deux lampes.

La pile O'Keenan est du genre Daniell. la pile Erhart et Vogler également.

Nous ne parlerons pas des piles plus récentes qui n'ont pas encore fait suffisamment leurs preuves.

D'ailleurs. comme nous l'avons dit. ce n'est pas de ce côté qu'il faut chercher un éclairage économique, M. Fontaine nous en donne la preuve par les chiffres suivants se rapportant à l'éclairage d'un bureau :

« L'installation complète comprend : la pile Dronier, les conducteurs, deux suspensions pour lampes, deux lampes Lodyguine, un voltmètre et un commutateur à trois contacts pour envoyer la lumière dans l'une ou l'autre lampe. Elle a coûté 500 francs.

« Le chargement de la pile coûte 7 fr. 60 et donne 48 heures de lumière ; en ajoutant 2 francs pour la dé-pense du zinc amalgamé, nous arrivons à une dépense totale de 9 fr. 60 correspondant à 0 fr. 20 par carcel-heure. environ cinq fois le prix du gaz. »

III

LES ACCUMULATEURS

Accumulateur Planté. — L'idée des accumulateurs qui, tout bien considéré, sont des piles d'une forme particulière, vint à M. Planté en 1859, en étudiant les effets de polarisation des piles hydro-électriques.

Dans l'élément voltaïque, il se produit, pendant le travail, un courant de sens inverse du courant actif, un courant *secondaire* qui tend à diminuer les effets du premier ; c'est là une des principales causes de l'affaiblissement des piles ; c'est ce courant aussi que Becquerel tenta de rendre inoffensif en imaginant les piles à deux liquides.

M. Gaston Planté eut au contraire l'idée de recueillir les courants secondaires, de les emmagasiner pour ainsi dire dans des récipients disposés de façon à les restituer en temps opportun.

Les accumulateurs. — Les accumulateurs sont, en quelque sorte, des réservoirs d'électricité que l'on remplit à temps perdu, et dans lesquels on puise, suivant les besoins, dans certaines limites toutefois.

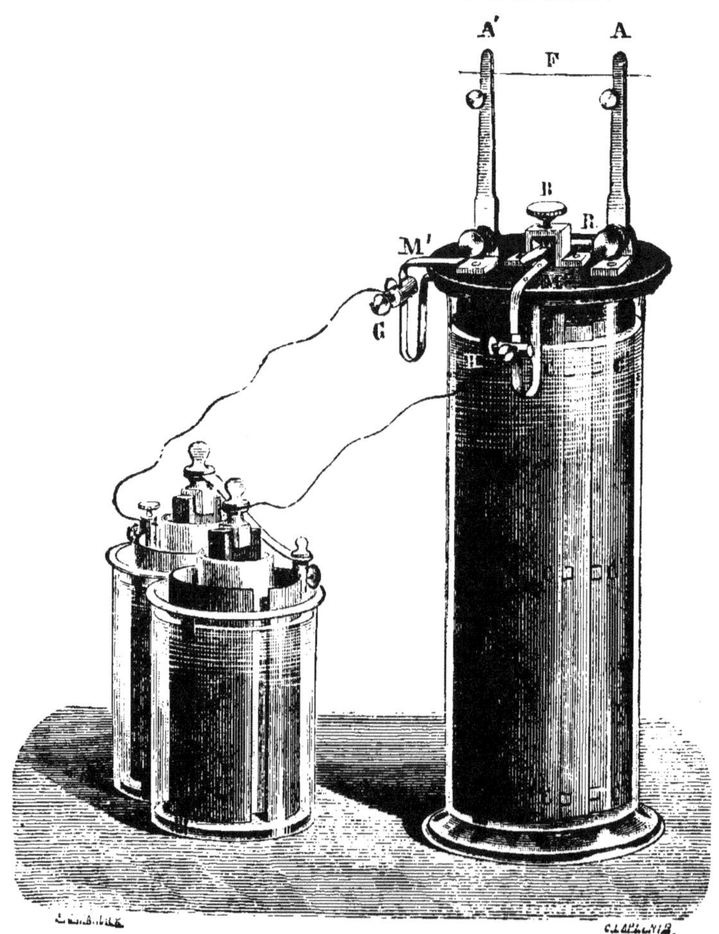

FIG. 21. — Accumulateur Planté.

L'accumulateur de M. Planté (fig. 21) se compose de deux lames de plomb de grande surface, enroulées en spirale, l'une à côté de l'autre, sans cependant se toucher,

et plongées dans un vase rempli d'eau acidulée avec 1/15
d'acide sulfurique.

Rien n'est plus simple que de construire un accumulateur de ce genre : On place les deux lames de plomb
sur une table. l'une au-dessus de l'autre, en les séparant par deux petites lanières en caoutchouc. larges de
1 centimètre et épaisses de 5 millimètres. étendues
dans le sens de la longueur. Deux autres bandes semblables sont placées transversalement le long des bords
latéraux des feuilles de plomb. pour bien les séparer.
On fait usage ensuite d'un cylindre de bois. autour
duquel on enroule les deux lames. et que l'on retire
avec précaution une fois l'opération terminée.

Le vase en verre (fig. 21), rempli d'eau acidulée et
contenant l'accumulateur, est fermé par un couvercle
en ébonite qui reçoit les boutons destinés à établir les
circuits de charge et de décharge. Les deux lames de
plomb émergent en M et M', elles sont réunies par des
serre-fils G, H, à deux couples Bunsen destinés à les
charger.

Pour obtenir la décharge, il suffit d'interposer entre
les bornes A A' le circuit que doit parcourir le courant
secondaire, circuit représenté sur notre dessin par un
fil métallique F que le courant porte à l'incandescence.

La figure 22 est la reproduction d'une batterie secondaire de M. Planté, composée de quatre éléments.

La construction de l'accumulateur n'est rien ; il s'agit
de le *former*, de le rendre propre à produire les effets
énergiques et durables qu'on en attend. Cette opération
est longue et. dans le début, ne nécessitait pas moins
de plusieurs mois. M. Planté est parvenu à réduire la

période de formation à sept ou huit jours, en employan⁺
l'artifice suivant : avant de commencer les opérations
de charge, il plonge les lames de plomb, pendant vingt-
quatre ou quarante-huit heures, dans un bain d'acide
azotique étendu d'eau (moitié en volume). Après avoir
été soigneusement lavées, elles sont placées dans leur
récipient contenant l'eau acidulée au 1/10 par l'acide
sulfurique, et on peut alors les mettre en relation avec
la pile destinée à les charger.

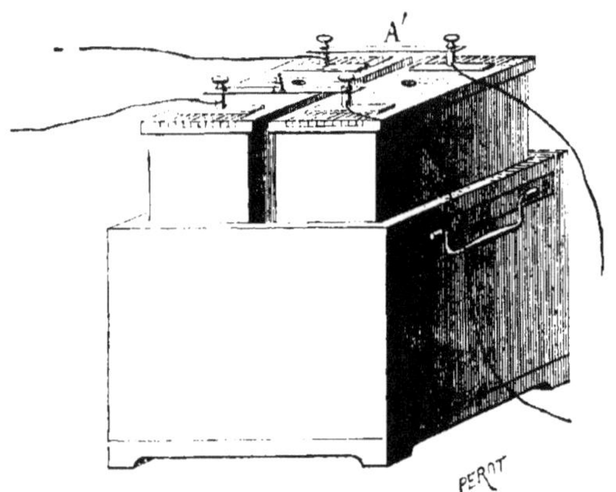

FIG. 22.   Batterie d'accumulateurs Planté.

Pendant cette opération du décapage, il y a évidemment perte de plomb, mais cette perte est compensée,
d'après M. Planté, par l'état particulier que prend le
métal, état qui constitue une sorte de porosité rendant
plus sensible l'action du courant primaire.

Le mode de séparation des électrodes que nous avons
indiqué et qui consiste à étaler entre les deux plaques
de plomb des bandelettes de caoutchouc n'est pas le seul
qui ait été tenté par l'inventeur ; c'est celui du début.

Depuis, les plaques, au lieu d'être roulées l'une sur l'autre, ont été sectionnées et disposées parallèlement dans le même vase, en alternant les plaques positives avec les plaques négatives.

Les plaques positives ont toutes été reliées en un même pôle, et il en a été de même des plaques négatives. Après de nombreux essais, M. Planté s'est arrêté pour la séparation des deux groupes à la disposition suivante :

Toutes les lames de rang pair sont perforées de dix en dix centimètres et, dans ces trous, on engage un tampon de gutta-percha, faisant saillie des deux côtés. On donne à ce tampon la forme d'un bouton double, comme les boutons des cols, des plastrons ou des manchettes des chemises. Pour cela, un petit prisme de gutta-percha ramolli par la chaleur à un de ses bouts est enfoncé avec le doigt dans chacun des trous de la plaque ; de l'autre côté, un petit prisme semblable est collé sur la surface encore chaude qui dépasse. Ces tampons qui forment bourrelet ne peuvent s'en aller et suffisent pour maintenir l'écartement entre les plaques de rang pair qui les supportent et les plaques de rang impair qui viennent s'appuyer contre eux. La distance qui sépare ces tampons n'a d'ailleurs rien d'absolu et on peut les rapprocher autant qu'il faut pour empêcher tout contact entre deux plaques consécutives.

M. Hospitalier explique ainsi l'action chimique produite dans les couples secondaires à lames de plomb[1] :

« Lorsqu'un couple secondaire de grande surface est

---

[1] Hospitallier, *l'Électricité à la maison.*

neuf, et qu'on vient à le faire traverser par le courant de deux couples Bunsen, le gaz oxygène apparaît presque immédiatement sur la lame, et celle-ci ne tarde pas à être recouverte d'une couche très mince de peroxyde de plomb. D'un autre côté, l'hydrogène, après avoir réduit la faible couche d'oxyde dont le plomb peut être recouvert par l'exposition à l'air, ne tarde pas à apparaître, et si, au bout de quelques instants, on essaie le courant secondaire produit par l'appareil, on constate qu'il est déjà très énergique par la vivacité de l'étincelle produite, lorsqu'on ferme et qu'on rompt aussitôt le circuit secondaire, avec un conducteur en cuivre peu résistant. Mais le courant ainsi obtenu est de très courte durée.

« Pendant la fermeture du courant secondaire, l'oxygène, se portant sur la lame qui était négative lors du passage du courant, a peroxydé légèrement cette lame, en même temps que le peroxyde formé sur l'autre lame lors du passage du courant principal se réduisait par l'hydrogène. On a donc, après une première expérience, deux lames recouvertes de couches minces d'oxyde et de métal réduit qui faciliteront l'action ultérieure du courant principal sur le couple secondaire.

« Si l'on considère d'abord la lame de plomb qui était négative lors du passage du courant principal pour la première fois, cette lame est, comme on vient de le voir, recouverte d'une couche d'oxyde après le passage du courant secondaire. Il en résulte que, si l'on fait de nouveau passer le courant principal, les premières portions d'hydrogène seront consacrées à réduire cette couche d'oxyde, au lieu de la couche plus faible résultant seulement de l'exposition à l'air, comme cela avait lieu précédemment. Par suite, un retard plus grand que la première fois se produira dans l'apparition de l'hydrogène à la surface de cette lame.

« Les premières portions d'oxygène qui tendent à se dégager à la surface rencontrent, cette fois, une couche de peroxyde réduit ou de plomb métallique divisé, sur laquelle ce gaz a plus de prise, s'il est permis de parler ainsi, que sur la lame de plomb servant pour la première fois ; le gaz est plus facilement absorbé, et l'on commence aussi à constater un retard dans l'apparition de l'oxygène sur cette lame, retard qui correspond au temps nécessaire pour oxyder de nouveau la couche de plomb réduit à la surface.

« Quand on ferme de nouveau le circuit secondaire, les phénomènes précédemment décrits se reproduisent et l'on conçoit que lorsqu'on aura renouvelé ces opérations un très grand nombre de fois, les surfaces de plomb du couple secondaire se trouveront dans un état plus favorable pour l'oxydation ou la réduction ; les couches d'oxyde alternativement formées ou réduites deviendront plus épaisses, et les effets secondaires qui en résultent présenteront plus de durée et d'intensité.

« C'est en effet ce qu'on observe : plus un couple secondaire reçoit l'action d'un courant primaire et fonctionne lui-même après cette action, plus est longue la durée du courant secondaire.

« Tout le travail des piles s'accumule sous forme d'oxydation du plomb d'une part, et, d'autre part, de réduction du plomb oxydé produit par la fermeture antérieure du circuit secondaire.

« Lorsque les gaz commencent à se dégager, dans un couple bien *formé*, on est averti que la pile n'effectue plus sensiblement de travail utile à la production du courant secondaire. »

Les accumulateurs peuvent conserver longtemps la charge qu'ils ont reçue et ne la restituer qu'après plusieurs semaines et même un mois.

La décharge est très constante et se maintient avec toute son énergie jusqu'à épuisement de la charge. A ce moment, le courant fait une chute rapide et passe brusquement de son régime normal à zéro.

Les accumulateurs rendent 88 à 89 pour 100 de la quantité d'électricité dépensée pour les charger ; la force électro-motrice d'un couple Planté est, en marche normale, à peu près la même que celle de deux éléments Daniell ; on l'estime à 2 volts.

Pour la charge, on emploie deux éléments Bunsen, trois Daniell, ou bien encore une machine dynamo-électrique.

Si la force électro-motrice de la source, pile ou machine, devient, à un certain moment, trop faible pour continuer à charger l'accumulateur, c'est celui-ci qui se décharge dans la source ; il y a donc intérêt à rompre le circuit à ce moment, sous peine d'avoir dépensé du travail en pure perte, et de le rétablir dès que la force électro-motrice est redevenue suffisante pour produire un travail utile.

Il serait assez difficile d'apprécier *de visu* le moment où ces manœuvres doivent être exécutées, et on a préféré les confier à un appareil automatique appelé *conjoncteur-disjoncteur* que nous décrirons plus loin.

Accumulateur Faure-Sellon-Volckmar. — La voie ouverte par M. Planté en 1860 a été féconde en résultats ; les recherches entreprises par de nombreux inventeurs pour augmenter la puissance des accumulateurs et diminuer la durée de leur période de formation ont été pleinement couronnées de succès.

M. Faure a imaginé de recouvrir les deux lames de plomb avec du minium maintenu par des plaques de feutre. Les deux plaques, ainsi préparées, sont placées dans le vase rempli d'eau acidulée.

Pendant la période de formation, c'est-à-dire, lorsqu'on fait traverser un élément neuf par un courant électrique, le minium de l'une des plaques se transforme en peroxyde de plomb, le minium de l'autre est réduit à l'état de plomb pulvérulent.

Pendant la décharge, l'action inverse se produit : le plomb réduit se peroxyde, le peroxyde de plomb formé par le courant de charge se réduit.

Le feutre offrait des inconvénients, on le supprima, et le couple Faure-Sellon-Volckmar qui, aujourd'hui, a complètement remplacé l'accumulateur Faure, est le résultat d'une série de transformations qu'il serait sans intérêt de décrire.

Des deux types que l'on emploie habituellement, l'un est destiné aux éclairages de peu d'importance et pèse 10 kilogrammes ; l'autre est réservé aux grandes installations ; son poids atteint 60 kilogrammes.

Dans une boîte en bois goudronné, sont disposées parallèlement sur des tasseaux, des plaques de plomb fondues en forme de grillage, et munies chacune d'une queue également en plomb (fig. 23). Ces plaques repré-

Fig. 23. — Accumulateur Faure-Sellon-Volckmar.

sentent un cadre, dont l'intérieur est cloisonné à jour, et forme une sorte de canevas.

Les plaques sont alternées de façon que la première queue se trouve à gauche, la seconde à droite, et ainsi de suite. Toutes les queues de gauche sont pincées entre deux lames de plomb réunies à une borne: c'est le pôle négatif; il en est de même de toutes les queues de droite qui constituent le pôle positif.

Une pâte de minium et une pâte de litharge sont étalées sur le grillage des plaques. de façon à en boucher tous les interstices : le minium sur les plaques paires ou positives, la litharge sur les plaques impaires ou négatives.

L'écartement entre les plaques, qui pourrait accidentellement être altéré, est maintenu par des baguettes de jonc; enfin, les tasseaux sur lesquels reposent les différentes lames, laissent, au-dessous d'elles, un vide assez grand pour que les parcelles d'oxyde ou de métal puissent s'y déposer sans risquer de réunir les plaques entre elles.

La boîte en bois est remplie d'eau acidulée à 1/10.

Par la disposition des queues en plomb. on a vu que toutes les plaques positives communiquent ensemble et que, pareillement. les plaques négatives sont réunies à une même borne.

Pour charger l'accumulateur, dont le nombre de plaques dépend de l'usage auquel il est destiné, il suffit de relier ses deux pôles à une source convenablement choisie. On estime ordinairement à 100 heures la durée de la formation.

Accumulateur Gadot. — Dans le principe. M. Gadot emmagasinait, dans un grillage de plomb. des pastilles

d'oxyde de plomb ; ces pastilles se fendaient et tombaient ;
par suite, l'accumulateur ne donnait plus son rendement
normal. En 1887, M. Gadot imagina d'emprisonner des
pastilles plus grosses entre deux plaques grillagées dont la
figure 24 montre la disposition. De cette manière, on

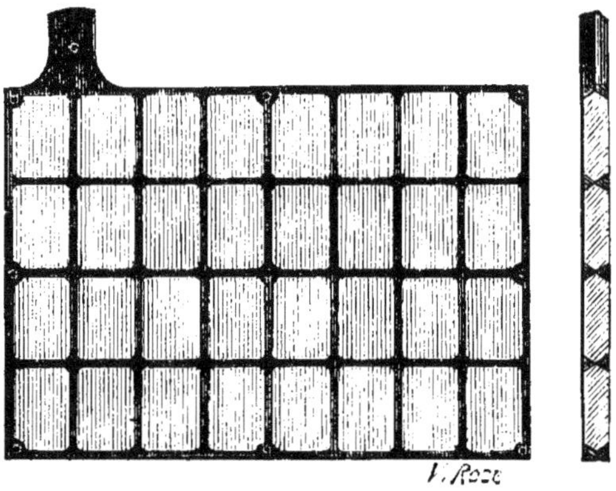

FIG. 24. — Accumulateur Gadot.

a l'avantage d'avoir une grande quantité de matière active
et un poids très réduit, à cause de la large maille de
treillage dont la forme ne permet plus aux pastilles de
s'échapper.

L'accumulateur Gadot est du genre Faure.

Accumulateur Julien. — C'est encore une modification
de l'accumulateur Faure, dans laquelle l'inventeur remplace le plomb fondu par un alliage de :

Plomb. 92	pour 100
Antimoine. 3,5	—
Mercure. 4,5	—

Ce métal est coulé en forme de canevas que l'on recouvre de minium pour les plaques positives et de
litharge pour les plaques négatives.

La présence de l'antimoine dans l'alliage aurait pour effet de le rendre plus rigide et d'empêcher le canevas de se déformer sous l'action du courant.

Accumulateur Reynier. — Dans ce modèle, M. Rey-

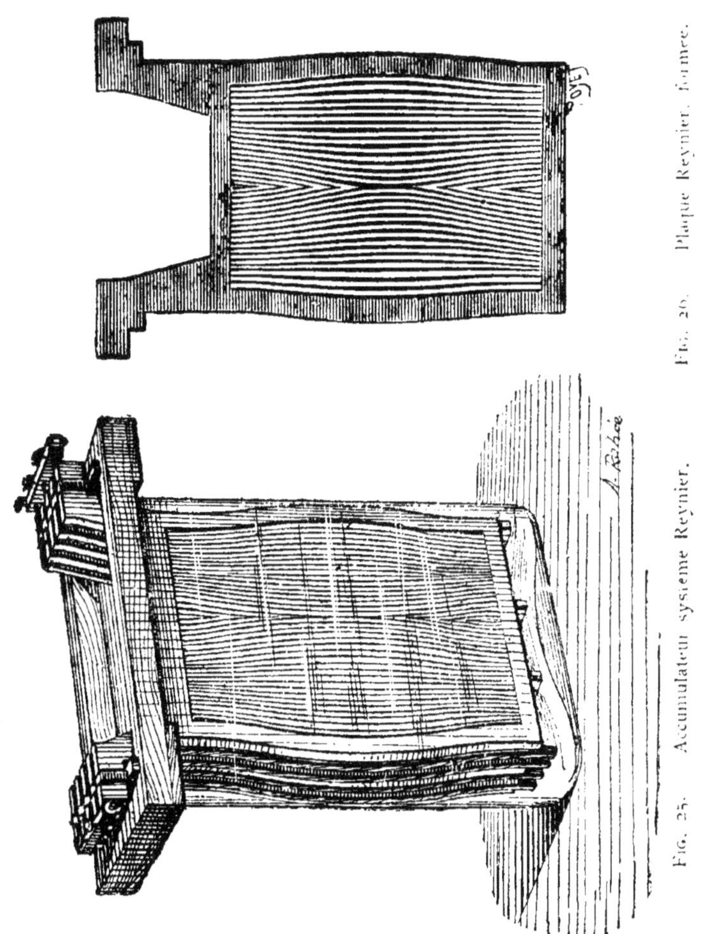

Fig. 26. — Plaque Reynier formée.

Fig. 25. — Accumulateur système Reynier.

nier a voulu augmenter la valeur industrielle des accumulateurs, genre Planté, en leur donnant plus de surface.

Il a choisi une feuille de plomb de 5/10 de millimètre

d'épaisseur et l'a plissée sur toute son étendue, en plis de 2 millimètres de largeur. La feuille ainsi disposée se gondolait facilement ; M. Reynier l'a emmagasinée dans un cadre rigide de plomb.

Les plaques ainsi construites (fig. 25 et 26) sont isolées les unes des autres par des bandes de caoutchouc ; elles sont terminées chacune par deux queues qui, en dehors du vase, reposent sur un châssis en bois. A l'une de ces queues, est adapté un fil de nickel pur, et ce sont ces fils réunis par un collecteur en cuivre, à vis de pression, qui établissent la liaison de toutes les lames positives d'une part, et de toutes les lames négatives d'autre part.

Les vases contenant les plaques sont remplis d'un liquide composé de 9 volumes d'eau distillée et 1 volume d'acide sulfurique pur à 66°.

Les types dits de démonstration, utilisés dans les laboratoires, se composent de 3 ou 5 plaques, pèsent 7 ou 9 kilogrammes, et coûtent 15 ou 20 francs.

Les plaques sont livrées. formées ou non ; dans le premier cas, elles coûtent 2 fr. 25, dans l'autre 1 fr. 50 ; leur poids est 1 kilog. 200.

On fabrique, au prix de 80 francs, des accumulateurs industriels du même système. contenant 27 plaques, et pesant 50 kilogrammes.

La durée de la charge est de 7 à 12 heures à la tension de 2 volts environ. Ces accumulateurs peuvent fournir une décharge de 7 à 8 heures, suivant le débit.

Accumulateur de Montaud. — Parmi les accumulateurs genre Planté qui sont en faveur en France et qui, théoriquement, se rapprochent le plus de la perfection, citons tout particulièrement le modèle de M. de Montaud [1].

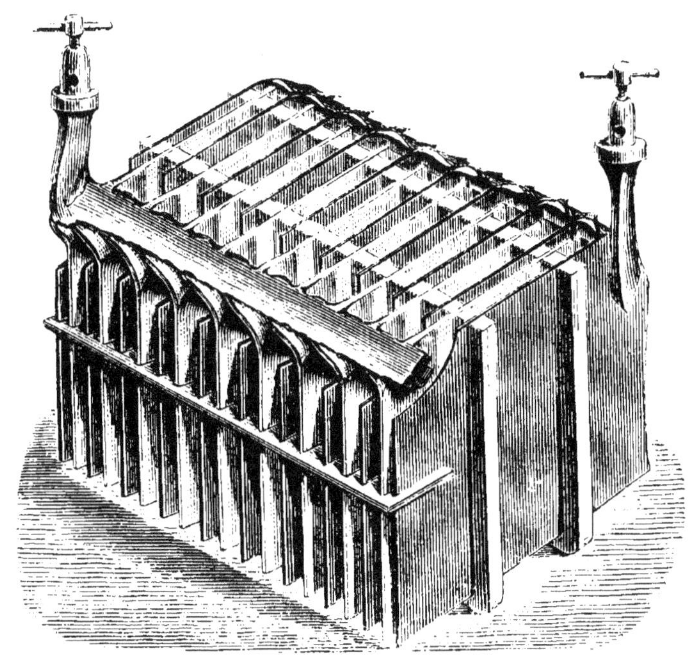

Fig. 27. — Accumulateur de Montaud.

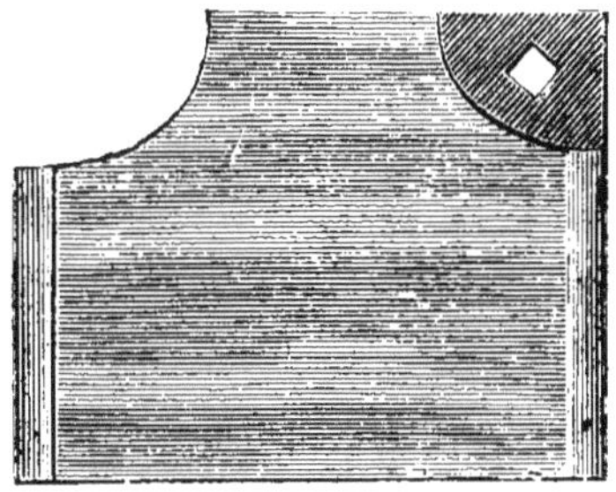

Fig. 28. — Plaque d'accumulateur de Montaud.

[1] *Accumulateurs électriques genre Planté, système de B. de Montaud*. Paris 1886.

Les modifiations apportées aux appareils de G. Planté portent sur les trois points suivants :

1° La formation rapide; 2° la grande surface; 3° le moyen d'obtenir un écartement symétrique.

« Les oxydes de plomb, et plus spécialement la litharge, sont plus ou moins solubles dans les solutions alcalines concentrées et la chaleur aidera beaucoup la dissolution.

« Si donc. dans un bain alcalin à saturation, où on a fait dissoudre de la litharge mise en excès, nous plongeons deux électrodes de plomb et que nous fassions passer un courant de tension et d'intensité convenables, sur l'anode. il se déposera une couche de peroxyde de plomb variant d'épaisseur avec l'intensité du courant, et plus ou moins riche en oxygène, suivant la température du bain.

« Le plomb et le cobalt sont les deux seuls métaux dont l'anode, dans de certaines conditions que seule la pratique peut indiquer, au lieu de fondre graduellement comme cela se passe en galvanoplastie, se recouvre d'une couche de peroxyde, alors que la cathode reçoit tout de même une couche de plomb réduit.

« Dans ce cas, c'est le liquide du bain qui fournit aux deux dépôts, tandis qu'en galvanoplastie c'est l'anode qui fournit à la cathode.

« Les travaux de Preece, l'un des électriciens anglais le plus en vue, ont établi que pour former un accumulateur ordinaire il faut disposer d'un courant de tension approprié, mais dont l'intensité totale doit arriver à fournir un chiffre de 1000 ampères-heure environ.

« Nous basant sur ces chiffres, nous avons mis dans

nos bains un nombre de plaques suffisant pour former une surface d'électrodes représentant environ $1^{mq},10$; nous faisons passer à travers ces électrodes un courant d'une tension appropriée à un régime de 600 ampères, ce qui nous donne 54 millièmes d'ampère par centimètre carré.

« Nous avons 9 plaques, dont 8 seulement utiles par bain. Il y aura donc un courant de 600 ampères traversant le bain, et donnant 74,5 ampères par plaque, ce qui, pendant une demi-heure, représente 37,2 ampères-heure.

« Quand nous monterons un accumulateur moyen, c'est-à-dire de 4 mètres carrés comprenant 29 plaques dont 28 utiles, nous aurons un appareil qui, au sortir du bain, aura reçu 28 fois 37,2 ampères-heure, soit 1043 ampères-heure.

« Nous avons en une demi-heure réalisé les données de M. Preece, au lieu de le faire en de longs mois.

« Tout le secret de notre formation est là : faire passer d'une manière efficace des courants d'une grande intensité et abréger d'autant la durée de la formation.

« Des deux plaques ainsi traitées, l'une devient positive et se recouvre d'une couche plus ou moins épaisse de peroxyde de plomb. Au sortir du bain, elle subit diverses préparations et plusieurs lavages, et elle est apte à être montée avec d'autres pour constituer un accumulateur prêt à être chargé et à fonctionner.

« La seconde plaque, négative, s'est recouverte d'une épaisse couche de mousse de plomb ; elle est soigneusement lavée, conservée dans l'eau à l'abri de l'air, et soumise à une pression des plus considérables. Au sortir de la pression. elle présente l'aspect d'une lame de plomb ordinaire ; la porosité physique a disparu, mais la porosité chimique est intacte, et c'est elle seule qui est en jeu dans les accumulateurs.

« Une fois la lame négative construite de cette façon, elle est prête à concourir avec les positives à faire un accumulateur. » (B. de Montaud).

Les feuilles de l'accumulateur de Montaud sont rectangulaires. avec un coin échancré et un coin renforcé ; l'échancrure de l'un servant à renforcer l'autre après le découpage, il n'y a pas de déchet. Les coins renforcés sont percés d'un trou carré destiné à recevoir les tiges en plomb reliant les plaques de même polarité et représentées par la figure 29.

Fig. 29. — Tige d'assemblage pour accumulateur de Montaud.

Les bords de la feuille sont repliés de façon à augmenter la rigidité. Les feuilles sont de quatre grandeurs : le type n° 1 forme avec 19 feuilles l'accumulateur de 1 mètre carré ; le type n° 2 forme avec 15, 23 ou 29 feuilles des accumulateurs de 2, 3 ou 4 mètres carrés ; le type n° 3 sert. avec 21, 23, 25, 27 ou 29 feuilles, à composer les accumulateurs de 8, 9, 10, 11 et 12 mètres carrés.

Ces feuilles sont complètement immergées dans le

liquide : leur parallélisme est maintenu par un peigne en bois (fig. 30) sur la base duquel s'appuient toutes les lames, et dont les rainures sont appropriées aux dimensions de ces lames. D'autres peignes, plus petits, s'emboîtent latéralement sur les renforcements des lames. La figure 30 montre la disposition des peignes ; quant aux tiges d'assemblage, elles sont en plomb, fondues d'une seule pièce et durcies par l'addition d'un alliage spécial.

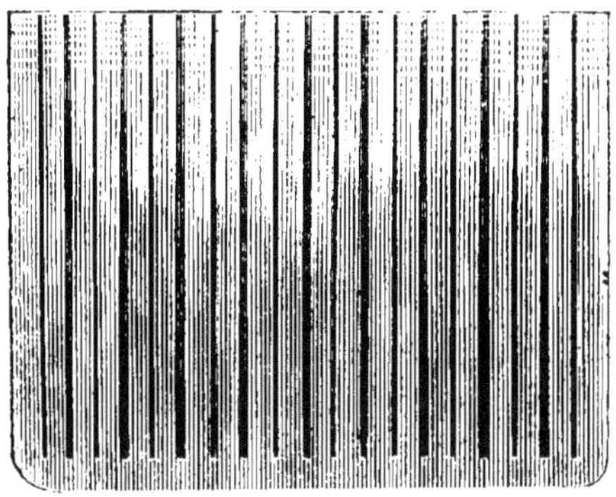

Fig. 30. — Peigne pour accumulateur de Montaud.

La tige est carrée et, sur une de ses faces, viennent s'aplatir les extrémités des feuilles embrochées, comme le montre la figure 27. Une soudure au plomb établit une liaison intime.

L'examen de la figure 27 montre : 1º que l'accumulateur monté est isolé du vase extérieur ; 2º qu'on peut facilement l'en retirer ; 3º que les communications électriques peuvent aisément être établies à l'aide des bornes en cuivre qui terminent les tiges d'assemblage.

Le vase qui renferme l'accumulateur et qui laisse émerger les bornes de serrage est en grès, en verre, en ébonite pour les petits modèles, en bois de pitchpin, peint à trois couches de gomme laque et doublé en plomb, pour les grands modèles. Il contient de l'eau acidulée et est isolé du sol par des pieds de porcelaine en forme de champignon, de vrais isolateurs.

Le prix des accumulateurs de Montaud, garantis un an, varie suivant la surface (de 1 à 12 mètres carrés) entre 25 et 300 francs, auxquels il faut ajouter le prix de la boîte ou du vase, de 3 à 30 francs suivant sa nature et ses dimensions ; leur poids brut est de 18 kilogrammes pour celui de 1 mètre carré et de 160 pour celui de 12 mètres carrés.

Accumulateur Scheneck-Farbaky. — Dans l'accumulateur Scheneck-Farbaky, les grillages en plomb des plaques positives ont 10 à 12 millimètres d'épaisseur, les négatives 6 à 8 seulement. La pâte positive contient 95 parties d'oxyde de plomb, 95 parties de minium et 10 parties de coke concassé. La pâte négative est composée de 95 parties d'oxyde de plomb réduit en poudre fine et de 5 parties de pierre ponce.

Accumulateurs de l'« Electric Power Storage C° ». — La figure 31 représente trois éléments que la maison Woodhouse et Rawson de Londres désigne sous le nom de E. P. S. et qui sont également construits par la société allemande *Allgemeine Elektricitäts-Gesellschaft*.

Les plaques sont formées par un alliage de plomb durci.

Les lames positives, ainsi que les négatives sont réunies par des barres d'assemblage et renfermées dans des vases de verre épais. Chaque vase contient 7, 11, 15, 23 ou 31 plaques ; le poids varie entre 40 et 132 kilogrammes.

Les lames d'un même vase, primitivement séparées par des cales en caoutchouc, sont aujourd'hui pourvues d'un dispositif de cloisonnement qui permet d'enlever rapidement les plaques supérieures sans déranger les feuilles de plomb spongieuses: la circulation de l'eau acidulée entre les diverses plaques est également favorisée par la nouvelle disposition.

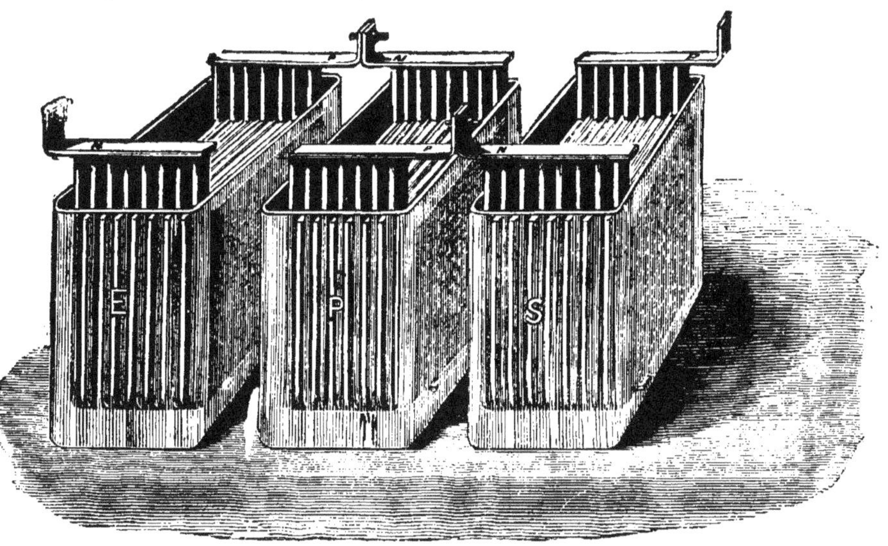

FIG. 31. — Accumulateur E. P. S.

Emploi des accumulateurs. — Les batteries d'accumulateurs sont utilisées pour la traction : les vélocipèdes marchant par ce système ne sont plus à créer. Plusieurs lignes de tramways fonctionnent de la sorte en Angleterre, en Allemagne et en Amérique. Ils servent de propulseurs à des bateaux de plaisance, et la nouvelle voie dans laquelle est entrée l'aérostation leur offre une place toute marquée.

Dans les installations d'éclairage électrique, ils jouent

deux rôles importants et peuvent être considérés à la
fois comme des magasins d'électricité où l'on puise
commodément et comme des régulateurs de courant
fournissant une lumière d'une fixité remarquable. Leur
emploi est tout indiqué pour les éclairages intermittents,
pour les installations temporaires, pour des bals ou des
fêtes, dans des locaux où il n'existe pas d'installation fixe
de lumière électrique, et où l'éclairage ne doit se prolonger que pendant un nombre d'heures restreint et prévu
à l'avance. Certaines maisons, la Société des applications
de l'électricité (anciens établissements Jarriant) en particulier, se chargent de ces genres d'installation. Les
conducteurs et les lampes sont rapidement mis en place
pour la circonstance et une batterie d'accumulateurs,
toute chargée, est amenée sur les lieux, de sorte que,
par un simple jeu de commutateur, salons et jardins se
trouvent illuminés : quelques heures après la fête, il ne
reste plus trace d'appareils électriques, le gaz ou la
bougie ont repris leurs droits. C'est ainsi qu'à différents
bals de l'Élysée, 330 lampes à incandescence Swan ont
été alimentées par 660 accumulateurs de la Société des
applications de l'électrité montés en 22 batteries de
trente éléments. Au commencement de la fête, 27 éléments par batterie seulement étaient introduits dans le
circuit, les trois autres restaient en réserve et interve-
naient en cas de nécessité.

Dans les installations fixes, les accumulateurs trouvent
encore leur place ; ils forment une batterie de secours
toujours prête à suppléer à l'insuffisance des machines
ou à parer aux accidents qui peuvent entraver momen-
tanément la marche des moteurs.

Au point de vue économique. ils peuvent rendre de grands services dans les usines électriques où le débit journalier diminue à partir d'une certaine heure. dans une usine, par exemple, qui distribue la force motrice en même temps qu'elle fournit l'éclairage. Pendant les journées d'hiver, de 4 heures à 7 heures du soir, la consommation atteint son maximum : outillage et foyers lumineux fonctionnent partout simultanément ; mais, à mesure que les ateliers se ferment. il ne reste plus que les lampes à entretenir, le débit d'électricité diminue : il est possible alors d'économiser le combustible de plusieurs moteurs en les remplaçant par des accumulateurs chargés pendant les premières heures de la journée. alors que les machines n'ayant à fournir que la force motrice n'utilisent pas toute leur puissance.

L'emploi des accumulateurs se généralise aussi pour l'éclairage des vagons de voyageurs dans les trains de chemins de fer. Ils sont chargés à la gare de départ. ou bien pendant la route, par une machine disposée dans un fourgon et mise en marche par les roues du véhicule.

Montage, accouplement et entretien des accumulateurs. — Il est presque inutile de dire que les accumulateurs se montent en tension ou en quantité de la même manière que les piles.

Dans chaque vase. toutes les plaques positives sont reliées ensemble, toutes les plaques négatives également. D'un vase à l'autre, l'accouplement en tension s'obtient en reliant les plaques positives d'un élément aux plaques négatives du suivant ; on les reconnaît d'ailleurs aisément, la plupart des constructeurs leur donnant une coloration différente.

On a imaginé des commutateurs permettant d'accoupler les accumulateurs en quantité pendant la période de charge, et de les réunir en tension quand on veut les décharger.

D'après M. Hospitalier, le rendement des accumulateurs est de 31 pour 100 du travail mécanique fourni par le moteur. En d'autres termes, si le moteur mettant en marche les machines destinées à charger les accumulateurs fournit un travail égal à 100, ces machines ne laissent disponible pour la charge que 70, la décharge ne donne plus que 44.1, et si on transforme cette décharge en travail mécanique, on n'obtient plus, en définitive, que 30.8.

La batterie doit être isolée, les vases ne communiquant entre eux que par leurs points d'attache et n'ayant aucune relation avec le sol. Les vases sont placés sur des châssis en bois goudronné dont les pieds reposent sur des plaques de verre les isolant du sol.

Les plaques doivent baigner complètement dans l'eau acidulée.

Tous les mois, on lave les vases et les plaques, et on change le liquide. Afin d'assurer à celui-ci son homogénéité, on le prépare, pour l'ensemble des éléments de la batterie, dans la proportion de 1 volume d'acide sulfurique pour 9 volumes d'eau : on ne le verse dans les vases que lorsqu'il est refroidi.

IV

MAGNÉTOS ET DYNAMOS

Ce qu'on entend par machine magnéto-électrique et par machine dynamo-électrique. — Machine de l'Alliance. — Machine magnéto-électrique de Méritens. — Eléments constitutifs d'une dynamo. — Auto-excitation. — Enroulement de l'induit. — Collecteur et balais. — Machine Gramme. — Machine Siemens. — Machine Edison. — Machine Brush. — Machine Weston. — Machine Thury. — Machine Thomson-Houston. — Machines anglaises. — Machine Rechniewski. — Machine Westinghouse. — Machine Ferranti. — Machine Mordey. — Dangers des générateurs mécaniques, moyens de préservation.

Ce qu'on entend par machine magnéto-électrique et par machine dynamo-électrique. — Les machines basées sur les phénomènes d'induction décourverts par Faraday en 1830 sont aujourd'hui très perfectionnées. Elles transforment une action mécanique en électricité et constituent le moyen le plus économique de produire des courants électriques puissants.

Le mouvement d'un conducteur dans un champ magnétique donne naissance à des courants induits qui traversent ce conducteur ; tel est. réduit à sa plus simple expression, le principe des machines dont nous allons nous occuper.

Le champ magnétique peut être constitué par des

aimants fixes et permanents : la machine est une *machine magnéto-électrique*.

Le champ magnétique peut être formé par un électro-aimant ; la machine est une *machine dynamo-électrique*.

Depuis que ces sortes de machines sont d'un usage courant, on les désigne par abréviation sous les noms de *magnétos* et *dynamos*.

Quel que soit le type, la machine comprend :

Un *inducteur*, c'est l'organe qui forme le champ magnétique (aimant ou électro-aimant), un *induit*, c'est le circuit dans lequel se développent les courants ; un *collecteur*, organe qui sert à recueillir les courants pour les distribuer à l'extérieur.

Suivant le type de la machine, l'induit tourne en regard des pôles de l'inducteur, ou bien l'induit reste immobile et c'est l'inducteur qui se meut, d'autres fois enfin, induit et inducteur tournent en sens inverse ; on diminue, par ce dernier procédé, la vitesse propre des deux organes. Telles sont du moins les différentes dispositions que l'on peut réaliser.

Les courants circulant dans l'induit sont alternativement positifs et négatifs. Lorsqu'ils sont utilisés sous cette forme, la machine est dite à *courants alternatifs ;* si la machine *redresse* les courants de façon à les faire circuler toujours dans le même sens, elle est à *courants continus*.

Ainsi, deux grandes catégories se subdivisant en deux autres :

Machines magnéto-électriques
- à courants alternatifs.
- à courants continus.

Machines dynamo-électriques
- à courants alternatifs.
- à courants continus.

Machine de l'Alliance. — La machine imaginée par Nollet en 1849 et connue sous le nom de *machine de l'Alliance* est la première qui ait été appliquée à la production de la lumière électrique. Elle fut adoptée en 1863 pour l'éclairage des phares de la Hève[1]; c'est à ce titre que nous en parlons, car on n'en fabrique plus aujourd'hui.

Les bobines constituant l'induit sont montées sur des disques en bronze, calés au nombre de quatre ou de six sur un arbre horizontal. Cet axe, solidement encastré dans le bâti de la machine qui sert de coussinets à ses tourillons, reçoit d'un moteur quelconque un mouvement de 400 tours à la minute.

Chacun des disques en bronze est garni de 16 bobines, ce qui porte à 96 le nombre des bobines des machines à 6 disques. L'induit ne forme qu'un seul circuit sur ces bobines, et tandis que l'une de ses extrémités est réunie à l'arbre moteur, l'autre est attachée à un manchon isolé de l'arbre.

En regard des extrémités libres des bobines, sont placés 48 aimants inducteurs disposés par tranches de 8 autour de chacun des disques de bronze. Ces aimants sont en fer à cheval, de sorte que les 16 pôles de chaque tranche, régulièrement espacés, sont en face des 16 bobines correspondantes.

Lorsque la machine est en marche, chaque fois qu'une bobine passe devant l'un des pôles d'un aimant, toutes les autres bobines passent également en face de tous les autres pôles. Chaque fois aussi qu'une bobine passe

---

1 Voy. Gordon, *Traité expérimental d'électricité*, t. II. p. 356.

d'un pôle à l'autre, il y a changement de sens du courant, et comme la machine fait 400 tours par minute, que le nombre des pôles magnétiques est de 16, il en résulte que le nombre des changements de sens du courant est de $400 \times 16 = 6400$ par minute.

Les machines de l'Alliance ont donné de bons résultats, mais elles sont lourdes, encombrantes, et d'un prix élevé ; après avoir alimenté pendant longtemps les lampes à arc de différents phares, elles sont successivement remplacées par des générateurs plus nouveaux, et notamment par la machine de Méritens.

Machine magnéto-électrique de Méritens. — Les machines de Méritens datent de 1878 ; elles ont pour induit un anneau en bronze sur lequel sont montées 12 ou 16 bobines d'électro-aimant. Cet induit tourne entre les pôles de 6 ou 8 aimants disposés radialement autour de l'induit ; plusieurs rangées semblables sont placées les unes à côté des autres et forment l'ensemble de la machine.

Considérons une seule des bobines calées sur l'anneau et, pour plus de clarté, désignons par A et B les extrémités de son noyau. L'inventeur va nous apprendre ce qui se passera lorsque cette bobine se déplacera en regard d'un pôle N de l'un des aimants inducteurs.

« Au moment où le point B, marchant de gauche à droite, s'approche de N, il se développera dans l'hélice électro-magnétique de AB un courant induit d'aimantation, comme dans la machine de Clarke. Ce courant sera de sens inverse aux courants particuliers d'Ampère de l'aimant inducteur. Quand le point B est arrivé dans la ligne axiale de N, l'anneau, en s'avançant, va déterminer entre le pôle N et le noyau AB, une série de déplacements magnétiques qui donneront naissance à une série de courants d'interversions polaires, qui se manifesteront de B en A. Ces courants seront directs par rapport aux courants particulaires de N. Ils vont en croissant d'énergie de B en A. A ces courants se joindront simultanément les courants d'induction dynamique résultant du passage des spires de l'hélice devant le pôle N. Quand A abandonnera N, un courant de désaimantation se produira, égal en énergie et de même sens que le courant d'aimantation résultant du rapprochement de l'épanouissement B du pôle N. Donc, courants induits inverses de l'inducteur, par le fait du rapprochement et de l'éloignement des appendices B et A : courants induits directs, pendant le passage de la longueur du noyau AB devant l'inducteur ; courants induits directs résultant du passage des spires devant N. Toutes les causes d'induction se trouvent ainsi réunies dans cette combinaison. On remarquera que l'action que nous venons d'étudier pour une seule section de l'anneau s'effectue en même temps pour toutes les autres. Le courant est donc facile à recueillir. Le bout entrant du fil de l'une quelconque des bobines de l'induit est réuni au bout entrant du fil de la bobine précédente, tandis que son bout sortant est réuni de la même façon au bout sortant de la bobine suivante. Le courant total d'une machine peut être pris en telle proportion de quantité ou de tension que l'on désire. Il n'y a qu'à grouper d'une manière convenable les bobines d'un ou de plusieurs anneaux. »

Dans les machines construites pour les phares, les

aimants sont au nombre de 40 ou de 60, disposés par rangées de 5, suivant les génératrices d'un cylindre, comme le montre la figure 32. Chaque aimant est composé de 8 lames de 9 millimètres d'épaisseur, solidement boulonnées. Les noyaux de l'induit sont formés par de minces lames de tôle rivées ensemble. Par suite de l'aimantation et de la désaimantation instantanées d'un tel système, on supprime le magnétisme rémanent. Le nombre des bobines est de 16 ou de 24 par anneau, suivant qu'il s'agit du modèle des phares français ou de celui des phares anglais. Les anneaux, au nombre de 5, sont calés sur un arbre en bronze qui tourne à raison de 600 à 900 tours par minute.

Les courants alternatifs produits par ces machines, arrivent à des collecteurs où des balais métalliques les recueillent et les dirigent sur les bornes de sortie.

Dans une machine d'un autre type, dont nous aurons l'occasion de parler plus loin, les aimants ne sont plus recourbés en fer à cheval.

M. de Méritens construit également des machines dynamos.

Éléments constitutifs d'une dynamo. — Ici, l'inducteur étant un électro-aimant devant lequel tourne l'induit formé par un noyau de fer entouré par un fil de cuivre, le système semble se réduire à un morceau de fer tournant devant un autre. Comment un semblable agencement peut-il développer un champ magnétique? Comment, en d'autres termes, l'inducteur se polarise-t-il?

Dans le début, on excitait une première fois la machine avec une pile, c'est à dire qu'on faisait traverser le fil de l'électro-aimant inducteur par un courant qui aimantait ses noyaux ; le champ magnétique, une fois constitué, on conçoit, en se reportant à ce que nous avons dit des magnétos, comment la machine pouvait fonctionner.

La pile était avantageusement remplacée par une machine magnéto dite *excitatrice* qui fonctionnait en même temps que la dynamo et concourait à la production de courants énergiques ; on avait là deux machines superposées agissant simultanément : ce n'était pas économique.

Vers 1866, on reconnut que dès qu'une machine avait fonctionné, dès qu'on touchait son électro-aimant avec un aimant fixe, quelquefois même par le simple effet du magnétisme terrestre. les noyaux de l'inducteur conservaient une quantité de magnétisme rémanent suffisante pour opérer cette mise en train, à la condition de disposer les circuits d'une façon convenable.

La première parcelle de magnétisme rémanent donne naissance, au moment de la mise en marche, à un faible courant dans l'induit. Si on agence l'instrument de telle sorte que ce courant traverse l'électro-aimant inducteur, il contribuera à augmenter le champ magnétique très petit auquel a déjà donné naissance la parcelle de magnétisme rémanent que nous considérons. Le champ magnétique augmentant d'intensité, les courants induits produits à chaque révolution de la machine feront de même et, traversant l'inducteur, renforceront encore son aimantation, de sorte que, par ces actions successives, on atteint assez rapidement le régime nornal de la machine.

Auto-excitation. — Trois méthodes sont en présence pour obtenir cette *auto-excitation* des dynamos :

1° Excitation en série ;

2° Excitation par dérivation ;

3° Excitation *compound* ou excitation mixte.

FIG. 32. — Machine de Méritens (modèle des phares).

On obtient l'excitation en série en réunissant l'inducteur, l'induit et les fils extérieurs ; on forme ainsi un

circuit unique comprenant le fil de l'électro-aimant inducteur, le fil de l'induit et les instruments sur lesquels le
courant doit agir (fig. 33).

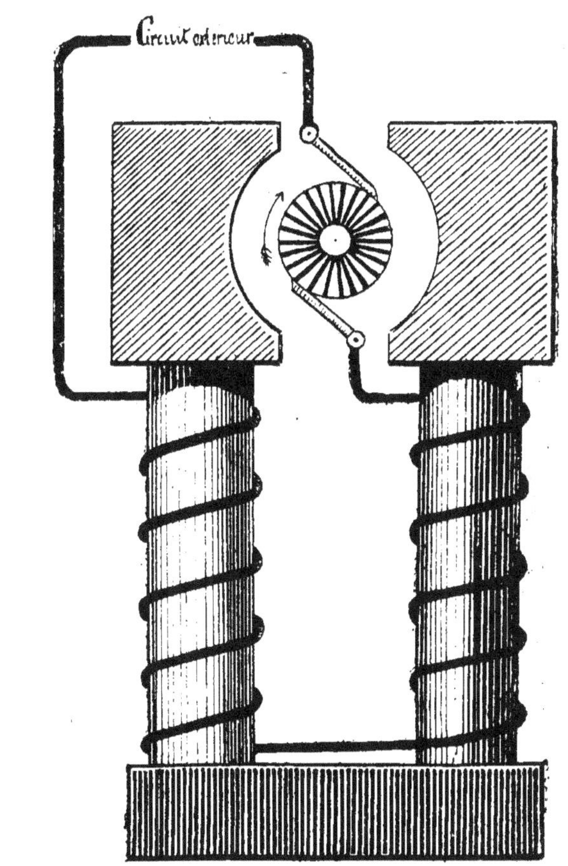

FIG. 33. — Excitation en série.

Dans les machines excitées par dérivation, le fil de
l'électro-aimant est très résistant et rattaché, comme le

montre la figure théorique (fig. 34) au circuit extérieur et à l'induit. Une partie seulement du courant total sert d'excitateur.

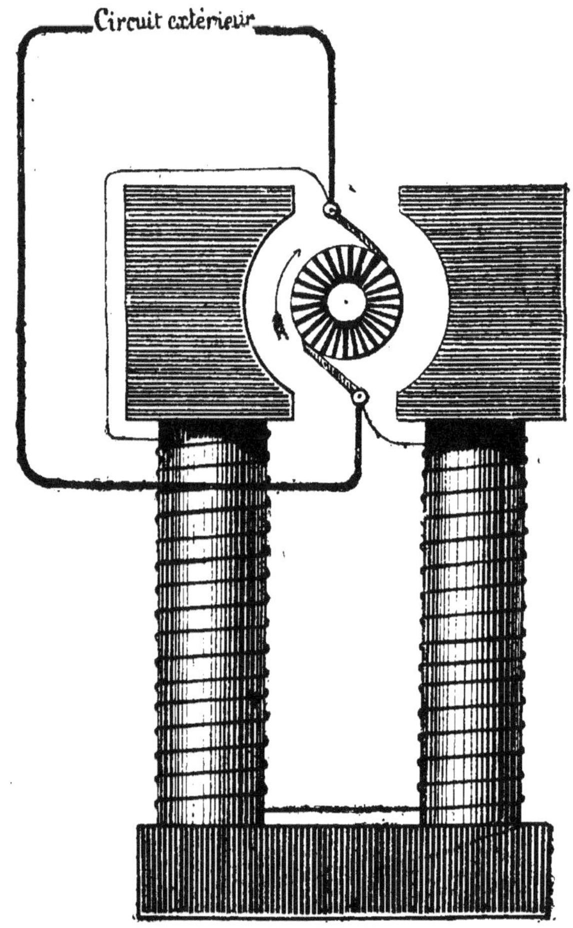

FIG. 34. — Excitation par dérivation.

Enfin l'excitation *compound* consiste en un double enroulement des bobines de l'électro-aimant, l'un en fil fin, l'autre en gros fil (fig. 35).

L'effet de cet enroulement est de maintenir une force électro-motrice constante aux bornes de la machine lorsque la résistance extérieure varie.

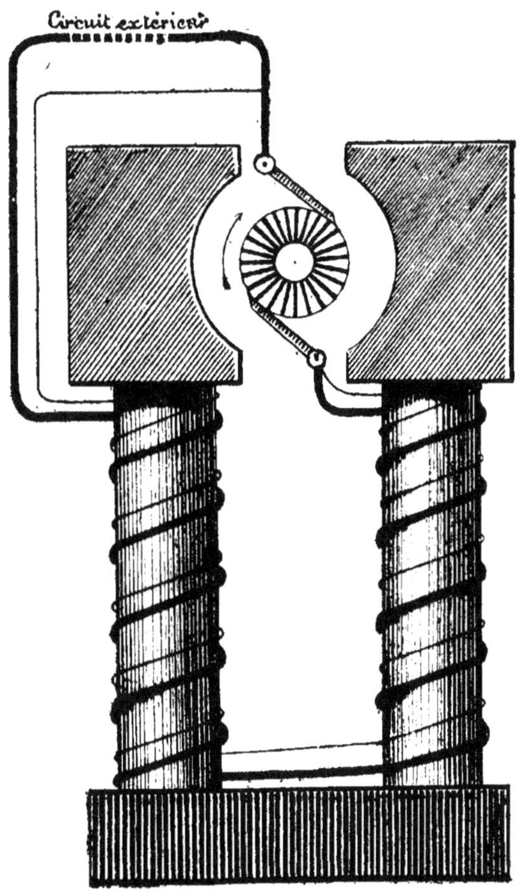

Fig. 35. — Excitation compound.

Évidemment, les dimensions des fils conducteurs doivent être calculées suivant les résultats que l'on désire obtenir ; disons enfin, pour terminer ces généralités, que les noyaux des électro-aimants inducteurs sont en fer,

mais qu'habituellement on leur adjoint des pièces polaires en fonte.

On fait fréquemment usage des machines auto-excitatrices, mais, dans certains systèmes, on a encore recours
à l'excitation produite par une seconde machine indépendante de la première.

Enroulement de l'induit. — Lorsqu'un anneau de fer,
entouré d'un fil conducteur sans fin dont les spires sont

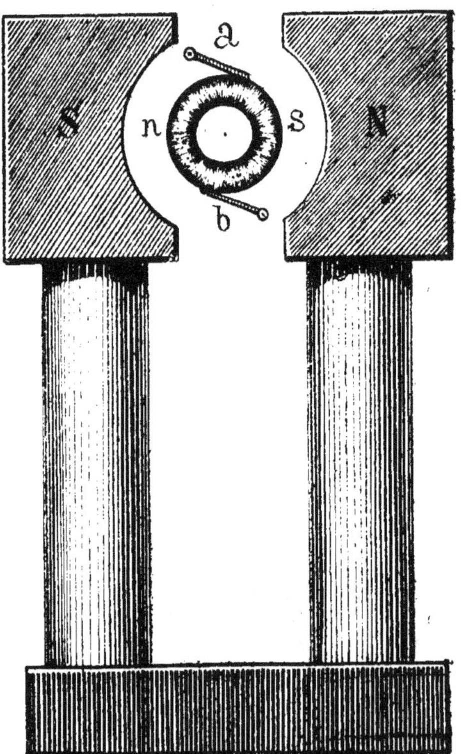

Fig. 36. — Enroulement de l'induit.

toujours de même sens, tourne entre les pôles d'un aimant NS (fig. 36) toutes les spires de la demi-circonfé-

rence *a n b* sont traversées par des courants induits de même sens qui s'ajoutent; la demi-circonférence *a s b* est parcourue, de la même façon, par des courants induits mais de sens inverse, de sorte que les deux moitiés de l'anneau seront parcourues par des courants égaux et de sens inverse ; ce sont ces courants qu'il s'agit d'utiliser.

On peut ramener à deux types principaux la plupart des enroulements de l'induit que présentent les machines industrielles : type Gramme, type Siemens. Ils se distinguent en ce que, dans le premier, le fil induit entoure complètement le noyau magnétique tant à l'extérieur qu'à l'intérieur, tandis que dans le second, la surface extérieure seule du noyau est enveloppée par le fil conducteur.

Les figures 37 et 38 vont montrer comment, au point de vue théorique, les différentes bobines qui composent l'induit sont reliées entre elles ; chaque application nous montrera comment cette disposition a été réalisée pratiquement. Dans ces figures, les chiffres suivis de la lettre *e* indiquent l'entrée des fils dans les bobines, les chiffres suivis de la lettre *s* indiquent leur sortie.

L'enroulement du type Gramme (fig. 37) se fait autour d'un anneau en fer. La sortie du fil de la bobine 1 est reliée à l'entrée du fil de la bobine 2, la sortie de celui-ci à l'entrée du fil de la bobine 3, et ainsi de suite jusqu'à la bobine 8 dont le fil, à sa sortie, est réuni au fil d'entrée de la bobine 1. On voit que, de la sorte, toutes les bobines sont associées en série et ne forment qu'un seul conducteur continu.

Dans l'enroulement Siemens, le fil contourne l'extérieur d'un cylindre ; sur la surface latérale, les bobines sont placées suivant les génératrices ; en passant sur les deux bases, elles se croisent suivant des diamètres, ou

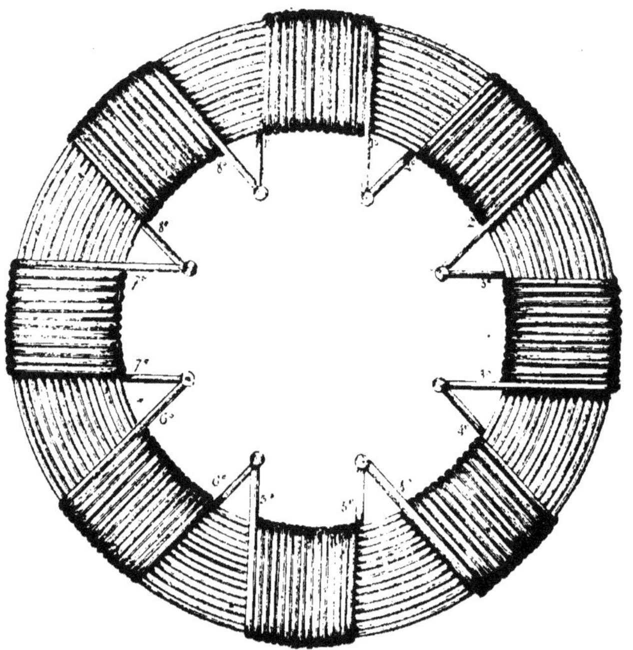

Fig. 37. — Enroulement de l'induit (type Gramme).

tout au moins suivant des cordes s'en rapprochant beaucoup, car il faut ici laisser un passage à l'axe de rotation du système. On voit que la liaison des bobines est absolument la même que dans le cas précédent : 1_s relié à 2_e, 2_s relié à 3_e..... 8_s relié à 1_e. Il y a encore là un fil continu formé par l'ensemble de toutes les bobines, mais il contourne le noyau seulement à l'extérieur.

Collecteur et balais. — En réalité, la liaison des bobines n'a pas lieu directement comme sur les figures 37 et 38

d'un fil à l'autre. Les conducteurs des bobines aboutissent à des lames isolées les unes des autres, qui, réunies
par une frette, forment un cylindre calé sur l'axe de
rotation de l'induit ; c'est le *collecteur*. Sur ce cylindre

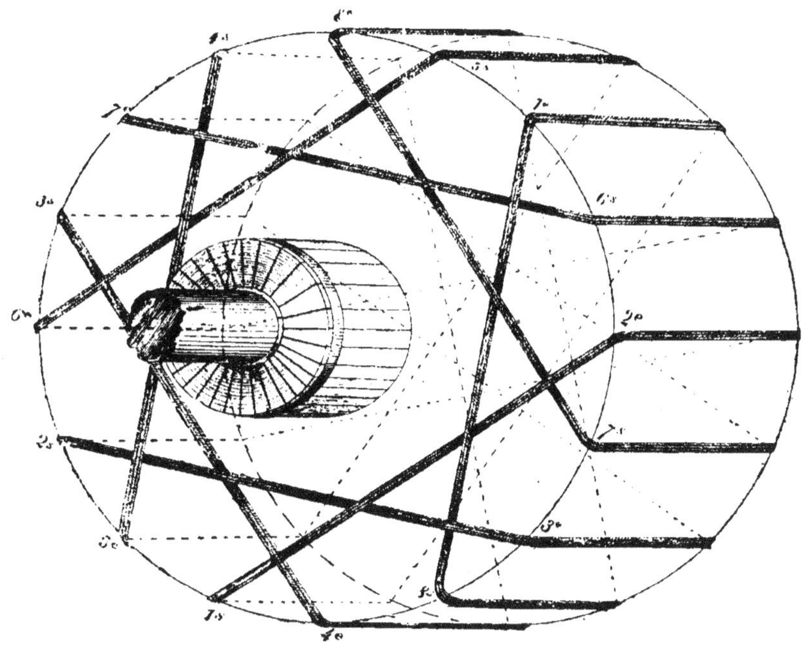

FIG. 38. — Enroulement de l'induit (type Siemens).

viennent s'appuyer des *balais*, sortes de brosses métalliques, disposées par paires, qui ont pour mission de
fermer le circuit des différentes bobines, et de recueillir,
pour les distribuer à l'extérieur, les courants qui les
parcourent.

Machine Gramme. — Il existe aujourd'hui un très grand
nombre de machines Gramme dont les différents modèles sont désignés à peu près par toutes les lettres de

l'alphabet ; dès 1869, M. Gramme en présentait déjà cinq types.

Le modèle le plus répandu est celui que l'on nomme *type d'atelier* (fig. 39) et qui date de 1873.

FIG. 39. — Machine Gramme (type d'atelier).

L'inducteur est formé par deux électro-aimants associés par leurs pôles de même nom, et garnis de plaques polaires enveloppant presque complètement l'induit.

Les deux flasques de la machine constituent les culasses des électro-aimants et servent en même temps de coussinets à l'axe de l'induit. Les pièces polaires, situées sur la ligne médiane, établissent la liaison entre les pôles de même nom des électro-aimants.

La construction de l'induit et du collecteur nécessitent des détails particuliers.

Paccinotti, dans une machine datant de 1864, mais n'ayant jamais reçu d'application industrielle, avait déjà conçu l'idée de disposer son induit sous forme d'anneau. M. Gramme réalisa merveilleusement cette combinaison et la rendit tout à fait pratique.

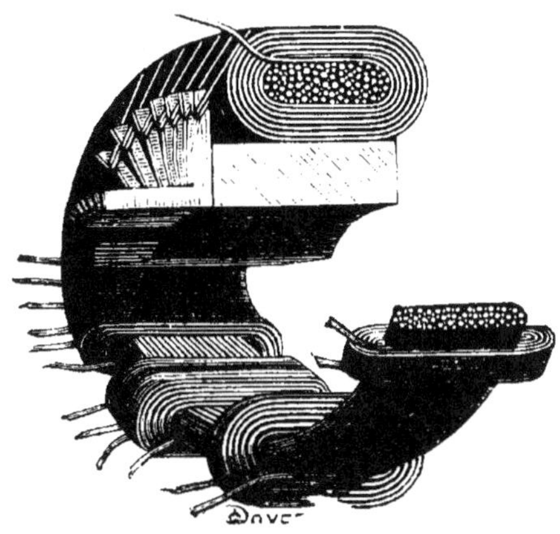

Fig. 40. — Coupe d'un anneau Gramme.

Le noyau de l'induit est formé d'un anneau de forme aplatie en fil de fer (fig. 40). Ce fil, trempé dans du bitume, est enroulé sur un mandrin en bois que l'on retire après l'achèvement de l'anneau. L'anneau, recouvert de matière isolante et bien séché, est retenu par des brides provisoires qui le maintiendront pendant l'opération longue et délicate de l'enroulement. L'anneau est partagé en un nombre pair de sections égales qui recevront chacune une bobine. Le fil de ces bobines est du fil de cuivre recouvert de coton. En raison de la forme de l'anneau, l'enroulement a lieu à la main. Toutes les bobines reçoivent la même quantité de fil. Le conducteur est mesuré avec soin et coupé par fractions correspondant chacune à une bobine. Ces fils partiels sont d'abord dévidés sur de petits morceaux de bois. L'espace réservé à chaque bobine est cloisonné par des coussinets que l'on enlève ensuite, et le fil est enroulé à spires serrées, soigneusement alignées à l'aide d'un coin en bois manœuvré à la main, et au moyen duquel on force à rentrer dans le rang les fils qui tendraient à en sortir. Les deux extrémités de chaque bobine restent provisoirement libres. La figure 40 montre une coupe d'un anneau Gramme en cours de fabrication et sa liaison avec le collecteur.

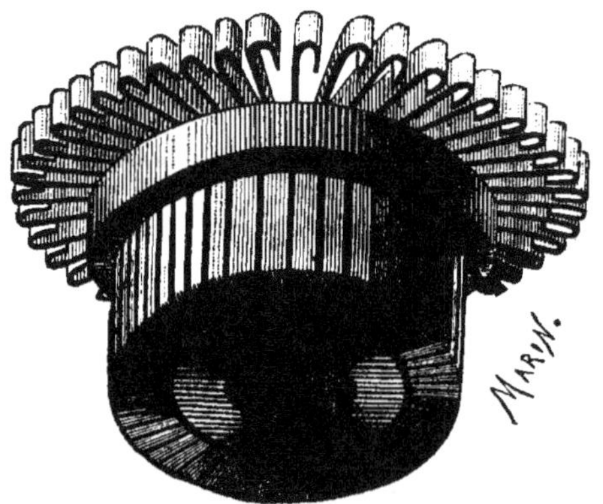

FIG. 41. — Collecteur de la machine Gramme.

Le collecteur (fig. 41) est composé d'une série de lames de cuivre, en nombre égal à celui des bobines de l'anneau.

Chaque lame a la forme d'un coin, est enveloppée d'une feuille de carton, et porte à l'une de ses extrémités une tige également en cuivre, terminée par un crochet.

Toutes ces lames sont assemblées en forme d'anneau, maintenues par une frette, et calées sur un mandrin isolant qui reçoit à son centre l'axe de rotation. Un coup de tour rend parfaitement cylindrique la surface du collecteur qui laisse voir à l'extérieur les lames de cuivre bien polies et séparées par les feuilles de carton.

A chacun des crochets en cuivre, on soude l'entrée du fil d'une bobine et la sortie de la bobine adjacente.

Sur le collecteur viennent s'appuyer les *frotteurs*. sortes de *balais* en fil de laiton argenté, pinceaux flexibles, adaptés à une monture métallique, articulée et disposée de telle sorte qu'ils s'appuient toujours sur les lames et n'abandonnent jamais l'une qu'après avoir pris contact avec la suivante. Ils sont placés de façon à reposer sur les extrémités d'un même diamètre du collecteur.

Les courants recueillis par les balais sont distribués dans le circuit extérieur.

La machine que nous venons de décrire fournit, d'après les indications de la maison Bréguet, avec une vitesse de 1500 tours à la minute, une intensité de courant de 9 ampères sous une force électro-motrice de 110 volts ; son poids est de 110 kilogrammes et elle coûte 500 francs ; elle peut alimenter 13 lampes à incandescence de 16 bougies chacune ou 20 lampes de 10 bougies.

Dans le type dit *à cinq lumières,* construit en 1878, les noyaux de l'inducteur sont aplatis. Les balais sont montés sur des vis sans fin qui permettent de régler leur position.

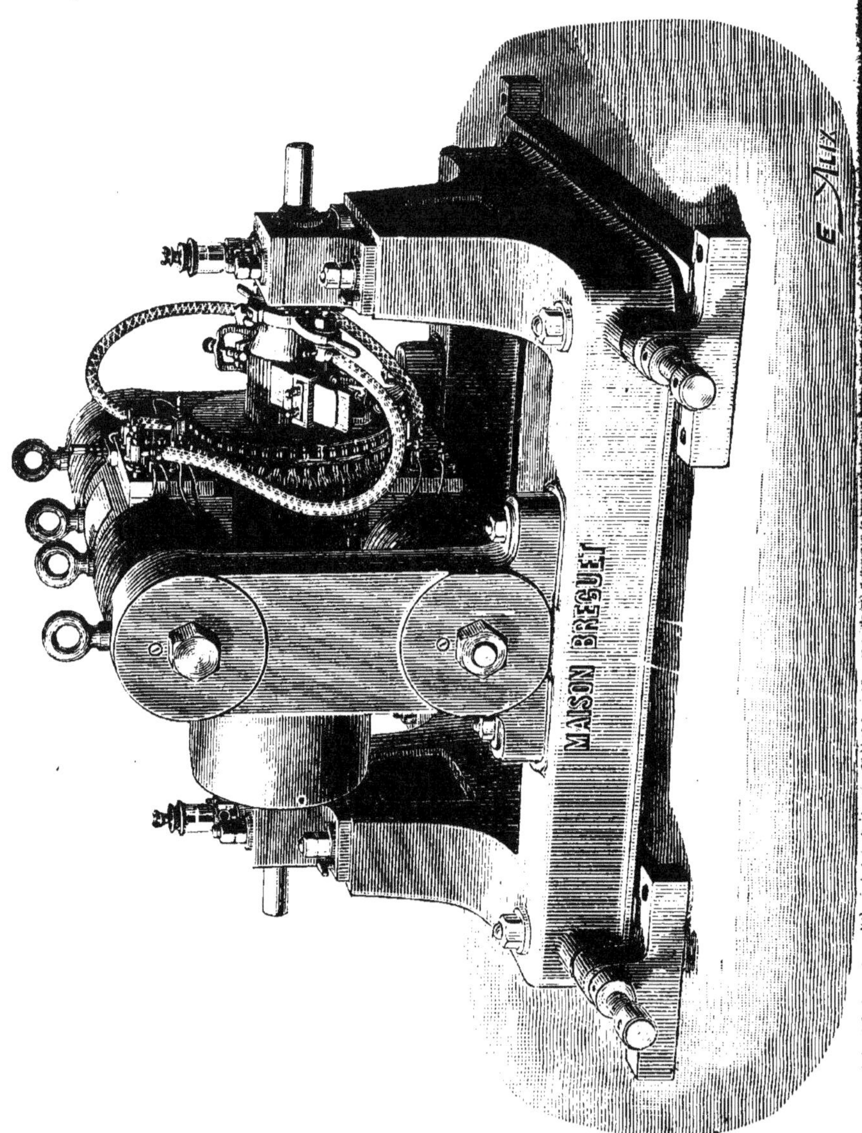

Cette machine, du poids de 286 kilogrammes, et

dont le prix est de 850 francs, marche à 1100 tours par minute, fournit 28 ampères sous 110 volts et alimente 40 lampes à incandescence de 16 bougies ou 70 lampes de 10 bougies.

La figure 42 représente un type plus puissant. Son prix est de 6250 francs, elle pèse 2500 kilogrammes et, à 600 tours à la minute, alimente 500 lampes de 16 bougies ou 900 de 10 bougies, en débitant 60 ampères sous 110 volts. Des machines de ce modèle sont en service sur plusieurs paquebots de la Compagnie transatlantique et sur les bateaux express de la Seine.

Nous empruntons à une publication de la maison Bréguet les renseignements suivants au sujet de la mise en marche et de la surveillance de ses dynamos.

« La dynamo ou les glissières qui la supportent seront fixées solidement sur un massif en béton, une pierre ou toute autre assise suffisamment rigide pour éviter toute trépidation de la machine pendant la marche. Ces assises doivent être parfaitement sèches avant la mise en marche.

« La courroie sera placée, autant que possible, suivant une direction horizontale ou oblique, avec le brin tirant en dessous ; elle sera soigneusement attachée avec des agrafes ou une couture pour les premiers jours de marche, mais ensuite par un long joint sans saillie lorsque la courroie sera suffisamment étendue.

« Les balais doivent être placés à l'extrémité d'un même diamètre et porter sur le collecteur par leur extrémité seulement. Ils ne doivent jamais dépasser leur gaine de plus de 3 millimètres.

« Quand on se sert de balais neufs, il est bon de

tailler légèrement leur extrémité en sifflet avec une lime douce pour assurer le contact sur une surface suffisante, qui ne doit pas dépasser ensuite après usure la longueur d'une lame et demie du collecteur.

« Lorsque la surface de contact augmente de largeur, il convient de tailler les balais en en coupant la pointe avec un ciseau à froid.

« Chaque fois qu'on touchera aux balais, il faut avoir soin de les replacer exactement dans leur position primitive.

« Éviter de faire tourner la dynamo en sens inverse pour ne pas rebrousser les fils des balais; en cas de nécessité relever d'abord les balais.

« Le collecteur doit être maintenu en parfait état de propreté ; le moyen le plus simple pour le nettoyer consiste à le polir avec du papier de verre fin pendant que la machine tourne et les balais étant relevés; on l'essuie ensuite avec un chiffon pour enlever les limailles qui ont pu adhérer aux lames isolantes. N'avoir recours à la lime que lorsque le collecteur est trop profondément rayé.

« Lorsque le collecteur est déformé par l'usure d'un long service, on peut le tourner en mettant l'arbre sur le tour, et en ne faisant que des passes très fines avec un outil bien tranchant.

« A la mise en marche, remplir les réservoirs d'huile et s'assurer du bon fonctionnement des graisseurs. Le graissage doit être abondant sans excès. L'huile ne doit jamais se répandre sur l'arbre, le collecteur et les fils de la machine.

« Les balais doivent avoir un bon contact avec le

collecteur sur toute leur largeur ; leur pression doit être aussi faible que possible quoique suffisante pour bien assurer le contact du balai sur le collecteur. »

Fig. 43. — Machine Siemens verticale.

Machines Siemens. — Les machines Siemens se carac-

Fic. 44. — Machine Edison

e de l'Opéra) Voy. page 88.

térisent par l'enroulement superficiel du noyau de l'induit. Ces machines sont de plusieurs modèles ; dans les unes, l'inducteur est horizontal, dans d'autres plus récentes, il est vertical. Les noyaux des électro-aimants sont en fer forgé, cintrés au milieu ou évidés pour laisser passer l'induit supporté par deux flasques en fonte.

Des entretoises réunissent deux à deux ces noyaux et forment les culasses. Les bobines ont des carcasses en tôle et des joues en laiton. L'induit a pour noyau un tambour en tôle. Deux disques de bronze sont maintenus parallèlement sur l'axe par des goupilles ; ces deux disques supportent une mince lame de tôle qui les réunit et forme la surface latérale du tambour. Pour faciliter l'enroulement des bobines, des encoches sont pratiquées régulièrement sur les bords des disques de bronze, et on y glisse des coins en bois. L'enroulement a lieu à la main et, dans chaque bobine, la moitié des spires passe à gauche de l'axe, l'autre moitié à droite. L'entrée du fil dans la bobine est réunie à une des lames du collecteur, la sortie à la lame suivante qui reçoit en même temps l'entrée du fil de la seconde bobine. Ces fils d'ailleurs doivent être étiquetés avec soin, car le collecteur n'est mis en place que lorsque l'enroulement est terminé.

La machine que représente la figure 43 porte sur ses faces latérales, le long des noyaux des inducteurs, des tablettes munies de bornes auxquelles aboutissent les fils des circuits inducteur et induit, et qui permettent de coupler à volonté, suivant le but à atteindre, les différents éléments de la machine.

La maison Siemens construit également des machines à courants alternatifs.

Machines Edison. — Il existe aujourd'hui un grand nombre de types de machines Edison ; nous ne nous arrêterons pas à les étudier séparément.

Dans les premières machines, l'inducteur comprenait beaucoup de noyaux horizontaux. l'induit était formé de

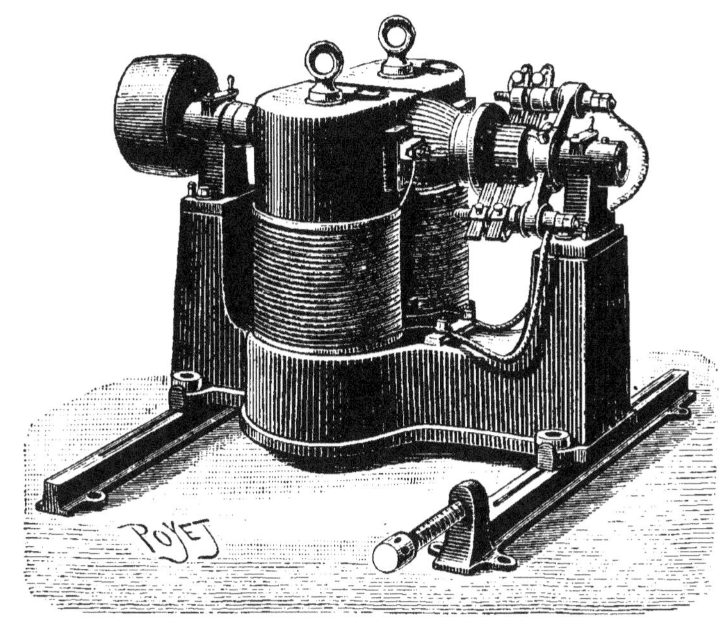

Fig. 45. — Machine Edison (Compagnie continentale Edison).

rondelles de fer séparées par d'autres rondelles en carton d'amiante, le tout calé sur un axe central formait un cylindre ; des barres de cuivre isolées entouraient ce cylindre suivant ses génératrices et étaient reliées aux deux bouts à des disques de cuivre également isolés ; barres et disques formaient le circuit de l'induit et aboutissaient au collecteur où les balais venaient recueillir le courant.

Actuellement, l'inducteur est un gros électro-aimant

vertical entre les pôles duquel tourne l'induit ; on a ainsi notablement réduit l'emplacement occupé par les premières machines.

L'induit est formé par des fils qui s'enroulent sur le noyau cylindrique de fer et s'attachent directement au collecteur ; on a, de la sorte, considérablement diminué la dépense occasionnée par l'emploi des disques de cuivre.

La figure 45 montre une petite machine, construite dans ces conditions, dont le poids varie entre 180 et 660 kilogrammes et le prix entre 600 et 1300 francs.

Lors de l'aménagement de l'éclairage électrique à l'Opéra, M. Picou, directeur des ateliers de la société Edison à Ivry, a étudié et fait construire en très peu de temps un modèle de machine spécialement destiné à cet éclairage. La figure 44 (page 84-85) montre cette nouvelle disposition.

Les inducteurs sont doubles et comprennent quatre colonnes formant des électro-aimants dont les pôles se réunissent autour de l'induit, à mi-hauteur de la machine.

Cette dynamo tourne à 350 tours par minute ; le poids du cuivre de l'induit est de 190 kilogrammes ; le poids du cuivre des inducteurs est de 285 kilogrammes, et le poids total de 11.750 kilogrammes. Elle coûte 14.000 francs et donne un rendement électrique de 96,5 pour 100.

Machine Brush. — L'inducteur se compose de deux électro-aimants à bobines aplaties dont les noyaux sont garnis de pièces polaires occupant chacune 3/8 de la circonférence (fig. 46). C'est entre ces deux plaques polaires que tourne l'induit. L'anneau qui supporte les

bobines de cet induit était autrefois en fer plein, coupé
de nombreuses rainures. Dans les nouvelles machines,
un anneau central en fer sert de support à un long ruban
de tôle, d'une épaisseur de $1^{mm},5$, enroulé autour de
lui. Entre les spires de ce ruban, sont intercalées de
petites lames de fer, de même épaisseur et de largeur
suffisante pour dépasser des deux côtés ; leur superpo-
sition produit des oreilles qui servent de logement à

FIG. 46. — Machine Brush.

huit ou douze bobines. Par le fait, la machine se réduit
théoriquement à quatre bobines, car les dynamos à huit
ou douze bobines, les seules que l'on construise, ne
sont que la réunion de deux ou trois machines simples.

Les 4 bobines élémentaires sont placées sur l'anneau suivant deux diamètres se coupant à angle droit ; les
8 autres sont intercalées, dans les mêmes conditions,
entre les 4 premières. L'inducteur est excité en dérivation.

La machine à 8 bobines porte deux collecteurs et deux
paires de balais ; la machine à 12 bobines a trois collecteurs et trois paires de balais.

Chaque fois qu'une paire de bobines passe devant les pôles de l'inducteur, son action est maxima, mais, à ce moment, la paire de bobines disposées sur le diamètre perpendiculaire passe dans la ligne neutre et fournit une énergie minima.

Le collecteur est disposé de telle sorte que les courants des bobines actives sont successivement recueillis par les balais pour former dans le circuit extérieur un flux continu, tandis que les bobines inactives restent en dehors du circuit.

Les machines Brush peuvent alimenter 60 lampes avec une force électro-motrice de 3000 volts et une vitesse de 850 tours à la minute.

Un régulateur portant un rhéostat à disque de charbon est adjoint à la machine.

La société Brush construit aussi des machines à double enroulement pour l'éclairage par l'incandescence.

Machine Weston. — Les deux électro-aimants qui

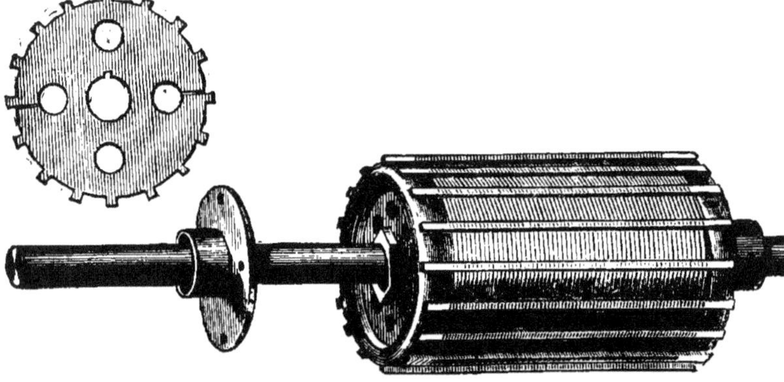

Fig. 47 et 48. — Machine Weston (détails de l'induit).

forment l'inducteur et qui sont montés en dérivation se

réunissent en leur milieu en un empâtement formant
les deux pièces polaires qui entourent l'induit et servent
en même temps de support à son axe. Le noyau de
l'induit (fig. 47 et 48)est un cylindre composé de disques
en tôle, isolés les uns des autres et enfilés sur un axe
commun. Ils sont percés de trous pour favoriser la ven-
tilation. Leur pourtour est garni de dents dans l'inter-

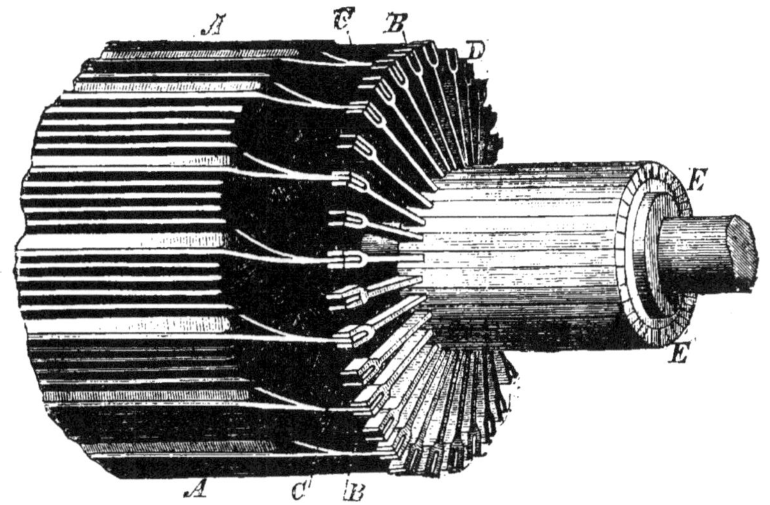

FIG. 49. — Machine Weston (liaison de l'induit avec le collecteur).

valle desquelles se logent les bobines. Dans les machines
à haute tension, l'enroulement est double et la figure
49 montre la disposition des deux séries de bobines
sur le noyau ; elles y sont représentées, les unes par
des traits noirs, les autres par des traits blancs; les
bouts libres sont réunis aux lames du collecteur.

La machine entière (fig. 50) est montée sur un banc
à chariot qui facilite beaucoup le réglage des courroies
de transmission.

Enfin, un régulateur comprenant un rhéostat permet de régler le débit suivant les besoins. Les différents types des machines Weston sont construits, les uns

Fig. 50. — M

pour la lumière à incandescence, les autres pour des régulateurs à arc ; un grand nombre de ces machines fonctionnent très régulièrement en Amérique.

Machine Thury. — Les machines Thury, construites

par la Compagnie Cuénod-Sautter, de Genève, et par MM. Sautter, Lemonnier et Cie, se caractérisent par les particularités suivantes :

ne Weston.

Vitesse de rotation très faible, résistance intérieure également faible, rendement élevé, absence de bruit et de trépidation.

Ces machines sont construites sur plusieurs types.

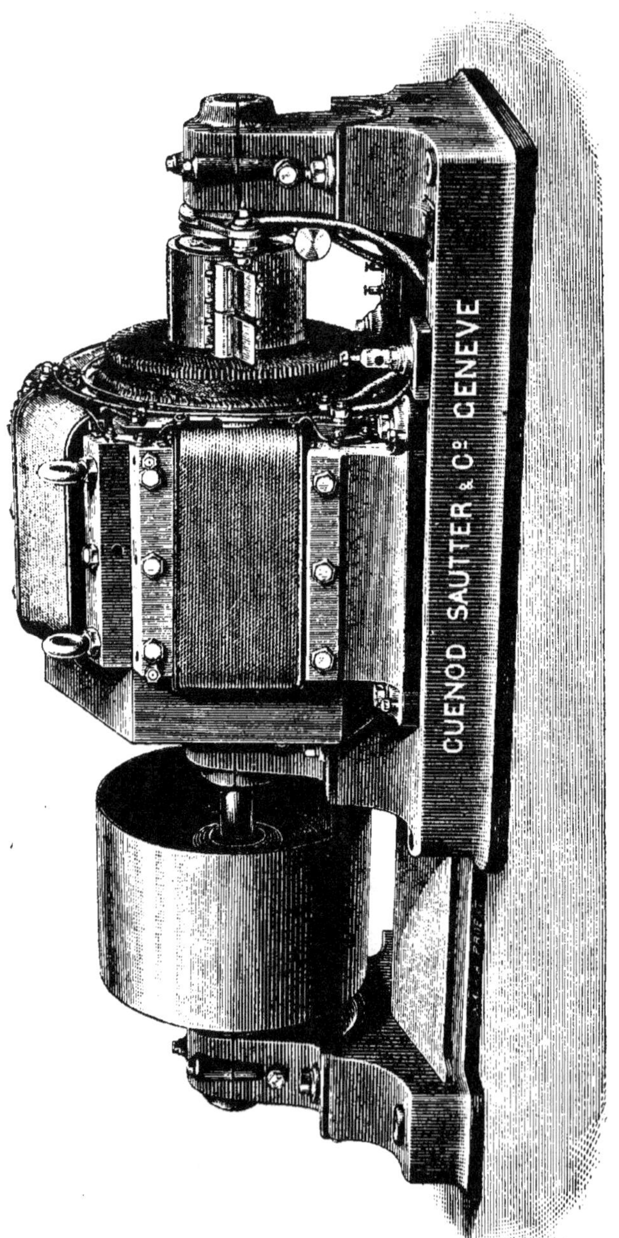

Fig. 51. — Machine Thury, type H vue de profil).

Dans le modèle que les constructeurs appellent le type H
(fig. 51 et 52) l'inducteur représente un hexagone
formé par un bâti de fer sur les côtés duquel sont enroulées six bobines d'électro-aimants dont les pôles se
réunissent aux angles de la figure géométrique. Là se

FIG. 52. — Machine Thury, type H.

trouvent des empâtements en fer qui représentent les
pôles du système, de sorte que l'inducteur possède six
pôles placés sur trois diamètres d'un cercle circonscrit
à l'hexagone.

L'induit est enroulé sur un tambour en fer et les connexions ont lieu suivant des cordes coupant 1/6! de cir-

Fig. 53. — Machine Thury, type C.

conférence ; cette disposition est imposée par la présence
des six pôles de l'inducteur. Le nombre des frotteurs,

qui était de six dans le principe, a pu être réduit à deux.

Dans d'autres machines, celles du type C (fig. 53), l'inducteur est composé de quatre électro-aimants qui enveloppent complètement l'induit. L'enroulement est du système Compound. Un *volant ventilateur* produit ici un double effet ; il corrige les irrégularités du mouvement et, en tant que ventilateur, s'oppose à l'échauffement accidentel des différentes pièces.

F IG. 54. — Liaison de la machine Thury avec son moteur.

Ces machines peuvent être actionnées par des courroies, et alors elles sont montées sur un châssis qui permet de régler la tension de la transmission, ou bien elles sont directement commandées par le moteur et y sont reliées par un manchon d'accouplement, comme le montre la figure 54.

Les machines du type C, établies pour des éclairages à incandescence, ont une vitesse de 900 à 1400 tours par minute; le prix des plus rapides est de 1000 francs, celui des plus lentes est de 3500 francs. Les premières, en marche normale, débitent 110 ampères, les secondes 10 seulement. Quant aux dimensions, les machines marchant à 1400 tours ont 565 millimètres de longueur, 275 de largeur, 360 de hauteur et pèsent 90 kilogrammes; celles qui tournent à 900 sont longues de $1^m,16$, larges de 594 millimètres et hautes de 775; elles pèsent 900 kilogrammes.

Machine Thomson-Houston. — La machine Thomson-Houston, très répandue en Amérique, date de 1880; la figure 55 la représente en perspective. La coupe de la figure 56 laisse voir la forme des inducteurs. Ce sont deux cylindres en fer II, creux, et affectant la forme des bobines des électro-aimants ordinaires. Les faces tournées vers l'intérieur sont des calottes sphériques qui enveloppent à peu près complètement l'induit.

Ces noyaux sont recouverts de fil de cuivre isolé et sont assemblés bout à bout par des tiges de fer, ce qui donne à l'ensemble de la machine la forme d'un cylindre couché horizontalement suivant une de ses génératrices.

Le bâti en fonte supporte à la fois les joues de l'inducteur et l'axe de l'induit. Celui-ci est à peu près sphérique; la figure 57 représente son aspect extérieur.

La carcasse de l'induit se compose de deux plaques S S en fer, entre lesquelles viennent se loger un certain nombre d'entretoises *a a*, également en fer; c'est sur ce échafaudage que s'enroulent trois bobines de fil cuivre isolé constituant le circuit induit. Pour faciliter l'enroulement, des chevilles de bois J J J sont disposées de place en place sur la carcasse.

FIG. 55. — Machine Thomson-Houston (élévation).

Les trois bobines sont inclinées de 120° l'une sur l'autre et assujetties par des bandelettes *g g g*.

On commence par enrouler la moitié de la première bobine, puis la moitié de la seconde, la troisième tout entière, la deuxième moitié de la seconde bobine, et enfin, celle de la première bobine. Les trois entrées des fils sont réunies ensemble en *b*, les trois sorties 1, 2, 3, aboutissent aux trois lames d'un commutateur.

FIG. 56. — Machine Thomson-Houston (coupe).

Sur ce commutateur, s'appuient les balais, disposés par deux, et, dans chaque paire, inclinés de 60° l'un sur l'autre. C'est la position des balais qui règle la marche de la machine suivant les variations de résistance du circuit extérieur. Ce mécanisme de calage est commandé par l'électro-aimant que l'on aperçoit sur la gauche de la figure 55 et dont l'armature est en relation avec les porte-balais tandis que la pompe à glycérine en adoucit les mouvements.

Une disposition ingénieuse permet de changer aisément les segments du commutateur ; d'autre part, pour les protéger contre l'action destructive des étincelles, la

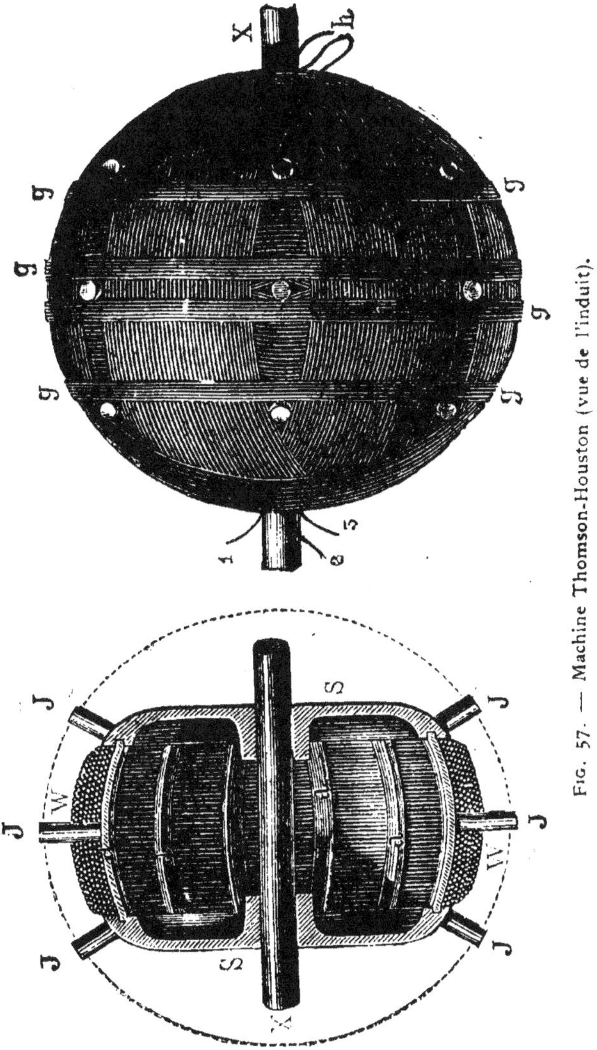

FIG. 57. — Machine Thomson-Houston (vue de l'induit).

machine est munie d'une soufflerie qui, au passage des balais, projette un jet d'air sur la surface frottée.

Les données des machines Thomson-Houston de fabri-cation courante varient dans les proportions suivantes :

Fig. 58. — Machine Norwich.

Nombre de tours à la minute. . . . . . . 1.250 à   820
Intensité en ampères.. . . . .   0.6
Différence de potentiel aux bornes, en volts.   150 à 2.500
Poids en kilogrammes. . . . .   270 à 2.350
Prix.. . . . . 2.750 à 20.000

La machine que nous venons de décrire est destinée à l'éclairage par l'arc voltaïque ; il en existe une autre, des mêmes inventeurs. pour l'éclairage par l'incandescence.

Machines anglaises. — Comme types de machines de fabrication anglaise. nous représenterons la dynamo Norwich, la dynamo Phœnix et le type H de MM. Woodhouse et Rawson.

Fig. 59. — Machine Phœnix.

La première (fig. 58) est remarquable par sa légèreté. La machine pour 200 lumières ne pèse que 1268 livres et son débit est presque de 10 watts par livre. Elle ne donne pas d'étincelles aux balais, tourne silencieusement et développe peu de chaleur.

Fig 60. — Machine dynamo Woodhouse et Rawson (type H).

Ses noyaux sont en fer forgé.

Dans la machine Phœnix que représente la figure 59, l'embase et les noyaux des inducteurs sont d'une même pièce ; des bobines à carcasse indépendante se glissent sur ces noyaux.

L'axe de l'induit est supporté par deux montants en fer forgé, ayant des coussinets en métal blanc. L'axe lui-même est en acier et le collecteur en cuivre étiré dont les différentes lames sont isolées avec du mica.

La machine du type H (fig. 60), construite, comme les précédentes, par MM. Woodhouse et Rawson de Londres, est plus spécialement affectée aux travaux métallurgiques, mais se prête également à l'alimentation des régulateurs à arc et des lampes à incandescence. Solidement bâtie elle est d'un maniement facile et n'exige que peu de soins.

Machine Rechniewski. — La Compagnie française *l'Éclairage électrique* construit, depuis quelques temps, des

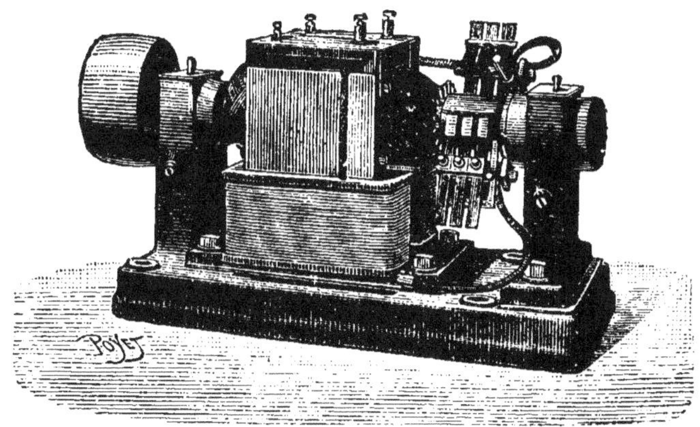

FIG. 61. — Machine Rechniewski bipolaire.

machines d'un nouveau type, étudié par M. Rechniewski, dans le but d'augmenter le rendement pour un poids donné.

Suivant la puissance de la machine, l'inventeur a

adopté pour l'induit la forme du tambour ou celle de l'anneau ; de même aussi, les fortes machines sont multipolaires alors que celles d'énergie moindre ne possèdent que deux pôles ; c'est ce dernier modèle dont nous donnons le dessin (fig. 61).

Les noyaux des inducteurs et de l'induit sont formés par des tôles découpées à l'emporte-pièce suivant un gabarit qui varie avec le modèle de la machine. La figure 62

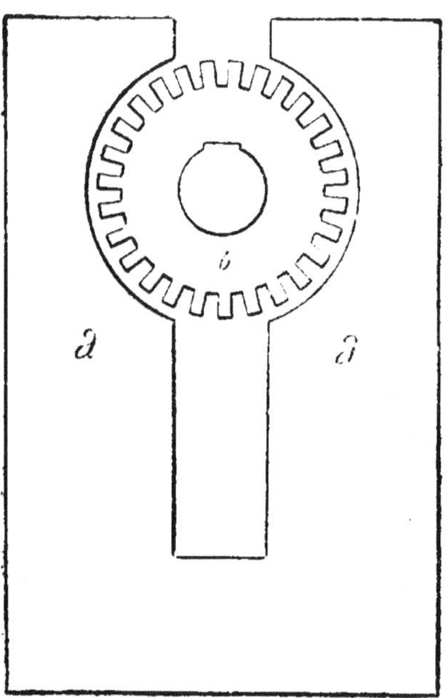

Fig. 62. — Système Rechniewski. Tôles de l'induit et de l'inducteur d'une machine bipolaire.

montre la forme adoptée pour les machines bipolaires ; *a a* représente le noyau de l'inducteur, on voit l'induit en *b*.

Les lames de tôle, découpées, sont isolées les unes des

autres par des feuilles de papier, et réunies en bloc par des boulons.

Sur les noyaux ainsi constitués, on cale, pour l'inducteur, des bobines en bois recouvertes de fil de cuivre ; en ce qui concerne l'induit, les rondelles de tôle sont assujetties à un manchon en bronze, monté lui-même

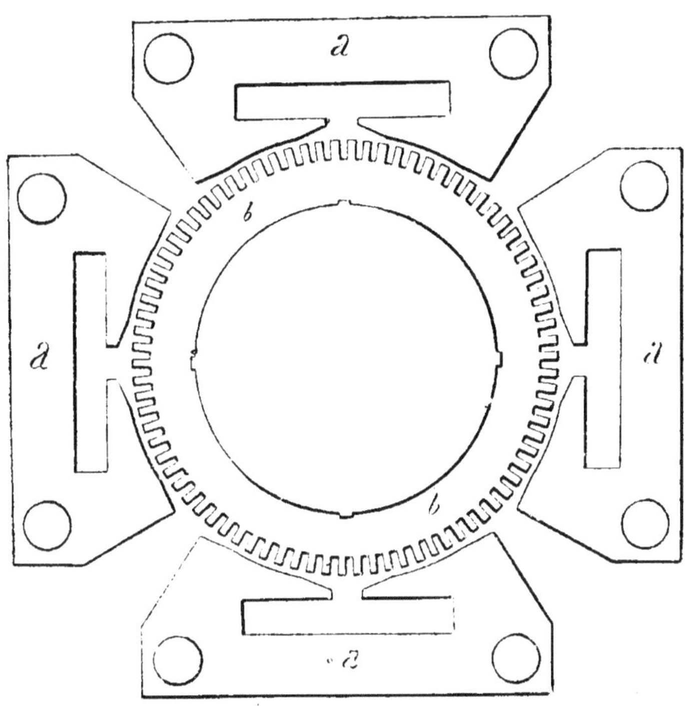

Fig. 63. — Machine multipolaire Rechniewski.

sur un axe de rotation et possédant des évidements dont le but est de favoriser l'aération et de prévenir l'échauffement. L'aération est d'ailleurs rendue plus efficace par des ailettes disposées en hélice et formant pour ainsi dire une turbine aspirant l'air et le répartissant à travers les cavités ménagées dans l'induit.

Les bobines de l'induit s'enroulent dans les évidements qui donnent aux lames de tôle l'aspect de roues dentées.

Pour augmenter la rigidité du système, les tôles des extrémités sont plus fortes que les tôles intermédiaires dont l'épaisseur ne dépasse pas 6 dixièmes de milli-mètres.

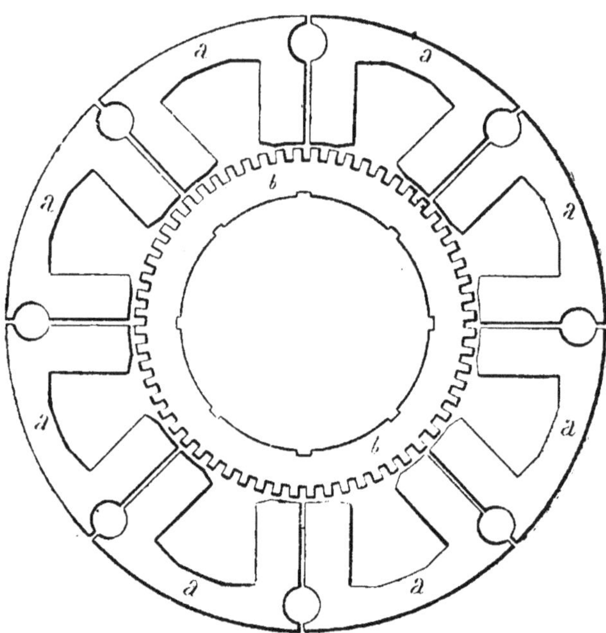

Fig. 64. — Machines multipolaires Rechniewski.

Le collecteur est formé par des lames de cuivre, iso-lées par du papier, et correspondant à un nombre égal de bobines ; la pression des balais est assurée par des ressorts à boudin.

Les figures 63 et 64 montrent la forme des lames de tôle composant les noyaux de l'inducteur et de l'induit dans les machines multipolaires les plus récentes ; on y voit que l'inducteur *a a a* entoure complètement l'induit *b b*. La figure 65 représente l'aspect des inducteurs garnis de leurs bobines.

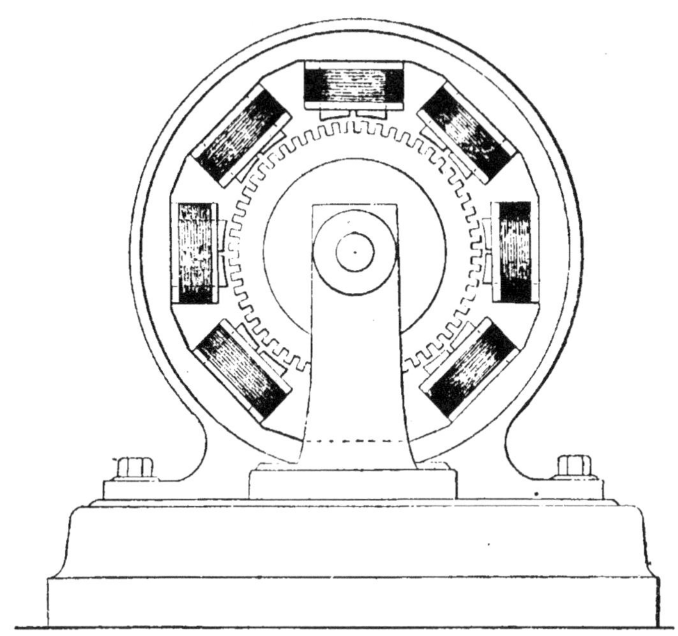

Fig. 65. — Machine Rechniewski multipolaire.

Les machines à deux pôles de 12.000 watts marchent ordinairement à 1200 tours; celles à huit pôles qui peuvent atteindre 70.000 et même 100.000 watts n'exigent plus qu'une vitesse angulaire de 300 tours; leurs dimensions sont relativement très restreintes.

La tension de la courroie de transmission s'obtient par un déplacement de la dynamo montée à cet effet sur une glissière.

Machine Westinghouse. — Le système des courants alternatifs qui trônait au début, alors que les machines de l'Alliance étaient à peu près les seules sur lesquelles on pût compter avait été presque abandonné pour céder la place aux puissantes machines à courant continu; aujourd'hui on revient à l'ancien système depuis que l'invention des transformateurs a donné naissance à un des mode de distribution tout à fait approprié à l'emploi courants alternatifs.

En vue de cette application, M. Westinghouse, l'inventeur bien connu du frein à air comprimé et en même temps le concessionnaire pour les États-Unis des brevets Gaulard et Gibbs, a construit des machines qui obtiennent un grand succès. Des usines alimentées par ce système fonctionnent en assez grand nombre en Amérique et l'inventeur ne s'est pas borné à créer un générateur d'électricité, il a, avec l'aide de ses ingénieurs, inauguré tout un système, machines, transformateurs et lampes.

Les dynamos, construites sur trois types, sont destinées à alimenter de 650 à 3400 bougies; elles pèsent de 2250 à 6000 kilogrammes et tournent, suivant le type, à raison de 1650 ou 1175 tours par minute.

Seize bobines disposées à l'intérieur d'un tambour concentrent leur action sur la bobine centrale comme le montre la figure 67; c'est l'inducteur. La figure 66, qui représente une coupe de la machine tout en laissant l'induit en élévation, montre en *f* une de ces bobines.

La construction de l'induit mérite quelques détails: son noyau est formé par des disques en fer laminé; isolés par des rondelles de papier et percés de trous qui, tout en les allégeant, favorisent l'aération et préviennent un échauffement trop considérable.

Recouvert d'une enveloppe isolante, le cylindre ainsi

constitué reçoit, sur son pourtour, des lames non magnétiques m', sur lesquelles les bobines sont enroulées à plat ; ces bobines sont maintenues par deux bandes de laiton j^1 j^2 (fig. 66). L'enroulement de ces

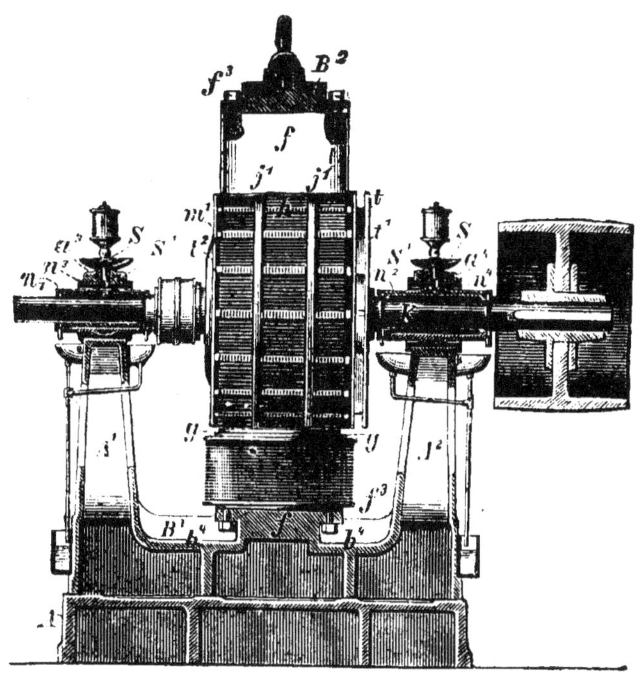

Fig. 66.   Machine Westinghouse à courants alternatifs (coupe) [1].

bobines a lieu alternativement de droite à gauche et de gauche à droite dans deux bobines consécutives ; en d'autres termes, la sortie du fil d'une bobine est reliée à l'entrée du fil dans la suivante ; les choses se passent ainsi sur chacune des moitiés de la circonférence, mais, sur le diamètre séparant ces deux demi-circonférences, les bobines adjacentes sont réunies à l'un des bouts par

[1] Verlag von Julius Springer in Berlin.

leur fil extérieur, à l'autre par leur fil intérieur. Ces points de jonction sont les pôles de l'armature; ils sont de polarité contraire et on se trouve dans les meilleures conditions pour éviter une décharge entre les bobines, puisque ces pôles sont aussi éloignés que possible.

Fig. 67. — Machine Westinghouse à courants alternatifs (élévation).

Les deux pôles aboutissent à deux bagues lisses du collecteur sur lesquelles frottent les balais.

Le nombre des bobines induites est égal à celui des inductrices.

Ces machines sont excitées ou bien par une machine à courant continu, ou bien elles sont auto-excitatrices, et alors il faut ajouter au collecteur un commutateur qui redresse les courants dérivés destinés à l'excitation. Celle-ci absorbe environ 2/100 de l'énergie totale de la machine.

Machine Ferranti. — La machine Ferranti est remarquable par sa simplicité originale et sa légèreté. C'est une machine à courants alternatifs qui peut être excitée par une dynamo quelconque.

FIG. 68. — Machine Ferranti à courants alternatifs.

Cette machine, fabriquée en collaboration avec Sir William Thomson, est destinée à l'éclairage par l'incandescence ; les types de construction courante peuvent alimenter de 100 à 3000 lampes de 16 bougies.

Les deux flasques de la machine sont venues de fonte en même temps que les noyaux de l'inducteur. Chacune de ces flasques, réunies face à face par des boulons, porte 32 bobines dont le conducteur, primitivement formé par du fil de cuivre est aujourd'hui composé de

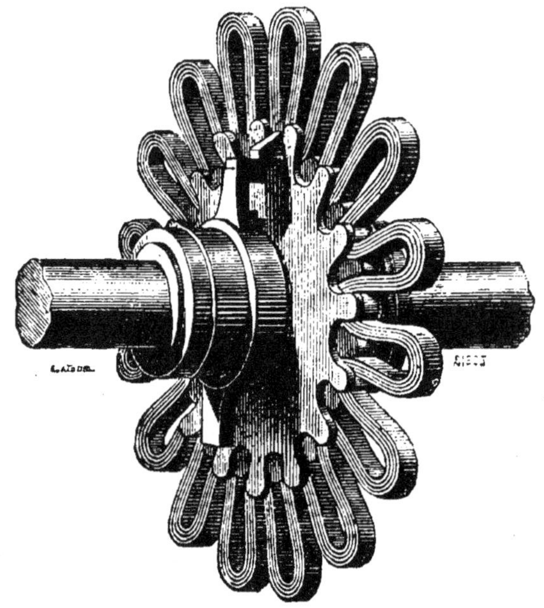

Fig. 69. — Machine Ferranti.

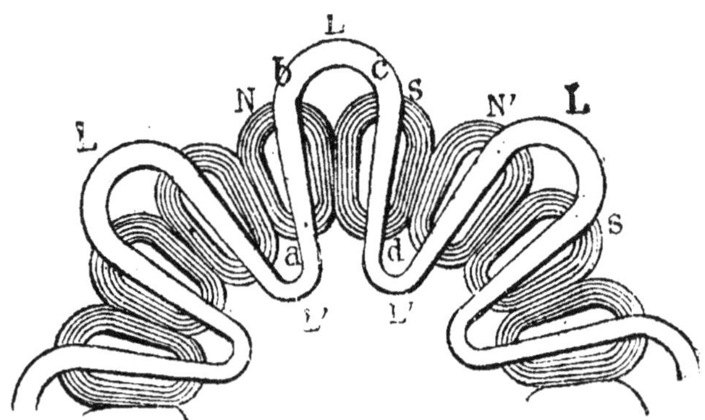

Fig. 70. — Diagramme de l'inducteur et de l'induit de la machine Ferranti.

lames de cuivre enroulées, ce qui diminue notablement leur résistance.

L'induit est également constitué par une lame de cuivre contournée en spirale comme le montre la figure 69. Le nombre des sinuosités est moitié moindre que le nombre des bobines de l'inducteur, de sorte que lorsqu'une des branches d'un même arceau passe devant le pôle d'une des bobines, l'autre branche est en regard du noyau de la bobine suivante (fig. 70); nous allons voir l'avantage de cette disposition.

La lame de cuivre sinueuse est assujettie sur un massif fixé à l'axe de rotation ; les différentes spires sont isolées par des bandes de caoutchouc.

Les frotteurs, au lieu d'être constitués par des faisceaux de fils métalliques, sont des pièces métalliques pressées sur le collecteur par des ressorts.

Il résulte de la position relative de l'inducteur et de l'induit que, lorsqu'une section *ab* d'une des boucles de l'induit passe devant un pôle nord de l'inducteur, la section *cd* de la même boucle passe devant un pôle sud. La section *ab* est traversée par un courant induit d'un certain sens et la section *cd* par un courant de sens contraire; mais, comme ces deux sections ont elles-mêmes des directions contraires, ces deux courants s'ajoutent. Donc, pour la position que nous considérons, toutes les boucles sont traversées par des courants partiels qui ajoutent leur action pour n'en former qu'un seul qu'il est aisé de recueillir. Un effet semblable se produira lorsque, par suite de la rotation de l'induit, la section *ab* sera en regard d'un pôle sud et la section *cd* en face d'un pôle nord ; mais la somme des courants recueillis à ce moment sera de sens contraire à ceux de la première période ; donc, production de courants alternatifs dont le nombre dépend, pour chaque tour de la machine, de la quantité de bobines en présence, mais dont le nombre recueilli, dans un temps donné, dépend de la vitesse de rotation.

Machine Mordey. — Cette machine à courants alternatifs, a été construite en 1888. L'inducteur est enroulé sur un noyau en fer forgé que traverse l'axe de rotation.

Fig. 71. — Machine Mordey.

De ce noyau partent des prolongements, en forme de crochets, disposés par paires au nombre de neuf, autour de la bobine inductrice. Ces prolongements, dont on aperçoit les extrémités polaires sur la figure 71, sont recouverts par des calottes sphériques en laiton qui ont pour objet de supprimer le bruit et de diminuer la résistance de l'air pendant la rotation.

Un espace vide a été ménagé entre les pièces polaires appartenant à une même paire : c'est la place réservée à l'induit. Il se compose de 18 bobines formées par des noyaux en porcelaine, autour desquels sont enroulées, dans des rainures, des bandes de cuivre. Toutes ces bobines, montées en série, sont ajustées sur un anneau en bronze. La machine qui donne des courants de haute tension, tourne à raison de 650 tours par minute ; elle pèse 41 quintaux.

Dangers des générateurs mécaniques, moyens de préservation. — La manœuvre des machines engendrant des courants énergiques et la manipulation des conducteurs livrant passage à ces courants ont donné lieu à de graves accidents qui, plusieurs fois même, ont eu pour conséquence la mort des ouvriers employés dans les usines d'électricité.

La cause de ces accidents doit être attribuée au passage de l'extra-courant de rupture à travers le corps humain, bien plus qu'à la circulation du courant direct dont les commotions sont rarement mortelles. Éliminer l'extra-courant, c'est donc conjurer le danger. Dans cet ordre d'idées, M. d'Arsonval a proposé une combinaison, revendiquée d'ailleurs par M. Daussin et qui consiste à placer en dérivation sur les bornes de la machine une série de voltamètres à lames de plomb et à eau acidulée. La force électro-motrice de polarisation de la batterie doit être supérieure à la force électro-motrice maxima de la machine ; dans ces conditions, la dérivation est infranchissable pour le courant direct, et par conséquent ne donne lieu à aucune perte ; au contraire, l'extra-courant de rupture qui constitue le plus grand danger pour l'électricien, traverse aisément les voltamètres. Ainsi que nous l'avons dit, M. Daussin réclame la priorité de cette invention.

Le regretté J. Raynaud, quelques jours après, proposait un procédé qui nous semble plus simple ; c'est l'emploi de paratonnerres tels que ceux que l'on utilise en télégraphie sous les noms de paratonnerre à papier, paratonnerre à pointes multiples et à lame de gutta-percha.

V

RÉGULATEURS A ARC

Régulateurs. — Nous avons dit, dans le premier chapitre de cet ouvrage, que l'arc voltaïque prend naissance entre deux tiges de charbon mises en contact (c'est du moins sa seule application industrielle), que la lumière se maintient lorsqu'on éloigne légèrement ces charbons, mais que, par suite de leur usure, leur espacement augmente peu à peu et finit par produire l'extinction.

Pour rendre pratique et durable un éclairage basé sur ce système, il fallait trouver un mécanisme permettant aux baguettes de charbon de remplir les trois conditions auxquelles elles doivent satisfaire :

1° Contact pour l'allumage,

2° Séparation pour l'établissement de l'arc.

3° Maintien d'un éloignement constant pour assurer la stabilité de la lumière.

Tel a été le but des régulateurs.

Il existe aujourd'hui une quantité telle de régulateurs, presque tous ingénieux, que nous renonçons à en entreprendre la description ; nous nous bornerons à passer en revue ceux qui sont d'un usage courant et qui sont utilisés dans les applications d'éclairage électrique que nous aurons à examiner plus loin, trop heureux si nous n'en oublions pas quelqu'un.

Régulateur Serrin. — Sans tenir compte des instruments historiques, le premier régulateur qui, au point de vue pratique, soit réellement digne de ce nom est le régulateur Serrin, modifié depuis par M. Berjot ; c'est lui qui a servi à l'installation des premiers phares électriques.

La position des charbons est, en principe, commandée par un système articulé, soumis d'une part à l'action de ressorts à boudin qui tendent à le réhausser, et de l'autre à l'action d'un électro-aimant qui tend à l'abaisser ; les ressorts rapprochent les charbons, l'électro-aimant les éloigne ; examinons comment va se produire l'équilibre.

Les charbons sont fixés à leurs supports par des vis de pression (fig. 72). Le porte-charbon supérieur, garni du charbon positif, est relié à une colonne verticale par deux tiges munies de vis de réglage et permettant d'amener la pointe de ce charbon à coïncider avec la pointe du charbon négatif. La colonne verticale supportant le porte-charbon positif se termine par une crémaillère A en prise avec les rouages d'un mouvement d'horlogerie. Suivant que ce mouvement d'horlogerie tourne dans un sens ou dans l'autre, il abaisse ou élève la crémaillère A qui, d'ailleurs, tend à descendre par son propre poids. En d'autres termes, le porte-charbon supérieur sert de moteur au mouvement d'horlogerie. Le porte-charbon négatif D pénètre dans un tube qui s'engage lui-même dans la cage de l'instrument; ce tube est relié à l'une des branches verticales du parallélogramme articulé IKL, dont les branches horizontales I, L, sont mobiles. Le poids du porte-charbon tend à abaisser ce système articulé, mais deux ressorts à boudin tendent à le relever; l'un de ces ressorts, relié à la branche mobile L est attaché d'autre part à une pièce fixe; le second. fixé à la pièce verticale mobile du parallélogramme a son autre extrémité réunie à un levier coudé, commandé par une vis de réglage.

Il ne faut pas oublier que les deux charbons s'usent inégalement et que si l'usure du charbon négatif est représentée par 1. celle du positif le sera par 2 environ. Il est donc désirable, pour obtenir la fixité de l'arc. que les deux porte-charbon participent au mouvement de rapprochement, et que le positif parcoure un chemin double du trajet effectué par le négatif. C'est dans ce sens qu'a été combinée la liaison entre les deux porte-charbon.

La crémaillière du porte-charbon positif engrène une roue dentée portant sur son axe une poulie sur la gorge de laquelle s'enroule une chaîne à la Vaucanson dont l'autre extrémité, passant sur une seconde poulie folle, s'accroche au porte-charbon négatif. Cette disposition montre clairement que lorsque le charbon positif descend, le charbon négatif monte; il ne reste plus qu'à calculer les dimensions relatives de la roue dentée et de sa poulie pour obtenir la propor-

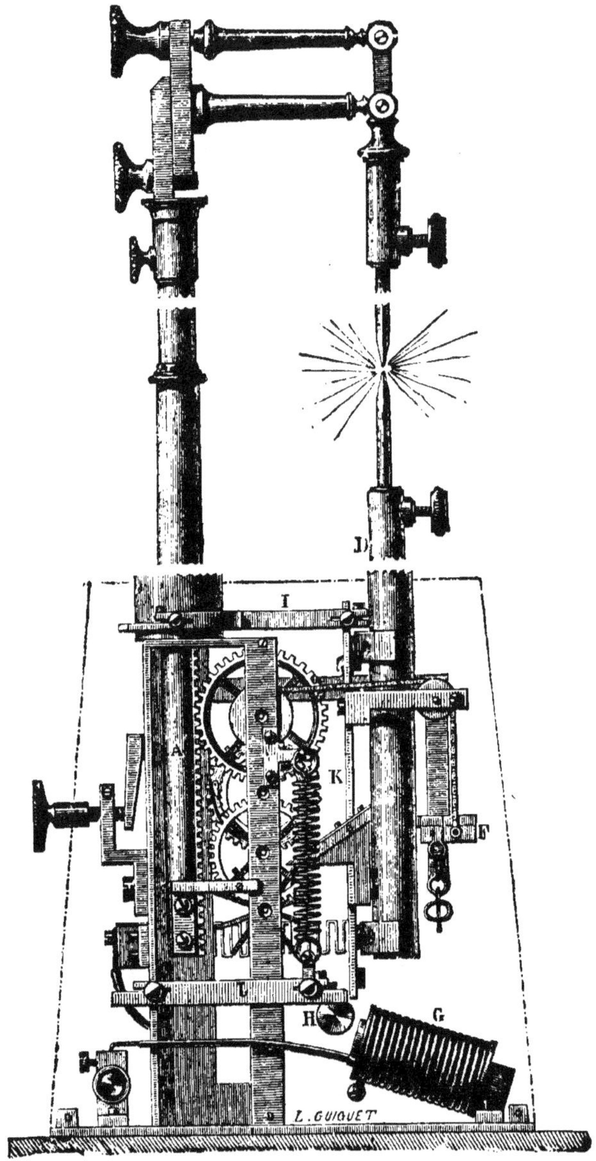

Fig. 72. — Régulateur Serrin.

tion voulue de mouvement à donner aux deux charbons.

La roue dentée transmet son mouvement, par un pignon, à d'autres rouages dont la série se termine par un régulateur de vitesse à ailettes et par un petit volant étoilé que la figure 72 laisse voir distinctement.

En G, un électro-aimant est relié d'une part à l'un des pôles de la machine génératrice, d'autre part au charbon négatif par un conducteur isolé que l'on aperçoit, représenté en zig-zag, en arrière du volant étoilé. Le charbon positif est réuni à l'autre pôle de la source d'électricité.

Le courant passe du charbon positif au négatif par contact ou par l'arc produit et traverse l'électro-aimant qui ferme ainsi le circuit extérieur du générateur.

L'armature en fer doux H de l'électro-aimant G est réunie à l'articulation inférieure du parallélogramme IKL et l'entraîne avec elle lorsqu'elle est attirée avec force, contrebattant ainsi l'action des ressorts à boudin qui tendent à la relever.

Supposons les charbons mis en place : le poids du porte-charbon supérieur va abaisser celui-ci ; la crémaillière A engrènera la roue dentée et fera monter le charbon inférieur jusqu'à ce qu'il y ait contact entre les deux pointes ; le mécanisme est d'ailleurs organisé de façon qu'il n'y ait pas écrasement des pointes.

Une fois ce contact établi entre les deux pointes de charbon, les deux tiges descendraient en même temps si le porte-charbon négatif qui fait corps avec le côté vertical du parallélogramme n'abaissait celui-ci. Ce mouvement de descente de la tige du parallélogramme détermine l'embrayage d'un butoir avec le volant, arrêtant ainsi tout le mouvement d'horlogerie. C'est pour le même motif qu'il n'y a pas danger d'écrasement entre les pointes des deux charbons, pas plus qu'il n'y a risque de glissement de l'un des charbons sur l'autre.

Voilà l'appareil au repos et prêt à fonctionner : imaginons qu'à ce moment, le courant d'un générateur traverse le système : il passera, comme nous l'avons dit, par les deux pointes de charbon en contact et par le fil de l'électro-aimant ; l'arc voltaïque jaillira entre les deux charbons, mais, à ce moment, l'électro-aimant agira énergiquement sur son armature qui, attirée, entraînera la partie mobile du parallélogramme et abaissera le charbon négatif, ce qui donnera naissance à l'arc. Aussitôt que celui-ci se sera produit, l'intensité du courant diminuera en raison de l'éloignement des charbons, éloignement que l'usure tend à augmenter de plus en plus ; l'armature H sera moins attirée et le parallélogramme remontera, entraînant avec lui le porte-charbon positif, de telle sorte que l'écartement restera constant entre les deux charbons.

Les régulateurs Serrin sont employés par les départements de la marine et de la guerre. La maison Bréguet en construit deux modèles : l'un. du prix de 350 francs, donne 400 becs carcels avec un courant de 25 ampères ; le second, de 800 francs, fournit 1000 becs avec 90 ampères. Pour le premier de ces foyers, la durée des charbons est de près de quatre heures.

Ce régulateur présentait entre autres inconvénients celui de ne pouvoir fonctionner que verticalement ou sous une légère inclinaison ; il a été modifié par M. Berjot qui, tout en maintenant le mouvement d'horlogerie. utilise des effets différentiels pour produire le rapprochement des charbons.

Régulateur Foucault-Duboscq. — Le régulateur de Foucault, qui date de 1849, a été repris depuis par M. Duboscq, perfectionné et appliqué principalement aux effets de scène dans les théâtres.

L'organe régulateur est un électro-aimant qui, avec son armature et sa vis de réglage. a une forme analogue à celle des parleurs télégraphiques. Ce dispositif, installé au bas de l'appareil, est surmonté d'une tige qui pénètre dans une boîte métallique contenant un double mouvement d'horlogerie. Lorsque cette tige est verticale. elle arrête les deux mouvements : c'est qu'alors les charbons ont. l'un par rapport à l'autre, la position voulue.

Si la tige se porte à gauche, elle dégage le mouvement qui écarte les charbons et laisse libre celui qui les rapproche ; c'est que l'arc était trop long. Un déplacement de la tige vers la droite correspond au mouvement inverse ; l'arc était trop court, les charbons s'éloignent. Les mouvements d'horlogerie commandent

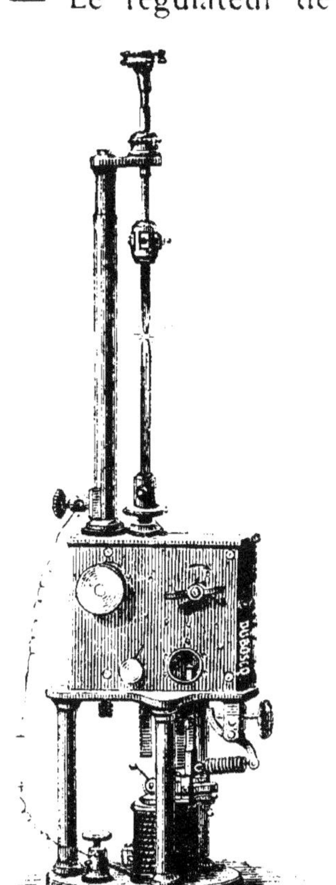

Fic. 73. - Régulateur Foucault-Duboscq.

deux crémaillères adaptées aux porte-charbon. Le passage du courant a lieu à peu près de la même manière que dans le régulateur Serrin, et c'est l'attraction plus ou moins énergique de la palette qui détermine les mouvements de la tige verticale qu'elle supporte. L'électro-aimant est embroché dans le circuit.

Régulateur Gramme. — La lampe Gramme est un régulateur à action différentielle. Deux électro-aimants concourent à la manœuvre du mécanisme. L'un, à fil gros et court, produit le recul des charbons après l'allumage ; l'autre, à fil fin et long, produit le rappprochement pendant l'usure. Le premier est embroché dans le circuit principal, le second est monté en dérivation. L'electro-aimant AA (fig. 74) a pour armature une pièce en fer doux C qui supporte le porte-charbon inférieur, par l'intermédiaire des pièces EGE. Les ressorts antagonistes RR, fixés d'une part en X et Y aux tringles verticales EE, et de l'autre à la culasse de l'électro-aimant AA, maintiennent l'armature C éloignée des noyaux de l'électro-aimant et assurent le contact entre les deux charbons avant l'allumage. Dès que le courant est lancé dans le circuit, il arrive à la borne +, passe par les deux charbons en contact, traverse le fil de l'électro-aimant et ressort par la borne — ; l'arc jaillit, mais, en même temps, l'armature C est attirée par l'électro-aimant, le cadre CEGE est abaissé, et le charbon négatif s'éloigne du charbon positif.

Si l'arc vient à grandir, la résistance du circuit augmente, et par conséquent l'intensité du courant traversant l'électro-aimant A A diminue, mais, par contre, l'intensité du courant qui, dans le circuit dérivé de l'électro-aimant à fil fin, était presque nulle, tandis que la résistance du circuit total était faible, augmente à mesure que cette résistance grandit, de sorte que, à un moment donné, l'électro-aimant B entre en jeu.

Cet organe a pour armature une pièce de fer doux I. soutenue par un ressort antagoniste U, et montée sur un levier L, basculant autour de l'axe V. Le levier coudé L arrête le volant d'un mouvement d'horlogerie lorsque l'armature I n'est pas attirée. Comme dans le régulateur Serrin, le premier mobile du mouvement d'horlogerie engrène une crémaillère adaptée au porte-charbon supérieur. Pour faire descendre ce porte-charbon, il suffit que le mouvement d'horlogerie tourne; pour que le mouvement d'horlogerie tourne, il suffit

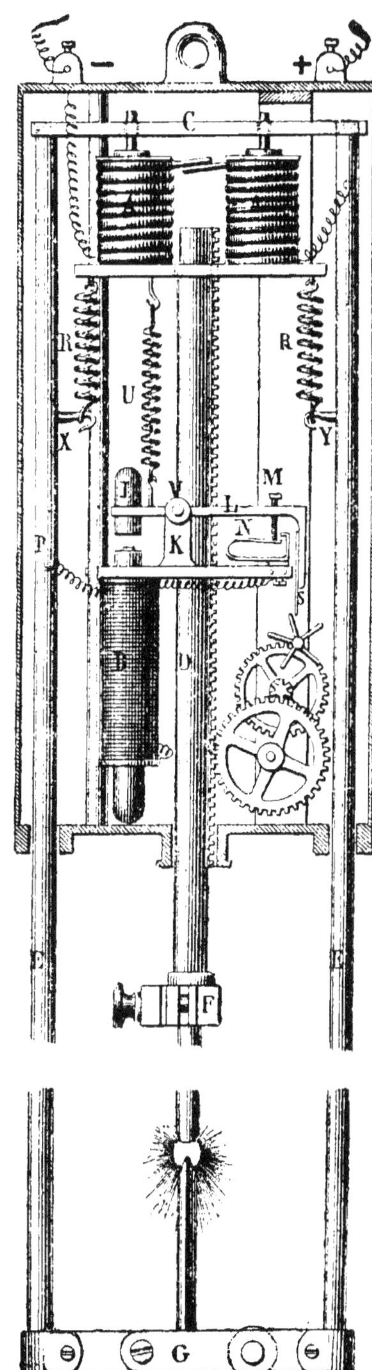

FIG. 74. — Régulateur Gramme.

que l'armature I soit attirée ; c'est ce qui arrive lorsque le circuit des charbons devient très résistant, c'est-à-dire lorsque l'arc s'allonge ; alors, une grande partie du courant traverse l'électro-aimant B et le met en jeu, l'armature I est attirée, le mouvement d'horlogerie défile sous le poids du porte-charbon supérieur.

Pour obtenir la stabilité de l'arc, il ne faut pas cependant que ce charbon descende d'une quantité trop grande, et c'est dans ce but que M. Gramme a imaginé un dispositif fort ingénieux. Le courant dérivé pénètre dans l'électro-aimant B par la vis M, et en ressort par le point P. Lorsque l'armature I n'est pas attirée. la vis M s'appuie sur un ressort N qu'elle fait fléchir : c'est par là qu'entre le courant. Dès que l'armature I est attirée, la vis M se relève, suivie par le ressort N ; mais celui-ci est bientôt arrêté par la butée que l'on voit au-dessus de lui. et la vis M continue seule sa course ascendante, entraînée qu'elle est par le mouvement de bascule du levier IL. La vis M ayant abandonné le ressort N. le circuit dérivé est rompu de ce fait, et, l'électro-aimant B cessant d'agir, le ressort U ramène l'armature I à sa position de repos, et détermine de nouveau l'embrayage du mouvement d'horlogerie.

Les régulateurs Gramme sont construits sur plusieurs types dont les prix varient entre 125 et 225 francs, et qui fournissent des intensités lumineuses de 25 à 500 becs carcels exigeant de 3 à 30 ampères pour leur alimentation.

Régulateur Cance. — Le régulateur Cance est employé par les magasins du *Bon Marché*, par l'administration des Postes et des Télégraphes pour la grande

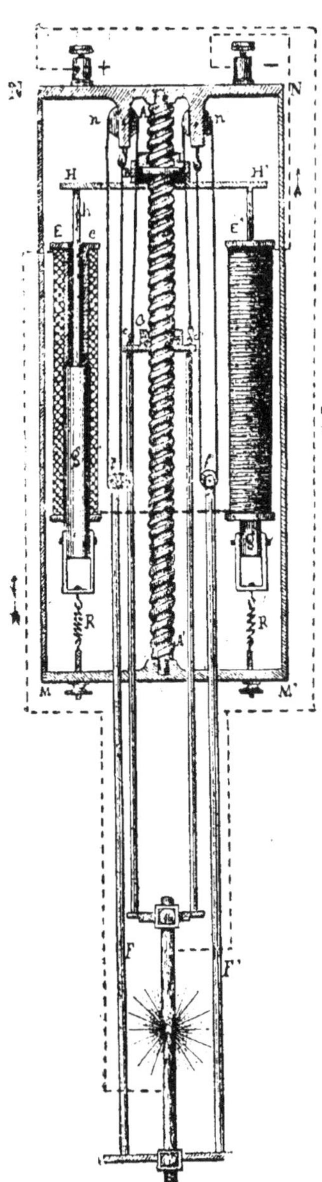

FIG. 75. — Régulateur Cance
(fig. théorique).

MONTILLOT, Lumière électrique.

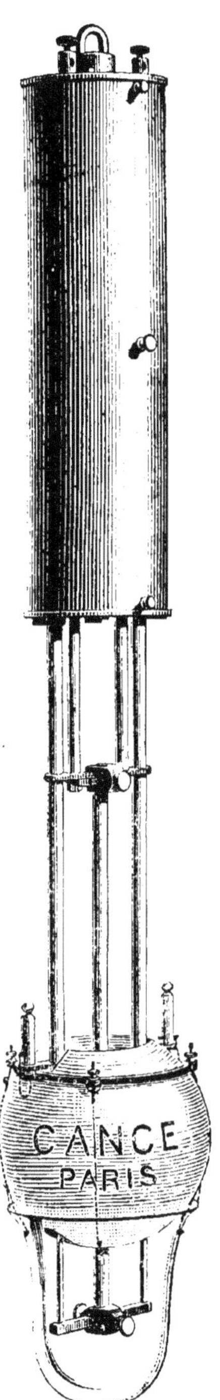

FIG. 76. — Régulateur Cance
(vue d'ensemble).

9

salle des transmissions télégraphiques de la rue de Grenelle. et dans beaucoup d'autres installations privées de
Paris.

La marche des charbons est réglée par une vis qui, en
tournant dans un sens ou dans l'autre, détermine leur
éloignement ou leur rapprochement. La solidarité entre
les deux porte-charbon et la différence de mouvement
qui doit exister entre eux est obtenue par un jeu de
poulies reliées par une corde de transmission. La vis
centrale A A' (fig. 75) est emprisonnée entre les deux
platines M M', N N" du régulateur et peut très librement
tourner autour de son axe, dans un sens ou dans l'autre.

L'écrou C supporte le porte-charbon positif par l'intermédiaire des deux tringles cc' qui traversent la platine M M': celle-ci leur sert de guide et empêche l'écrou
C de tourner.

Le porte-charbon négatif est soutenu. dans des conditions analogues, par les tringles FF'; ces dernières
portent à leur partie supérieure de petites poulies ff'
dans la gorge desquelles passe un cordage dont le
point fixe est en nn' sur la platine NN'. Après avoir passé
sur la poulie ff', chacun des cordages s'appuie sur les poulies nn' et vient s'accrocher en cc' sur l'écrou C. Les poulies nn' ayant un diamètre double de celui des poulies ff',
il est facile de voir qu'à tout déplacement vertical de
l'écrou C, et par conséquent du porte-charbon positif,
correspondra un déplacement moitié moindre, et de
sens inverse. du porte-charbon négatif; c'est bien là le
but que l'on voulait atteindre. Comment donc obtient-
on ce déplacement vertical de l'écrou C dans les deux
sens ?

Les électro-aimants EE' sont embrochés sur le circuit général ; ils reçoivent le courant de la machine qui, entrant par la borne +, va du charbon positif au négatif, traverse les deux électro-aimants et sort par la borne —. La forme de ces électro-aimants est particulière. Les noyaux sont coupés en deux ; la partie supérieure e est fixe, et formée par un tube de fer doux ; la partie inférieure gg est mobile ; c'est un cylindre plein, également en fer doux, surmonté par une tige de laiton h ; un ressort antagoniste R, commandé par un écrou de réglage s'oppose au rapprochement des deux pièces du noyau, rapprochement qui n'a lieu que lorque le courant traverse l'électro-aimant. A ce moment, les pièces h soulèvent la plaque HH', mobile autour de la vis A A', et l'appuient contre l'écrou B dont, d'ailleurs, une rondelle fixe limite la course vers le bas.

Ainsi, la chute de l'écrou C fait tourner la vis A A' de droite à gauche ; l'ascension de l'écrou B lui imprime un mouvement de gauche à droite. Pour éviter les frottements dans la mesure du possible, les écrous B et C ne sont pas taraudés à leur intérieur mais portent seulement trois goujons qui pénètrent entre les filets de la vis.

Dès que les charbons sont mis en place, l'écrou C descend le long de la vis par son propre poids en faisant tourner celle-ci de droite à gauche, jusqu'à ce que la pointe du charbon positif s'appuie sur celle du charbon négatif. A ce moment, il y a arrêt, et les choses restent en cet état jusqu'à ce que le courant intervienne.

Lorsque le courant, pénétrant dans le régulateur par la borne +, marche dans le sens des flèches, les noyaux gg, attirés, s'enfoncent dans la cavité des électro-aimants et soulèvent la plaque HH′ qui, s'appuyant sur l'écrou B, fait remonter celui-ci. La vis tourne alors de gauche à droite et, dans ce mouvement, entraîne l'écrou C, le porte-charbon positif s'élève, le porte-charbon négatif s'abaisse, l'arc s'établit entre les deux charbons.

A mesure que les pointes de charbon s'émoussent et s'usent, l'arc s'allonge, sa résistance électrique augmente, le courant qui traverse l'électro-aimant s'affaiblit, les pièces g, moins attirées, obéissent aux ressorts antagonistes R, la plaque HH′ suit ce mouvement, ainsi que l'écrou B, la vis AA′ tourne de droite à gauche sous le poids de l'écrou C et les charbons se rapprochent. Comme ce double mouvement se répète à chaque fluctuation du courant, on obtient une sorte d'équilibre vibratoire qui donne au foyer sa stabilité. Un globe diffusant enveloppe les charbons et contribue à donner à la lumière les qualités qu'on lui connaît; c'est cette disposition pratique que représente la figure 76.

Les régulateurs Cance se montent généralement en dérivation, ce qui assure leur indépendance; ils fournissent, sous leur globe diffusant, une intensité lumineuse de 40 à 45 carcels; la durée des charbons est de huit à neuf heures.

Régulateur Gimé. — C'est encore une vis qui fait descendre le charbon positif. Cette vis est adaptée au porte-charbon, traverse l'intérieur d'un solénoïde embroché sur le circuit et se termine dans le tube supérieur de la lampe par un piston K adoucissant les mouvements. Le tube de fer N qui forme le noyau, en même temps que l'armature du solénoïde, est garni de pièces polaires pouvant glisser le long des tringles qui supportent les ressorts de réglage *rr'*. Un écrou en fer *vv'* se meut le long de la vis G ; lorsque le noyau du solénoïde est aimanté, cet écrou vient s'appliquer contre lui et forme contre-écrou ; il en résulte que, si le noyau N s'enfonce dans le solénoïde, il entraîne avec lui le charbon positif ; si, au contraire, l'aimantation de l'armature cesse, l'écrou *vv'* se détache, glisse par son propre poids le long de la vis G, et permet ainsi au porte-charbon de s'abaisser. Le fonctionnement est à peu près le même que celui du régulateur Cance. M. Gimé a également combiné, avec le même mécanisme, un régulateur différentiel.

Régulateur Brush. — Ce système est en faveur en Angleterre, mais surtout en Amérique. La société Brush construit plusieurs types de lampes, les unes avec une seule paire de charbons, les autres avec deux paires qui s'allument successivement et qui fournissent un éclairage continu pendant seize heures. C'est ce dernier type que nous représentons (fig. 78).

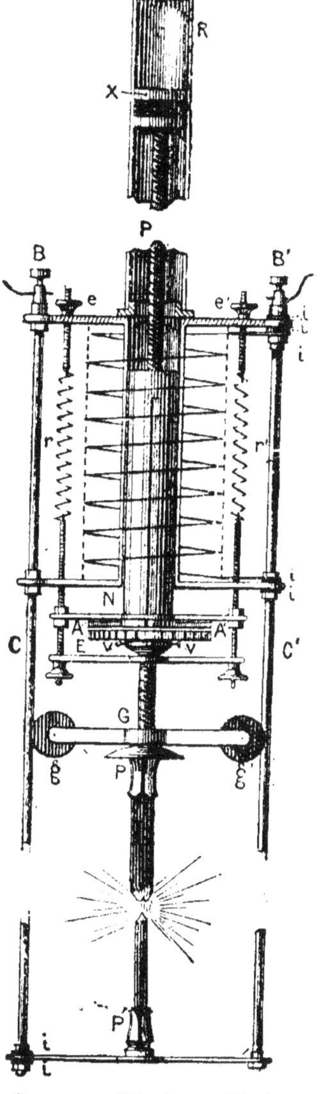

Fig. 77. — Régulateur Gimé.

Les porte-charbon négatifs sont fixes, les positifs sont commandés par des solénoï-des différentiels et pourvus de réservoirs remplis de glycérine, destinés à adoucir les mouvements.

Le solénoïde est formé par deux enroulements de sens contraire, l'un en gros fil, l'autre en fil fin. Sous l'action différentielle de ces conducteurs traversés par le courant, un noyau de fer doux s'enfonce plus ou moins dans l'intérieur du solénoïde. A cette tige de fer doux est liée une pièce métallique agissant comme un coin sur les porte-charbon positifs, les soulevant ou les abaissant suivant que le noyau de fer doux pénètre plus ou moins dans le solénoïde. Chacune des paires de charbons est munie d'un mécanisme semblable. La partie supérieure des tiges porte-charbon forme un cylindre creux rempli de glycérine. Dans ce cylindre est placé un piston percé de trous, de sorte que le mouvement ascensionnel est limité par la

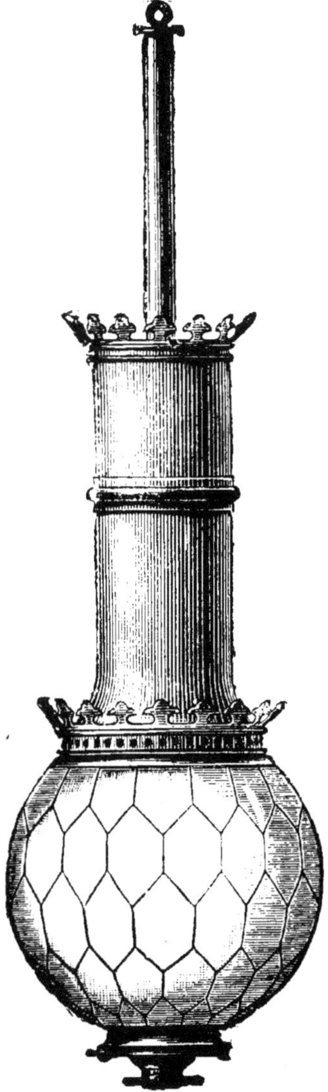

Fig. 78. — Régulateur Brush.

quantité de glycérine qui passe à travers les trous: on obtient ainsi un mode de régulation très doux.

Régulateur de Mersanne. — Ces lampes fonctionnent depuis longtemps à Paris, sur la place du Carrousel. Leur mécanisme est assez compliqué, et leur forme diffère notablement de celle des régulateurs précédemment décrits.

Les charbons sont horizontaux et les porte-charbon dans lesquels ils se meuvent les saisissent assez près de leur point d'incandescence, disposition qui permet de placer dans les lampes de longues baguettes de charbon qui avancent graduellement sans que la résistance du circuit soit sensiblement augmentée puisque le courant ne traverse que les portions de charbon comprises entre les deux pinces. Deux électro-aimants montés en dérivation commandent, l'un le mouvement d'approche des charbons, l'autre le mouvement de recul. Le tout se complète par un mouvement d'horlogerie qui doit être remonté tous les jours et qui obéit à l'un des électro-aimants. L'appareil se place au centre d'un réflecteur horizontal.

Régulateur Gérard. — Le régulateur Gérard est surtout remarquable par la disposition ingénieuse de son frein. L'inventeur a construit deux modèles de lampes, l'une différentielle, l'autre à dérivation: dans ces deux instruments d'ailleurs, le mécanisme ne varie pas, l'action électrique seule est changée.

Les armatures des deux électro-aimants, suspendues à des ressorts à boudin, se meuvent librement à l'intérieur des bobines. A leur partie inférieure, elles s'appuient sur un frein articulé. Cet organe comprend deux croisillons en X, réunis en haut par une entretoise s'appuyant en bas sur un plateau, et garnis de deux goupilles qui pressent le porte-charbon supérieur. Quand l'X se ferme, le frein agit. lorsqu'il s'ouvre, le porte-charbon devient libre, mais, pour que sa descente n'ait pas lieu brusquement, il porte un piston engagé dans le tube central de la lampe. Ce tube représente une sorte de pompe à air dans laquelle l'air se raréfie par la descente du piston. Le fonctionnement électrique est aisé à comprendre si on se reporte à ce que nous avons dit au sujet du régulateur Cance.

Régulateur dynamo Bréguet. — Ce régulateur consiste en une machine Gramme. réduite il est vrai à sa plus simple expression. placée dans la cage qui supporte les charbons. Le charbon négatif est fixe, le charbon positif seul obéit au mouvement de la machine. Le porte-charbon positif porte une crémaillère qui engrène un pignon faisant corps avec l'anneau de la dynamo et qui, par son poids, tend à la faire tourner, de telle sorte que le porte-charbon descende. L'action du courant tend au contraire à faire tourner l'anneau en sens inverse et par conséquent à remonter le charbon positif.

Le porte-charbon entraîne l'anneau, les deux charbons viennent au contact. Lorsque le courant passe, le charbon positif est relevé, l'arc se produit, l'intensité du courant diminue, l'énergie de la dynamo qui tend à remonter le charbon positif est amoindrie, et l'équilibre, incessamment rompu, se rétablit instantanément.

La figure 81 montre une lampe montée avec ce régulateur et produisant un foyer de 70 carcels.

Les charbons que l'on emploie sont généralement de 10 à 12 millimètres; ils s'usent de 7 centimètres par heure. Les régulateurs dynamos, qui coûtent 200 francs,

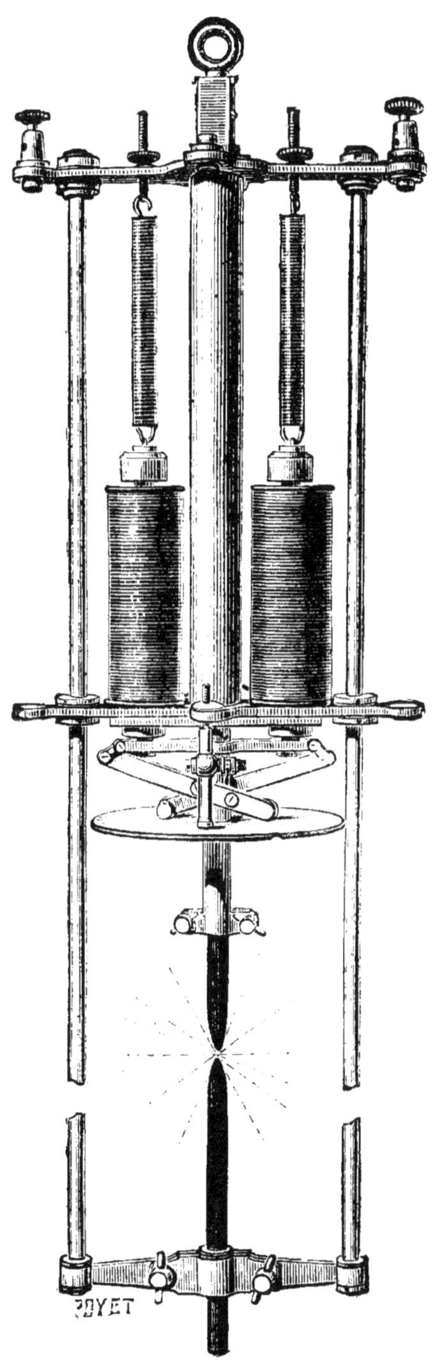

Fig 79. — Régulateur Gérard.

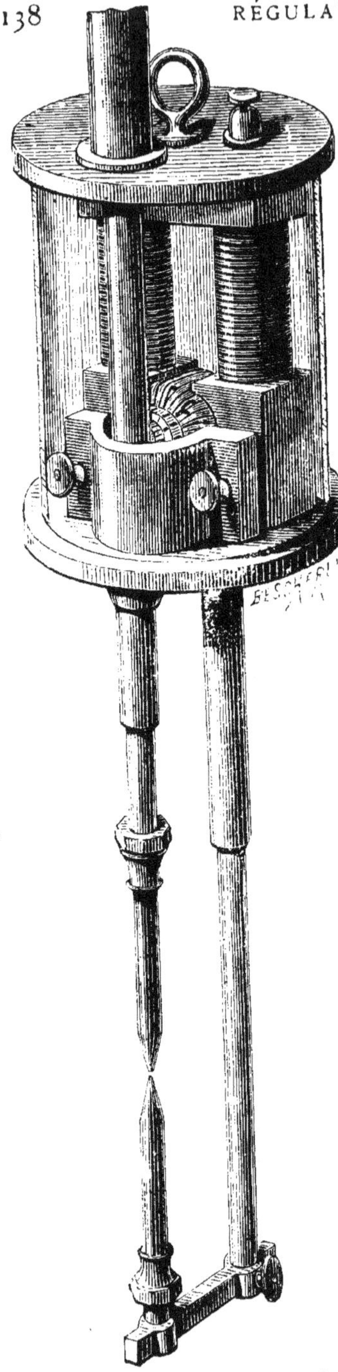

Fig. 80. — Régulateur dynamo Bréguet.

sont habituellement construits pour fonctionner pendant 7 à 8 heures ; on en établit pourtant qui durent plus longtemps et qui portent plusieurs paires de charbons alignés parallèlement. Ces charbons, montés en dérivation, s'usent très régulièrement, car l'arc passe successivement de l'un à l'autre dès que l'usure détermine une plus grande résistance dans la paire en fonction que dans celles qui restent inactives.

Régulateur Thury. — Le régulateur récemment construit par M. Thury, de Genève, est aussi pourvu d'une petite dynamo ; son mécanisme est très simple et peut se résumer en quelques mots : l'axe de l'induit porte un pignon qui engrène une roue dentée ; l'axe de cette roue supporte deux pignons égaux qui commandent des crémaillères adaptées aux deux porte-charbon ; celles-ci étant disposées de part et

Fig. 81. — Lampe dynamo Bréguet.

d'autre de l'axe, l'une descend pendant que l'autre monte; mais, en raison de l'égalité des deux pignons, le mouvement de descente du charbon négatif est égal au mouvement d'ascension du charbon positif, ce qui empêcherait la fixité de l'arc si on n'avait pris le soin d'employer des charbons de diamètre différent. On aurait pu d'ailleurs obtenir le même résultat en calculant en conséquence les rayons des deux pignons.

Le moteur, enroulé en série, est placé en dérivation sur le circuit principal, de sorte que, au moment où la lampe reçoit le premier flux de courant, tout ce courant traverse le moteur, les charbons se trouvant éloignés par suite du poids prépondérant du porte-charbon négatif qui, dans sa chute, a entraîné tout le système. Sous l'effet de ce courant, les crémaillères sont animées d'un mouvement en sens inverse, les charbons se rapprochent, se touchent et, le courant passant par leurs pointes, la force électro-motrice de la machine diminue; le poids des charbons l'emporte alors, les charbons s'éloignent, l'arc apparaît, et l'équilibre s'établit par suite des fluctuations occasionnées par le rapprochement et l'éloignement continuels des charbons.

Régulateur Weston. — Les lampes à arc de M. Weston sont des régulateurs différentiels munis de pompes à glycérine ou à air qui rendent très doux le mouvement de descente du charbon positif. Deux solénoïdes formés l'un avec du gros fil, l'autre avec du fil fin, agissent sur des noyaux mobiles qu'ils attirent plus ou moins. Ces noyaux sont des tubes de fer doux, guidés par des tiges rigides leur assurant une marche verticale. Dans chacun des noyaux s'engage l'extrémité d'un balancier pouvant se mouvoir autour de son pivot situé à la hauteur d'une colonne centrale qui sup porte le charbon positif. Par un jeu de leviers articulés, le balancier commande le coïncement du porte-charbon.

Suivant que l'un ou l'autre des solénoïdes devient prépondérant, le balancier s'incline dans un sens ou dans l'autre. Considérons les charbons au contact ; lorsque le courant traverse le système des deux charbons et des solénoïdes différentiels, la bobine à gros fil est de beaucoup le plus fortement actionnée ; le noyau correspondant s'élève, entraînant le balancier et soulevant le porte-charbon positif ; les charbons s'écartent, l'arc se produit. Dès que la résistance augmente dans le circuit

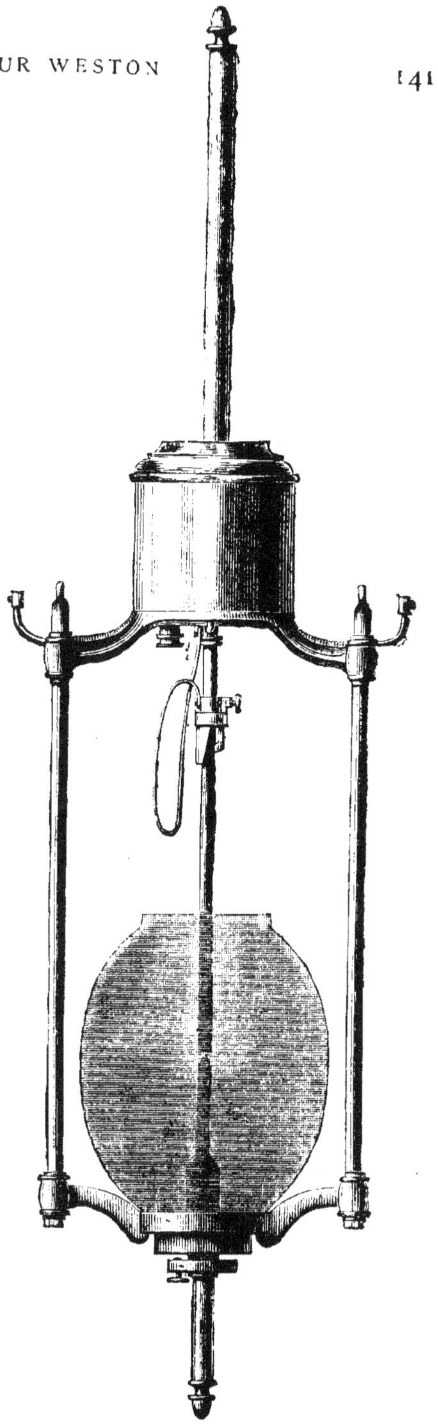

Fig. 82. — Régulateur Weston.

général la bobine à fil fin prédomine, le noyau correspondant prend une marche ascendante, et l'inclinaison de gauche à droite du balancier abaisse le porte-charbon. Une pompe à air adoucit les mouvements de descente et d'ascension du charbon positif et contribue à donner une grande fixité à l'arc : une porte latérale permet de changer facilement les charbons. La lampe Weston est construite pour fonctionner avec des courants à basse tension.

Régulateur Thomson-Houston. — Des deux électro-aimants EE' (fig. 83), le premier est à gros fil et embroché dans le circuit principal, le second est à fil fin et monté en dérivation. Les noyaux sont terminés par des pièces paraboloïdales, devant lesquelles se trouve l'armature aa', pivotant autour d'un axe central et portant le bras perpendiculaire L qui, disons-le pour n'y plus revenir, est articulé avec un cylindre à air, destiné à amortir les mouvements.

La branche L supporte aussi le système de coïncement composé d'une sorte de pince qui, suivant que ses deux branches se rapprochent ou s'éloignent, soulève le porte-charbon positif ou bien le laisse glisser entraîné par son propre poids.

Ce qui se passe est facile à comprendre, et c'est toujours le même résultat qui est obtenu : lorsque l'électro-aimant E agit, le charbon positif est soulevé et maintenu serré par le frein ; lorsque l'électro-aimant E' est actif, le frein se desserre et le porte-charbon positif s'abaisse.

Il peut se faire que le porte-charbon positif retenu par des frottements anormaux, ne redescende pas de lui-même lorsque le frein lui en laisse la liberté ; le cas a été prévu. Dans cette circonstance, l'arc s'allongeant par l'usure des charbons, la résistance du circuit augmente, et l'énergie de l'électro-aimant E′ devient maxima. A ce

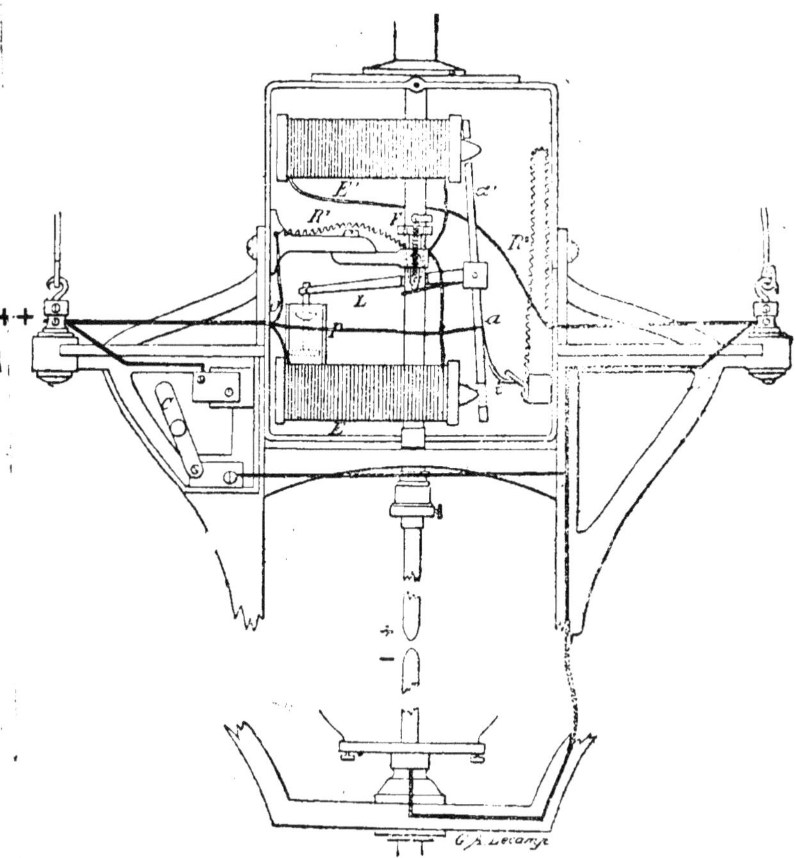

FIG. 83. — Régulateur Thomson-Houston.

moment, l'armature a vient s'appuyer sur un contact i et ferme le circuit d'un électro-aimant auxiliaire représenté sur notre dessin par la résistance R′. Cet électro-aimant attire une armature qui, mécaniquement force le porte-charbon positif à descendre de la quantité voulue.

Lorsque la lampe s'éteint. la tête du porte-charbon positif s'appuie sur une pièce métallique et met le régulateur en court circuit.

Régulateur Siemens. — Parmi les nombreux types construits par la maison Siemens. il faut signaler un régulateur pourvu d'un vibrateur, un autre qui fonctionne à l'aide d'un système différentiel. un troisième enfin dans lequel les mécanismes des deux précédents ont été combinés.

Dans le régulateur différentiel (fig. 84) une armature SS est commune à deux solénoïdes TT, RR. Cette armature est articulée avec une tige A servant en quelque sorte de balancier à un mouvement d'horlogerie qu'elle immobilise en se relevant et qu'elle met en liberté en s'abaissant. Sur ce mouvement d'horlogerie engrène la tige Z, taillée en crémaillère et supportant le charbon positif *g*, assujetti par la pince *a*. Le charbon négatif *b* fixé en *b* est immobile.

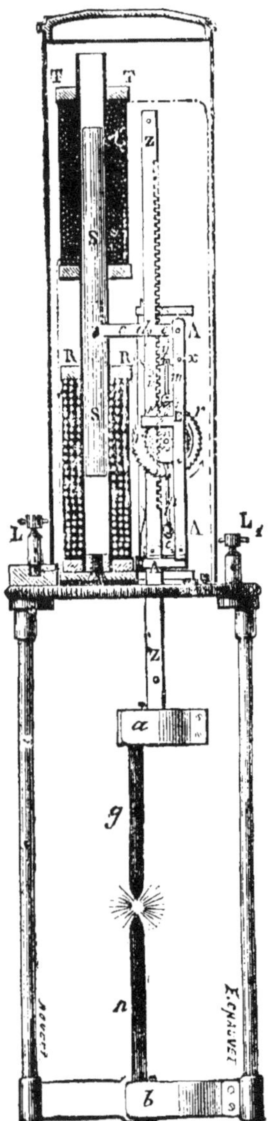

Fig. 84. — Régulateur Siemens.

Le solénoïde TT est à fil fin ; RR est formé de gros fil ; tous les deux, reliés à la borne L, sont en relation avac la borne L_1, le premier directement, le second par l'intermédiaire des deux charbons.

Le courant qui arrive de la machine se partage en deux parties dont la plus grande traverse le solénoïde RR et les deux charbons g, h; la résistance que cette fraction de courant doit vaincre varie avec l'écartement des charbons et la longueur de l'arc.

La seconde partie du courant parcourt la résistance fixe constituée par le solénoïde TT.

Suivant le rapport qui existe entre les fractions du courant traversant TT et RR, le noyau SS s'enfonce dans l'un ou dans l'autre de ces solénoïdes. Or, ce rapport dépend de la résistance de l'arc.

Les charbons g et h étant en contact, si le courant traverse le régulateur, le noyau SS s'enfonce rapidement dans le solénoïde RR; la tige AA est soulevée par le levier de transmission cc', la crémaillère Z s'élève, les charbons g, h, se séparent et l'arc se produit. Dès que la résistance de l'arc augmente par suite de son allongement la fraction de courant qui traverse TT augmente, le noyau SS s'enfonce dans ce solénoïde. Par suite de ce mouvement, la tige AA s'abaisse et déclenche le mouvement d'horlogerie qui laisse défiler la crémaillère Z jusqu'à ce que l'arc ait repris sa longueur normale.

Régulateur Pieper. — M. Pieper a construit plusieurs modèles de régulateurs, d'abord à point lumineux mobile, ensuite à point fixe. Dans le premier type (fig. 85, p. 148) le porte-charbon négatif est immobile, au moins dès que la lampe est allumée; le porte-charbon positif descend progressivement à mesure que l'arc s'allonge par suite de l'usure des charbons.

Les conducteurs amenant le courant s'attachent aux bornes A et B. Le porte-charbon supérieur ou positif est réuni à une tige T qui glisse dans un tube cylindrique parfaitement alésé. Cette tige est emprisonnée entre les mâchoires d'un frein commandé par l'électro-aimant E E monté en dérivation sur le circuit principal.

La tige T porte en outre à sa partie supérieure une bague N qui arrête le mouvement de descente lorsque les charbons sont usés. L'armature M de l'électro-aimant E E. mobile autour d'un axe horizontal, agit sur un ressort garni de deux sabots qui s'appuient sur la tige T et l'immobilisent. Lorsque l'armature est attirée, la tige T peut glisser légèrement. Les ressorts R R′ permettent de régler la sensibilité de l'armature M. Cette armature entraîne avec elle une pièce de contact horizontale qui interrompt ou rétablit le courant dans l'electro-aimant E E, suivant que M est ou n'est pas attirée.

Un second électro-aimant D D, à gros fil, est monté en tension sur le circuit de la lampe. Son armature F soutient le porte-charbon négatif C′ tandis qu'un ressort à boudin la maintient éloignée des noyaux de l'électro-aimant. Dès que le courant traverse le fil des bobines, l'armature F est attirée, le porte-charbon négatif C′ s'éloigne du porte-charbon positif et l'arc apparaît.

Si, au moment de la mise en marche. les charbons ne se touchent pas, le courant traversant les bobines E E est très énergique, attire l'armature M. laisse descendre un peu le charbon positif et est interrompu automatiquement par le mouvement de l'armature M puis rétabli aussitôt. Il en résulte une série de petits glissements qui amènent les charbons au contact : c'est à ce moment que l'armature F est brusquement attirée par l'électro-aimant D D et que l'arc se produit. L'armature M entre de nouveau en jeu lorsque l'arc s'allonge, et agit comme nous venons de le dire.

Le régulateur Pieper est économique ; il produit 40 carcels avec un courant de 5 ampères et de 43 à 45 volts aux bornes : il n'y a pas d'inconvénient à l'installer dans un circuit contenant déjà des lampes à incandescence.

Le régulateur à point lumineux fixe est représenté par la figure 86 qui montre d'un côté la lampe sans globe de manière à en faire voir le mécanisme et de l'autre le système garni de tous ses accessoires.

La traverse inférieure qui supporte le charbon négatif (fig. 86) monte par le même mouvement qui fait descendre le charbon positif. Ce mouvement de rapprochement est obtenu au moyen d'une chaîne sans fin qui passe dans les montants latéraux et vient s'enrouler vers le haut sur un tambour ; le mouvement est déterminé par un poids que porte la traverse supérieure. Le tambour est muni d'un engrenage qui est lui-même commandé par un pignon denté à ailettes.

Le plateau supérieur porte deux électros, l'un en dérivation sur le circuit et l'autre en série ; ce dernier sert à donner l'écart d'allumage en attirant, dès que le courant passe, un cadre de fer doux qui agit sur la chaîne de suspension.

Le second électro-aimant commande l'autre partie du cadre munie d'un doigt en laiton qui vient s'intercaler entre les ailettes du pignon.

Lorsque le courant passe en quantité insuffisante dans l'arc, son intensité augmente dans l'électro-aimant en dérivation, cet organe attire le cadre, abaisse le doigt en laiton et détermine le déclenchement de l'ailette. Les deux charbons se rapprochent jusqu'à ce que l'équilibre soit rétabli.

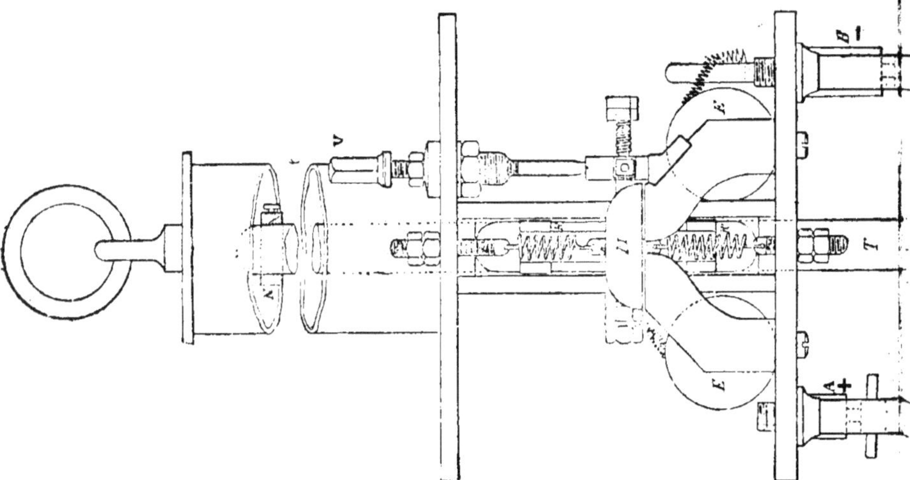

Régulateur à chaînette. — La compagnie *Allgemeine Elektricitäts Gesellschaft* de Berlin construit aussi un régulateur à chaînette.

Les deux bobines d'un électro-aimant différentiel ont une armature commune, attirée suivant le cas, par la bobine à gros fil ou par la bobine à fil fin.

Le mécanisme se compose de deux roues dont l'une est soumise à l'action du porte-charbon supérieur qui agit comme moteur par son propre poids ; l'autre est mue par un ressort. Au moyen d'un encliquetage, les deux roues sont arrêtées ensemble ou bien séparément ; c'est le mouvement de l'armature des électro-aimants qui les dégage. Le fonctionnement est le suivant : Si aucun courant ne traverse la lampe, et si les charbons sont séparés, l'armature de l'électro-aimant est placée de telle sorte que le rouage correspondant au charbon supérieur est mis en liberté tandis que l'autre reste arrêté. Le poids du porte-charbon supérieur met par cela

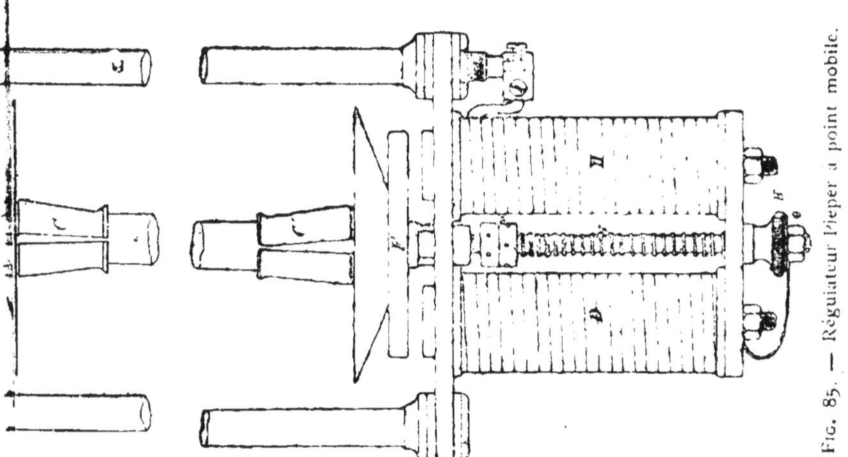

FIG. 85. — Régulateur Pieper à point mobile.

même le rouage en mouvement et, par l'intermédiaire d'une chaîne sans fin, les deux charbons s'approchent l'un de l'autre jusqu'au contact. Aussitôt que le courant passe à travers les charbons réunis et l'électro-aimant à gros fil, l'armature de celui-ci s'approche du noyau et enraye le mouvement du premier rouage, tandis que l'autre, dégagé par l'inclinaison de la palette, déroule et sépare les deux charbons en même temps que l'arc se produit. Lorsque celui-ci a atteint sa longueur normale, l'intensité du courant diminue dans la bobine à gros fil, par suite de l'augmentation de résistance du circuit, et elle augmente en proportion dans la bobine à fil fin ; l'armature commune prend alors une position intermédiaire entre les deux bobines et arrête les deux mouvements jusqu'à

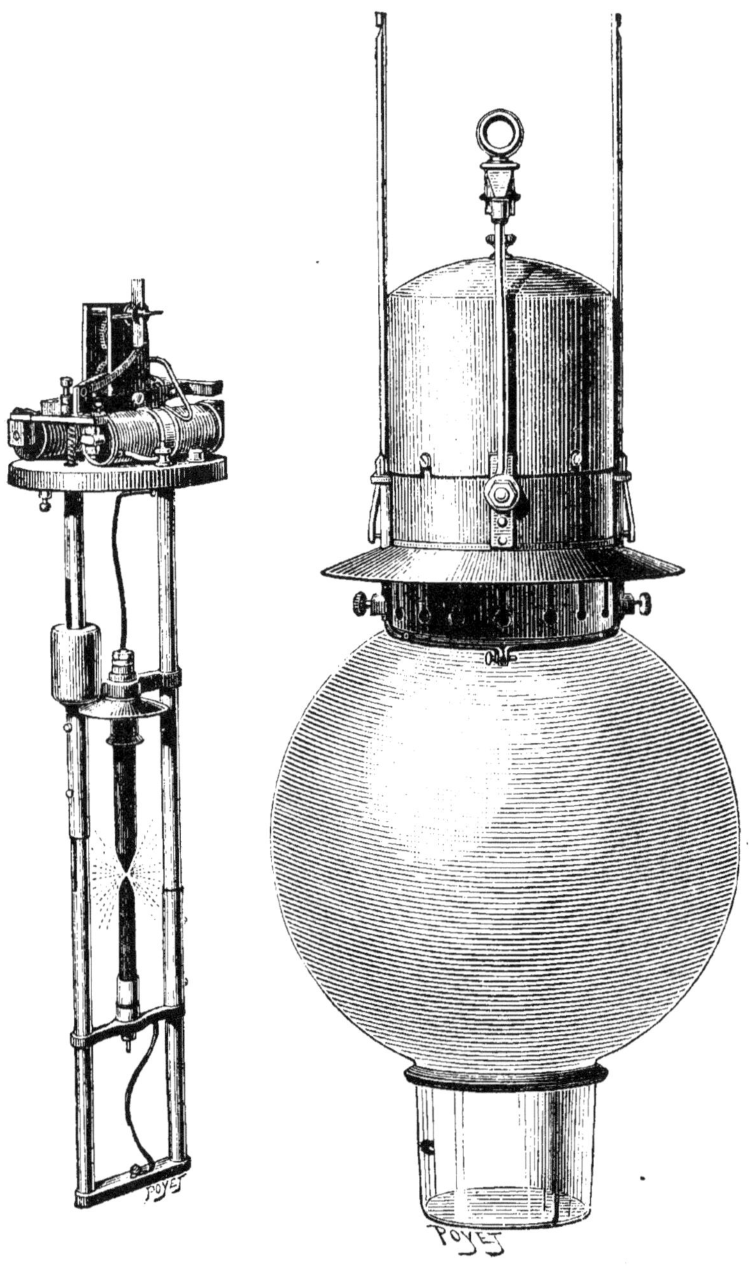

FIG. 86. — Régulateur Pieper à point fixe.

ce que, par la consommation des charbons, l'arc s'allonge.

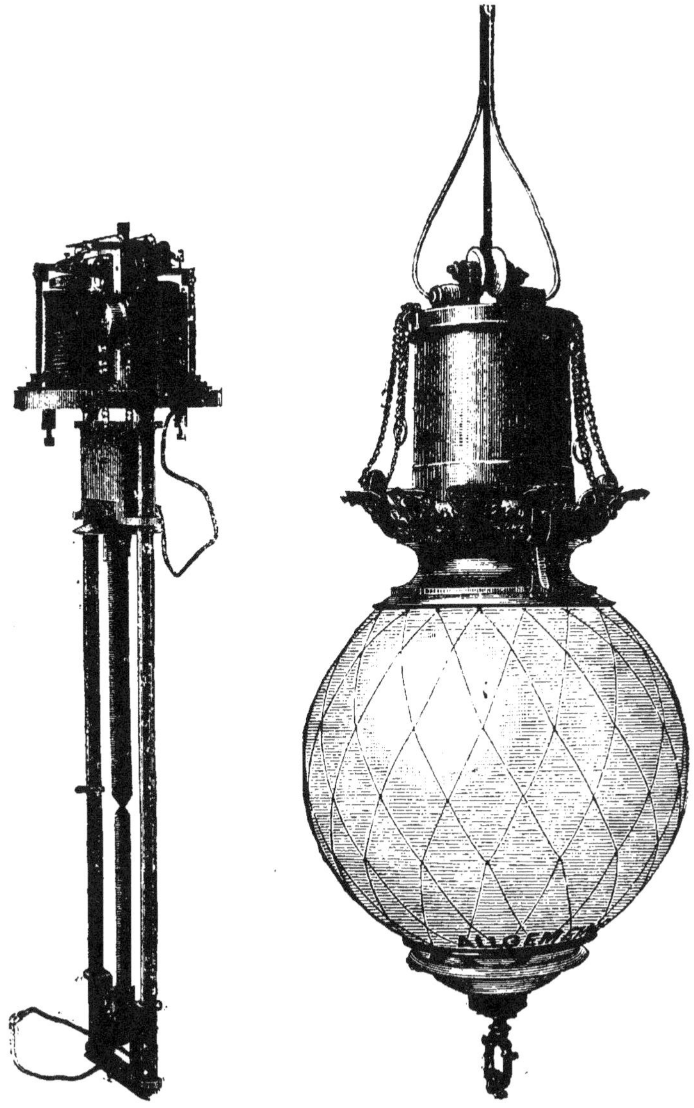

FIG. 87. — Régulateur à chainette.

FIG. 88. — Lampe à chainette.

A cet allongement correspond une augmentation de

résistance dans le circuit principal ; une augmentation

Fig. 89. — Lampe à arc Jarriant-Velloni (Société anonyme des applications de l'Électricité).

de courant se produit dans la bobine de fil fin qui alors attire l'armature, arrêtant ainsi le second rouage et dégageant le premier : les charbons se rapprochent jusqu'à ce que l'arc ait atteint la longueur normale, ce qui rétablit la position intermédiaire de l'armature. Ce jeu du mécanisme se répète jusqu'à l'usure complète des charbons.

Dans cette lampe, l'arc est fixe ; on en fabrique de plusieurs modèles, dont l'intensité varie entre 400 et 40.000 bougies. Les garnitures sont d'ailleurs appropriées aux différents usages et plus ou moins soignées suivant leur affectation.

Pour terminer ce rapide exposé des régulateurs à arc, dont l'emploi s'est le plus généralisé, nous représentons. figure 89, un modèle de lampe très élégant du système Jarriant-Velloni. La construction en est simple et le prix très modéré.

VI

BOUGIES ÉLECTRIQUES

Bougies Jablochkoff. — Supprimer tous les mécanismes que nous venons de décrire, ou tout au moins ceux qui étaient inventés avant lui, tel fut le but que se proposait M. Jablochkoff en prenant sont brevet du 23 mars 1876.

Pourquoi placer en face l'un de l'autre les charbons de l'arc voltaïque au lieu de les juxtaposer? Pourquoi, quand on sait qu'avec un courant continu l'un des charbons s'use deux fois plus vite que l'autre, ne pas les faire traverser par des courants alternatifs qui les useront uniformément?

C'était bien simple, mais il fallait y songer. Disposer les charbons parallèlement, les séparer par une substance isolante se consumant avec eux, produire entre les deux l'arc voltaïque, régulariser l'usure par l'emploi de courants alternatifs, constituer en un mot des brûleurs électriques de grande intensité, voilà ce qu'a fait M. Jablochkoff et, en se reportant aux premiers essais de 1878, on peut dire qu'il a ouvert la voie à l'éclairage électrique.

La bougie Jablochkoff a permis de diviser la lumière à arc ; elle fut successivement employée aux grands magasins du *Louvre*, du *Printemps* et du *Bon Marché*, au Grand-Hôtel, à l'hôtel Continental, à l'Hippodrome, etc.

La bougie Jablochkoff se compose de deux crayons de charbon, ayant habituellement 4 millimètres de diamètre et 25 centimètres de longueur. Ces baguettes sont placées chacune dans une douille de laiton qui s'adapte en même temps sur un petit socle isolant établissant la liaison mécanique entre les deux charbons, tout en réservant leur isolement. Les charbons sont ensuite séparés sur toute leur longueur par une pâte isolante que l'on désigne sous le nom de *colombin*.

Les baguettes sont en charbon aggloméré, de très bonne qualité, cylindrées avec soin ; elles sont placées dans les douilles qui reçoivent également le socle et sont ensuite serrées à la pince.

Le socle est composé d'un mélange de kaolin, de magnésie et de plâtre, le tout gâché avec de l'eau gommée. La pâte ainsi obtenue est passée à la filière qui lui donne sa forme définitive ; c'est celle de deux cylindres placés l'un à côté de l'autre et réunis par une mince languette. Avant que la pâte ait complètement durci, on la coupe en morceaux de 3 centimètres de longueur et on laisse sécher à l'air. On obtient ainsi des socles solides sur lesquels sont pincées les douilles.

Pour la préparation du colombin, on emploie un mélange de deux parties de sulfate de chaux et une partie de sulfate de baryte. La poudre ainsi obtenue est tamisée. gâchée avec de l'eau, de façon à former une pâte que l'on étend sur une table de marbre. Une fois bien étalée, on la débite en minces baguettes, au moyen d'un peigne

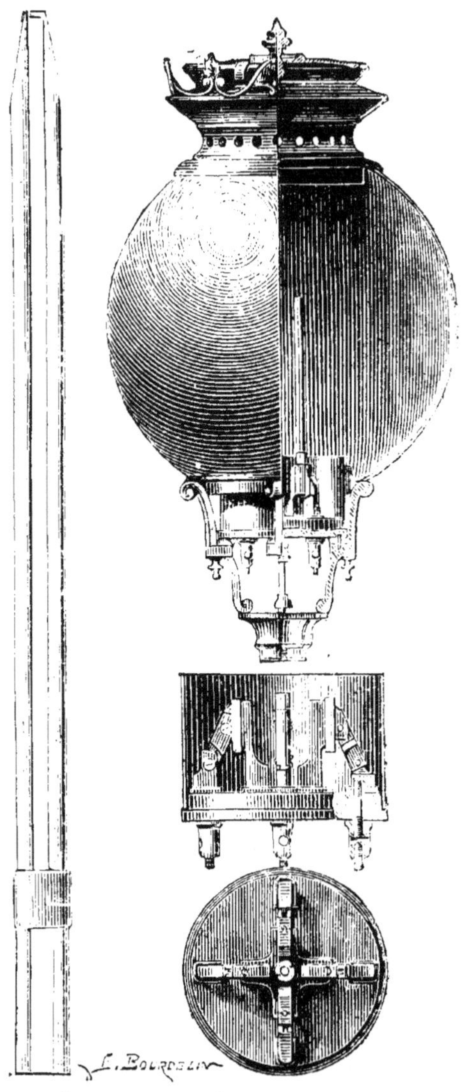

FIG. 90. — Bougies Jablochkoff.

métallique qui leur donne, sur leurs faces latérales, une
forme légèrement concave; les baguettes de colombin

sont ensuite déposées, pendant quelques heures, dans un séchoir dont la température est d'environ 35°.

Placé entre les deux charbons, dont les extrémités supérieures ont été usées en biseau à la meule, le colombin s'y maintient par sa forme même ; il est coupé à environ 5 millimètres au-dessous des pointes de charbon ; il ne reste plus qu'à procéder à l'amorçage. L'arc voltaïque, on se le rappelle, ne prend en effet naissance que si, au début, il y a contact entre les charbons : ici, cette condition indispensable n'est pas remplie, il s'agit d'y pourvoir. Pour cela, le bout de chaque bougie est garni d'une pâte formée de charbon pulvérisé et de plombagine, agglutinés avec de l'eau gommée.

Quelquefois, dans le but d'augmenter leur durée, les bougies sont cuivrées par un dépôt galvanique ; les charbons sont alors plongés dans une solution de potasse caustique, puis immergés dans un bain de sulfate de cuivre que l'on décompose par un courant électrique ; mais, au préalable, le côté des charbons qui doit être en contact avec le colombin a été enduit d'un vernis à la gomme laque et, après l'opération de la galvanisation, la bougie tout entière est passée au vernis pour préserver le dépôt cuivreux de l'oxydation.

Les bougies de 4 millimètres de diamètre donnent une intensité lumineuse de 40 à 45 becs carcels et durent environ deux heures. Cette durée n'est pas suffisante dans la plupart des cas, aussi a-t-on dû disposer sur un même chandelier plusieurs bougies que l'on allume les unes après les autres. Dans le principe, cette opération se faisait à la main : un ouvrier passait périodiquement auprès de chaque candélabre et, en manœuvrant un commutateur, mettait dans le circuit une bougie neuve à la place de celle qui était à peu près consumée ; aujourd'hui cette permutation se fait automatiquement.

Avec le chandelier Bobenrieth, dès qu'une bougie s'éteint, pour une cause quelconque, une autre se rallume.

Chandelier Bobenrieth. — Il se compose de six pinces en cuivre (fig. 91) portées par un plateau P en matière isolante. Les branches extérieures *e* des pinces sont réunies entre elles par un cercle métallique *m* qui communique par la borne B avec l'un des fils du circuit. Les branches intérieures *i* sont fixées séparément au plateau P en matière isolante. Au milieu de celui-ci est une rondelle en cuivre *c* reliée au second fil du circuit par la borne B' ; de cette rondelle partent des ressorts plats *r* qui peuvent être mis en communication avec les branches intérieures *i* par de petits anneaux en plomb *a*. Cette communication ainsi établie et chaque pince étant garnie d'une bougie, le courant se fraye un passage à travers celle dont l'amorce présente la moindre résistance ; il se produit alors un arc voltaïque, meilleur conducteur que les amorces, et le courant continue à passer par la bougie allumée. Lorsqu'elle arrive à sa fin, la chaleur de l'arc fait fondre l'anneau en plomb *a ;* le ressort s'écarte ; le courant interrompu passe par une autre bougie et ainsi de suite jusqu'à ce qu'elles soient toutes brûlées.

Le prix d'un chandelier à dérivation à 6 bougies (c'est le type courant) est de 60 francs. Bien que ce prix soit notablement plus élevé que celui de l'ancien chandelier, on peut le considérer comme une innovation

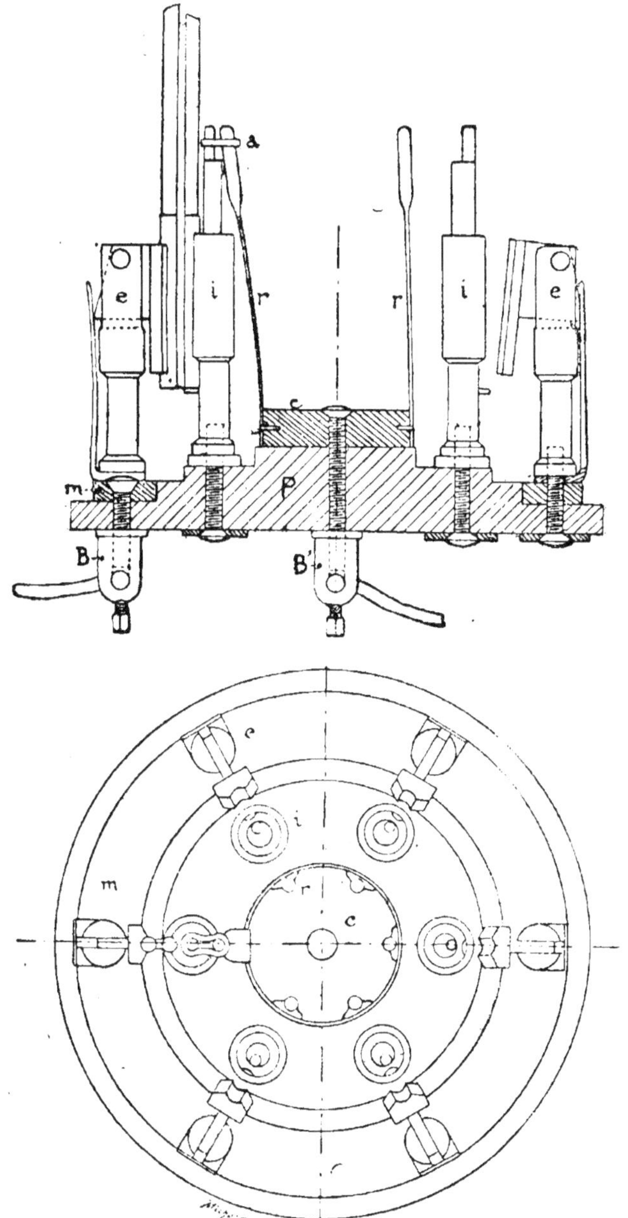

FIG. 91. — Chandelier Bobenrieth.

économique, car il supprime les frais de surveillance résultant de la nécessité de changer les bougies à la main, et réduit la consommation de 1/6 environ en permettant de brûler les bougies jusqu'au bout.

Dans l'éclairage Jablochkoff, ainsi que dans quelques autres qui ont de l'analogie avec lui, le colombin se consume en même temps que le charbon.

Bougie Ignatiew. — Dans le but d'utiliser les courants continus, M. Ignatiew fait usage de deux charbons concentriques, de façon à compenser la plus grande usure du charbon positif par un volume plus considérable de matière à consumer. Le centre de la bougie est occupé par une baguette de charbon de 4 millimètres environ de diamètre; c'est le charbon négatif: le charbon positif, sous forme de tube de 1 centimètre de diamètre, enveloppe complètement le négatif; une bague de kaolin et une couche d'air suffisent pour séparer les deux cylindres.

Par suite de la différence de volume des parties incandescentes, l'usure a lieu régulièrement. Ces bougies tubulaires, longues de 32 centimètres, fournissent pendant 6 heures une lumière uniforme.

Chandelier Wilde. — En 1878, M. Wilde construisit un chandelier dans lequel les deux baguettes de charbon sont inclinées l'une vers l'autre jusqu'au contact, pour provoquer l'amorçage; aussitôt l'arc établi, elles prennent une position parallèle. Les chandeliers sont disposés pour quatre bougies. Les charbons internes sont supportés par des douilles métalliques fixes et sont verticaux. Les charbons externes sont montés sur des douilles métalliques à charnière, et leur pointe vient s'appuyer sur celle du charbon intérieur placé en regard. La partie mobile de la charnière porte une palette de fer doux servant d'armature à un électro-aimant embroché sur le fil conducteur qui amène le courant. Le circuit étant fermé pour l'allumage, le courant traverse les bobines de l'électro-aimant, passe d'un charbon à l'autre par leur point de contact, et détermine la production de l'arc voltaïque ; la palette de l'électro-aimant est alors attirée, fait basculer le charbon extérieur autour de sa charnière et rétablit le parallélisme entre les deux baguettes, tandis que l'arc voltaïque ne cesse pas d'assurer la communication électrique. Une extinction vient-elle à se produire, le circuit est, par cela même, rompu, l'électro-aimant devient inerte, et le charbon extérieur, retombant sur le charbon intérieur, provoque de nouveau l'allumage.

Brûleur Jamin. — L'année suivante, Jamin imagina un dispositif du même genre, mais encore plus compliqué. Son brûleur peut recevoir trois bougies, et même davantage.

Brûleur Debrun. — En 1880, M. Debrun simplifia un peu les choses. Comme M. Wilde, il supprima le colombin mais, au lieu d'allumer ses bougies par le haut, il les réunit à leur base par une amorce, ce qui n'empêche pas l'arc voltaïque de se porter aussitôt aux pointes. La mise de feu est produite par un électro-aimant placé en dérivation sur le circuit, au lieu d'être embroché, comme dans le système de M. Wilde.

Plusieurs installations de bougies Debrun ont eu lieu à Bordeaux et dans quelques autres endroits, mais nous ne pensons pas que ces systèmes puissent lutter contre la simplicité du chandelier Bobenrieth.

Lampe Soleil. — La lampe Soleil de MM. Clerc et Bureau forme, pour ainsi dire, le passage entre les bougies Jablochkoff et les lampes à incandescence. La lampe primitive se composait d'un bloc central de marbre blanc ou de magnésie agglomérée, entrant à la

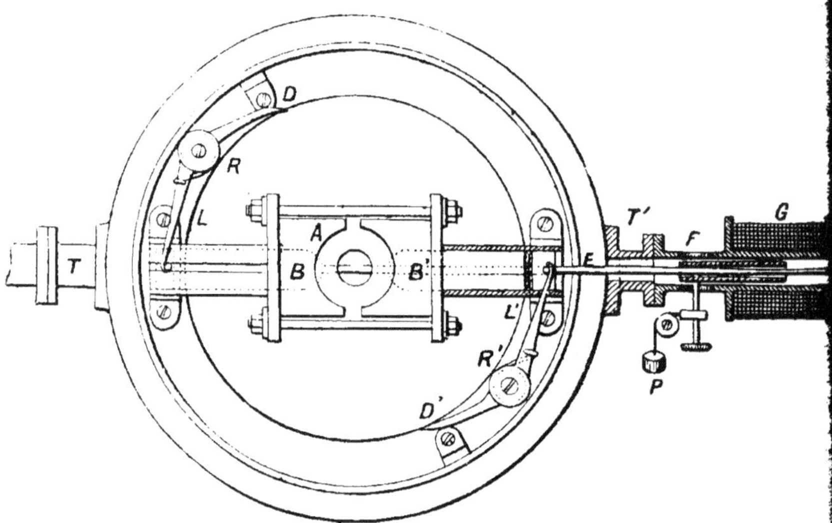

FIG. 92. — Lampe Soleil[1].

manière d'un coin dans un autre bloc en pierre portant à sa base une large ouverture par laquelle on apercevait la face inférieure du marbre ; les deux blocs étaient creusés de deux gouttières obliques dans lesquelles se plaçaient deux crayons de charbon de 2 centimètres de diamètre et de 10 de longueur. Ces charbons pénétraient librement dans les gouttières et, par leur propre poids, descendaient jusqu'au fond où ils étaient arrêtés par le rebord du bloc extérieur. L'ensemble était enveloppé

---

[1] Figure communiquée par M. Hippolyte Fontaine.

d'une boîte en fonte dans laquelle entraient les fils conducteurs convenablement isolés et réunis respectivement
aux deux charbons. Pour provoquer l'allumage, une
petite baguette de charbon de bois réunissait les deux
charbons à lumière. Par le passage du courant, cette
petite baguette rougissait et se consumait, le marbre
s'échauffait et devenait plus conducteur, l'arc voltaïque
jaillissait entre les deux charbons, et son éclat était
augmenté par l'incandescence du carbonate de chaux
qui se transformait en chaux vive. A mesure qu'ils
s'usaient, les charbons descendaient d'eux mêmes jusqu'au fond de la gouttière, de sorte que la lumière ainsi
produite avait une grande fixité jointe à une coloration
jaune doré d'un effet agréable.

Tout cela était bien élémentaire et bien séduisant ; malheureusement, comment procéder au rallumage en cas
d'extinction accidentelle? C'est cette raison qui a déterminé les inventeurs à compliquer leur première installation. Dans le nouveau dispositif (fig. 92) les charbons
B, B' sont placés bout à bout ; ils pénètrent dans les
cavités d'un bloc en marbre de Carare A, et y sont
pressés par des ressorts à boudin R, R'. agissant sur des
leviers coudés DL, D'L'. Un trou plus petit réunit les
deux cavités, et une sorte d'entonnoir, creusé dans la
matière, forme réflecteur à la partie inférieure. L'allumage
automatique a lieu par une petite tige de charbon qui
traverse l'un des charbons à lumière, creusé à cet effet,
et qui s'appuie sur l'autre. A cette tige de charbon est
adaptée une armature en fer doux, mobile le long d'une
tringle, et en partie engagée dans une bobine d'électro-
aimant G. Dès que l'allumage a eu lieu, l'armature attirée

s'enfonce dans l'intérieur de la bobine, entraîne avec elle en arrière la petite tige de charbon, et éloigne ainsi le crayon de rallumage. Le bloc de marbre qui mesure 5 centimètres de longueur sur 4 de largeur et 3 d'épaisseur, dure environ 15 heures et les charbons ne s'usent guère que de 2 ou 3 millimètres par heure ; la grandeur de l'arc peut atteindre de 10 à 60 millimètres.

La magnésie agglomérée semble plus avantageuse que le marbre et s'use moins rapidement (suivant M. Hospitalier, la durée du bloc de magnésie serait de 100 heures).

La puissance lumineuse de la lampe varie entre 50 et 1000 carcels suivant l'intensité du courant, la distance des charbons et la longueur du marbre.

Les prix de la lampe soleil sont de 200, 300 francs et au-dessus suivant le luxe de la monture. Le bloc de marbre, durant 15 heures au minimum, coûte 75 centimes ; les charbons se vendent 3 francs le mètre et ne s'usent que de 2 millimètres par heure ; les charbons pour le rallumage sont livrés au prix de 75 centimes le mètre. Au dire des inventeurs, la dépense ne serait que de 15 centimes par heure pour obtenir l'intensité lumineuse de 120 becs carcel.

VII

LES LAMPES A INCANDESCENCE

Premiers essais. — Lampe Edison. — Lampe Swan. — Lampe Lane-Fox.
— Lampe Maxim. — Lampe Weston. — Lampe Cruto. — Lampe
Woodhouse et Rawson. — Lampe Thomson-Houston. — Lampe Dick et
Kennedy. — Lampe Bernstein.

Premiers essais. — Les premiers essais d'incandescence
ou, pour mieux dire, les premières lampes brevetées en
tant que lampes à incandescence, remontent à 1841,
époque à laquelle M. de Moleyns renferma dans une
ampoule en verre parfaitement fermée une spirale de
platine dont un des bouts était entouré de charbon pulvérulent. Le courant, en traversant le fil de platine, le
portait à l'incandescence.

M. de Changy avait entrepris dans le même sens des
travaux qu'il n'a pas cessé de continuer et qu'il a menés
à bien en abandonnant le platine pour adopter les fibres
carbonisées entrées depuis dans la pratique.

En 1845, M. King prit en Angleterre un brevet pour
une lampe à charbon et, à part quelques travaux de peu
d'importance, il nous faut arriver à 1873 pour constater
un progrès sérieux.

Vers cette époque, M. Lodyguine fit breveter une

nouvelle lampe. Laissons-le développer lui-même les considérations qui l'ont guidé :

« 1° Ma lampe, comparée aux lampes à arc voltaïque, devait donner plus de lumière à quantité égale de courant, ou dépenser moins de courant en donnant une lumière équivalente :

« 2° L'emploi d'un charbon, mince et très long, incandescent dans toute sa longueur, devait permettre, en divisant le charbon en différents morceaux, de diviser la lumière jusqu'à un degré très considérable.

« 3° Avec cette lampe, on pourrait réaliser une grande économie, d'une part dans le matériel, car le charbon *ne serait pas* brûlé, et d'autre part dans les frais de construction, car on n'aurait plus besoin de régulateurs très compliqués et de mécanismes analogues ; de plus, le maniement de l'appareil deviendrait plus facile et la lumière plus constante[1]. »

Ainsi, voilà le principe de l'emploi d'un charbon mince et long nettement posé ; depuis, les procédés se multiplièrent, mais les lampes à incandescence ne devinrent vraiment pratiques qu'en 1880.

Lampe Edison. — C'est de cette année 1880 que date la lampe Edison ; on peut dire aussi que c'est de cette année que date l'éclairage par incandescence.

La lampe Edison (fig. 93) comprend quatre parties :

1° Un filament de charbon recourbé ;

2° Une ampoule de verre ;

3° Deux fils de platine retenant le charbon ;

4° Une douille servant à fixer la lampe sur son support.

---

[1] *La Lumière électrique*, 1886, t. XX, n° 15.

Après différents tâtonnements. M. Edison choisit pour fabriquer les filaments du charbon de ses lampes des fibres de bambou du Japon.

On donne la préférence aux bambous de 3 ans et on en détache les fibres extérieures en petites lames qui. après avoir été dégrossies. sont découpées mécanique-

Fig. 93. — Lampes Edison à incandescence (Deutsche Edison Gesellschaft, Berlin).

ment en brins de 11 ou 12 centimètres de longueur sur 1 millimètre de largeur. On laisse aux extrémités un empâtement pour permettre d'attacher les fils de platine.

La carbonisation a lieu dans des moufles hermétiquement clos, que l'on garnit de plombagine pour empêcher le contact avec l'air extérieur.

Les filaments de bambou, recourbés dans des moules

en nickel qui leur donnent leur forme définitive, sont introduits dans les moufles et soumis ainsi à l'action de la chaleur. Après la cuisson, on les laisse refroidir lentement. Aux fils de platine sont soudées deux petites pinces en cuivre qui reçoivent les extrémités du filament de charbon; le contact est rendu plus intime par un dépôt de cuivre dont on recouvre toute la surface de liaison en plongeant le joint dans un bain galvanique. Les fils de platine sont emmagasinés dans un tube de verre, de dimensions suffisantes pour fermer l'orifice inférieur de la lampe.

Une fois le filament de charbon et les fils de platine mis en place dans l'ampoule, on soude le tube de verre au chalumeau et la partie inférieure de la lampe est hermétiquement close.

L'ampoule, à sa partie supérieure, se termine par un tube appelé à disparaître, mais nécessaire pour opérer le vide à l'intérieur du récipient; c'est à l'aide de ce tube que la lampe se fixe sur une pompe à mercure de Sprengel à action continue.

Le vide a pour objet d'assurer la durée du filament de charbon qui se consumerait rapidement à l'air libre.

Lorsque le vide a atteint un certain degré, on purge le filament des gaz qu'il peut encore contenir, en faisant passer un courant dont on augmente graduellement l'énergie à mesure que le vide devient plus complet. Le tube de communication avec la pompe est enfin coupé au chalumeau et la lampe, définitivement fermée, peut être assujettie sur sa douille.

Les figures 94 et 95 montrent, l'une une douille simple, l'autre une douille à robinet, permettant. par

le simple jeu de la clef, d'éteindre ou d'allumer la lampe.
L'ampoule en verre est fixée au plâtre sur ces douilles.

Les figures 96 et 97 font voir les détails de la douille
et le mécanisme de la clef.

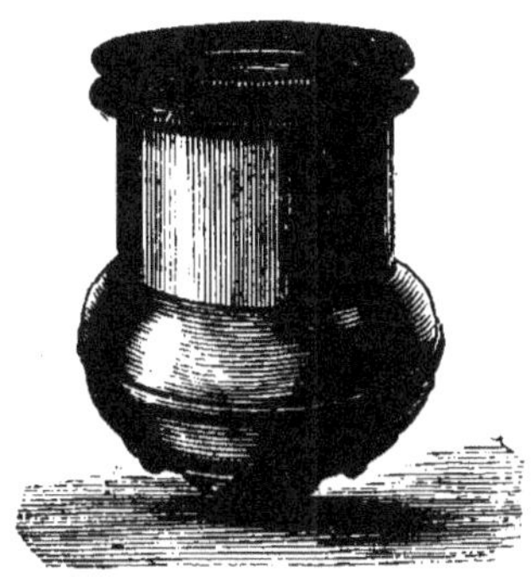

Fig. 94 et 95. — Douilles pour lampes Edison (Deutsche Edison Gesellschaft, Berlin).

Les bouts libres des fils de platine, scellés dans le bloc
de plâtre qui forme le socle de la lampe, sont reliés à
deux pièces de cuivre E, D, isolées l'une de l'autre. La
pièce E est munie d'un pas de vis, la pièce D est calée
horizontalement sous le bloc de plâtre. La douille s'adapte
sur cette monture métallique. Le pas de vis F établit la
communication avec E; C vient s'appliquer contre D; les
parties M et L, en matière isolante, empêchent toute
relation électrique entre les deux armatures réunies aux
fils de platine, et aussi avec la monture extérieure qui
est en métal.

Les lampes se vissent sur des tiges qui contiennent les
fils amenant le courant, tiges qui peuvent faire partie de
lustres, d'appliques, et affecter les formes les plus élégantes.

Si la douille est simple, l'un des fils est relié par

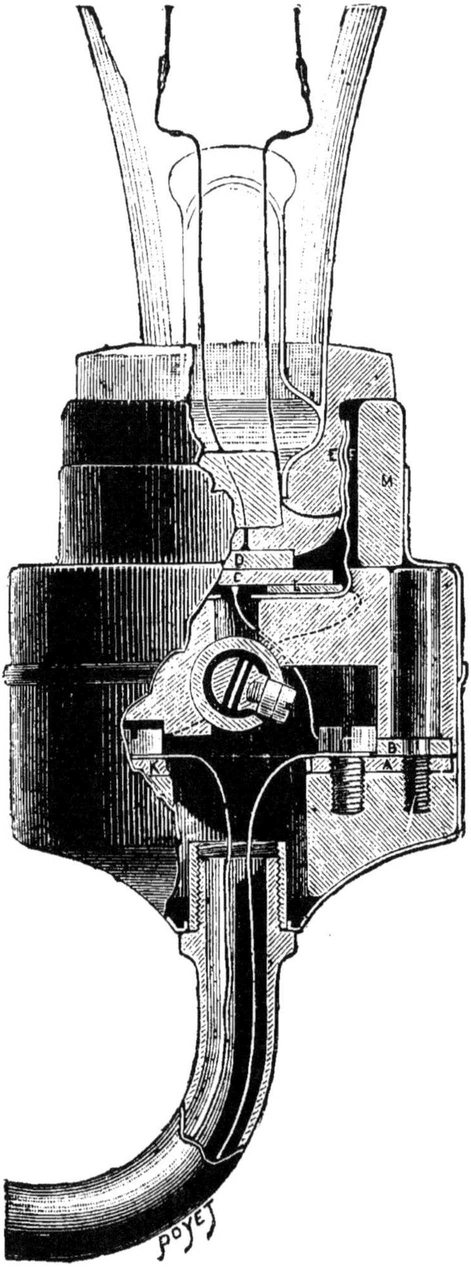

Fic. 96. — Lampes Edison (détails de la douille). — Compagnie continentale Edison.

pression à l'armature F, l'autre à l'armature C: on voit ainsi que le courant traverse le filament de charbon.

Dans la douille à clef, dont la figure 97 représente une coupe, l'un des fils conducteurs est interrompu. et ses deux sections aboutissent à deux pièces, isolées l'une de l'autre et formant une sorte d'entonnoir interrompu.

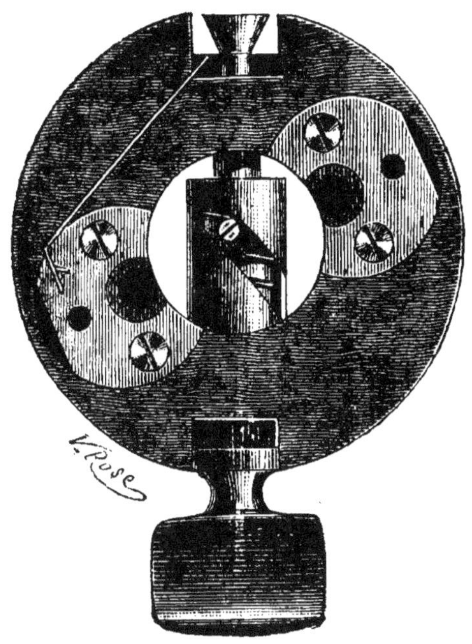

Fig. 97. — Lampe Edison (mécanisme de la clef).   Compagnie continentale Edison.

La clef se termine par un cylindre fendu dont les deux parties sont maintenues séparées par un ressort et dont les extrémités sont tronconiques. La tige de la clef est emprisonnée dans un tube contenant un ressort à boudin et garni d'une rainure hélicoïdale dans laquelle se meut la tête d'une vis fixée à la tige de la clef: cette rainure se termine par un cran d'arrêt.

En tournant la clef de droite à gauche. la vis s'avance

le long de la rainure hélicoïdale jusqu'au cran d'arrêt ; le ressort est bandé, la partie tronconique de la clef s'est approchée des pièces isolées, a établi la communication entre ces deux pièces, le courant a circulé à travers le filament de charbon, la lampe est allumée.

Un mouvement de gauche à droite dégage la tête de vis, le ressort se détend, chasse en avant la tige de la clef, la lampe est éteinte.

Les douilles à clef plus récentes, construites par la Compagnie continentale Edison reposent sur le même principe : les organes en ont été réduits pour donner à l'appareil moins de volume ; le problème à résoudre consiste toujours à assurer un bon contact aux pièces d'interruption, et une rupture rapide du courant, indépendante, pour ainsi dire, du plus ou moins d'habileté de l'opérateur à tourner la clef.

Les figures 98 et 99 représentent des appliques simples, la figure 100 une suspension double.

Les figures 101, 102, 103, montrent différentes dispositions très élégantes des lampes de la Société Edison dont les usines sont installées à peu près dans tous les pays.

Dans la figure 101, c'est un lustre à deux lampes, dans la figure 102 un lustre à quatre lampes ; la figure 103 représente un vase de fleurs artificielles dont les calices sont occupés par des lampes Edison.

Les figures 104 et 105 font voir la disposition d'une lampe à genouillère.

Chaque articulation est formée par un cylindre en matière isolante, pouvant tourner autour de son axe, et garni de deux anneaux en laiton auxquels viennent aboutir les fils conducteurs de la lampe ; ceux qui amè-

FIG. 98. — Applique simple.

FIG. 99. — Applique simple.

FIG. 100. — Suspension double.

FIG. 101. — **Lampes** Edison. Lustre à 2 lampes (Deutsche Edison Gesellschaft, Berlin).

Fig. 102. — Lampes Edison. Lustre à 4 lampes (Deutsche Edison Gesellschaft, Berlin)

FIG. 103. — Lampes Edison. Bouquet (Deutsche Edison Gesellschaft.)

nent le courant sont réunis à des ressorts-lames pressant sur les anneaux.

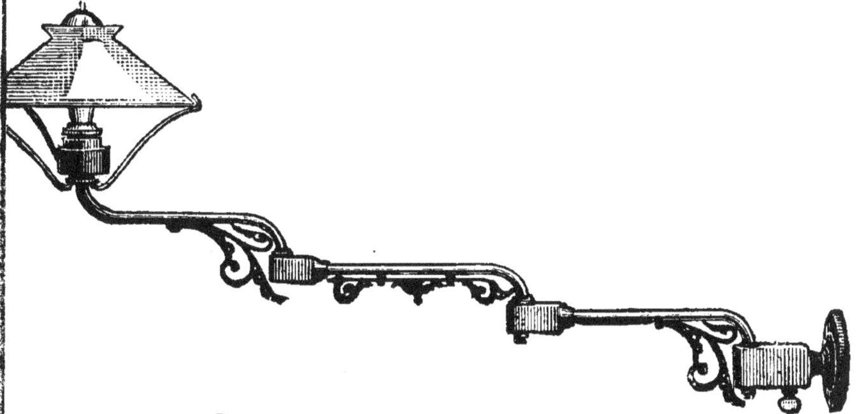

FIG. 104. — Lampe Edison à genouillère.

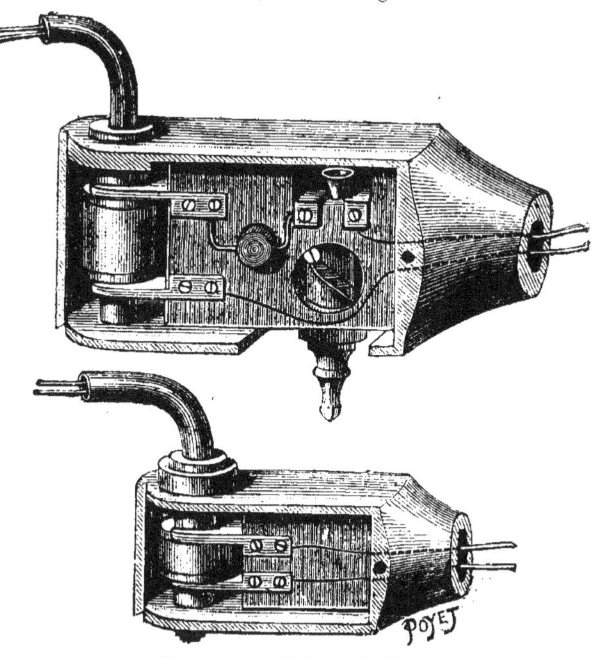

FIG. 105. — Joint articulé.

Un robinet analogue à celui que nous avons précédemment décrit est adjoint à l'articulation la plus rapprochée de la muraille (fig. 105) et rend ainsi très commodes l'allumage et l'extinction de la lampe.

La Société Edison a produit un type de lampe pour l'éclairage des rues. dit *lampe municipale*. Ces lampes, de faible résistance, sont installées en série pour éviter des frais de canalisation, mais il fallait parer à l'éventualité d'une rupture qui. par le fait d'un accident survenu à une seule lampe, aurait pu éteindre tout un quartier. A cet effet, les lampes portent. entre les deux branches du filament de charbon et parallèlement à leur direction, un fil de platine relié à un mince fil de fer maintenant bandé un ressort. Si le filament vient à se briser. un arc se forme entre l'un des supports et le fil central, le fil de fer est fondu, et le ressort, n'étant plus retenu, met la lampe en court circuit, provoquant en même temps l'extinction de l'arc.

Le prix des lampes Edison a considérablement diminué depuis quelques années; pour les foyers intenses, équivalant à 100 bougies, il est encore de 15 francs, mais les foyers dont l'intensité lumineuse ne dépasse pas 16 bougies. ne se vendent plus que 5 francs.

Lampes Swan. — La lampe se compose d'une ampoule en verre dans laquelle on introduit le filament de charbon maintenu par deux fils de platine garnis de mâchoires que l'on serre avec des anneaux, comme les anciens porte-crayon. Le filament de charbon forme, au milieu de la lampe, dans les modèles les plus récents, une boucle qui rend le foyer lumineux plus intense. Les charbons sont formés par des tresses de coton. d'environ 10 centimètres de longueur, dont les extrémités sont plus grosses que la partie médiane. Ces tresses sont parcheminées par une immersion dans l'acide sulfurique étendu, à raison d'une partie d'eau pour deux parties d'acide. Elles sont ensuite carbonisées dans des moufles portés au rouge blanc, hermétiquement fermés et remplis de poudre de charbon.

L'opération de la raréfaction de l'air dans les ampoules s'opère, comme pour les lampes Edison, avec la pompe de Sprengel. De même aussi le filament est porté à l'incandescence pendant que le vide se produit.

Les fils de platine qui supportent le charbon sont fixés à deux ressorts adaptés aux parois latérales de la douille et qui, lorsque la lampe est introduite dans son support, établissent, par pression, la communication avec les fils qui amènent le courant. M. Swan, entre autres applications, a disposé sa lampe dans une sorte de chandelier portatif ; une manette de commutateur permet d'allumer ou d'éteindre la lampe. Les types de fabrication courante sont de 10 à 50 bougies.

Lampe Lane-Fox. — Le charbon de cette lampe est constitué par des filaments de bouleau ou de chiendent. Les fibres de chiendent sont passées à la potasse caustique. Une première cuisson, dans des moules de plombagine portés à la chaleur blanche, leur donne la forme d'un fer à cheval. Une seconde cuisson a pour objet de faire pénétrer dans leurs pores des parcelles de charbon qui, se déposant sur les parties les plus minces, les consolident. Ces parcelles sont empruntées à une atmosphère de benzole que l'on décompose en portant les fibres à l'incandescence par le passage d'un courant intense.

Le mode de liaison du filament de charbon avec les

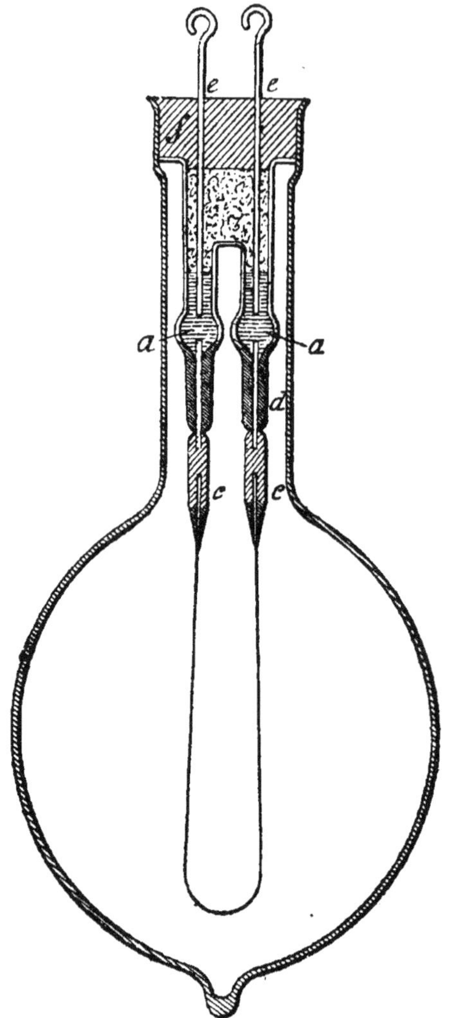

Fig. 106. — Lampe Lane-Fox [1].

fils de platine est assez compliqué: les extrémités du

1 Figure communiquée par M. Hippolyte Fontaine.

filament s'engagent dans des cylindres en plombagine *cc* (fig. 106) et y sont lutées avec de l'encre de Chine ; ces cylindres de plombagine s'adaptent, d'autre part, sur deux fils de platine noyés dans un récipient en verre, à deux tubulures *aa*, portant vers leur milieu un renflement rempli de mercure dans lequel plongent les fils destinés finalement à établir la liaison avec la prise de courant. Au-dessus du mercure un tampon d'ouate, fortement pressé, est surmonté par un bloc de plâtre qui clôt la lampe.

Pour opérer le vide dans l'ampoule, on n'emploie plus ici la pompe Sprengel. M. Lane-Fox fait usage d'un instrument de son invention.

Souvent les verres des lampes sont dépolis ou bien la lampe est garnie d'un abat-jour opaque.

Lampe Maxim. — Le filament de charbon de la lampe Maxim est plus gros que celui de la plupart des autres systèmes ; c'est une bandelette de carton bristol découpée à l'emporte-pièce sous forme d'M et roussie entre deux plaques de fonte chauffées à la température convenable.

A la suite de cette première préparation, la bande de bristol est boulonnée sur les fils de platine et l'ampoule est bouchée avec un émail fusible, d'une fabrication particulière. C'est alors que la raréfaction de l'air dans l'ampoule de verre commence avec la pompe à mercure. Au bout de quelque temps on introduit dans l'ampoule un hydrogène fortement carburé, de la gazoline, et on fait passer le courant dans le filament, de façon à le nourrir, suivant l'expression de l'inventeur, c'est-à-dire de façon à remplir ses pores de charbon extrêmement divisé provenant de la décomposition de la gazoline et de le rendre ainsi à la fois dur, élastique et réfractaire à l'action destructive du courant.

Les lampes Maxim, d'un fréquent usage en Amérique, sont peu employées en France. Comme la lampe Maxim donne beaucoup de lumière, il a fallu éviter que la dilatation des conducteurs soutenant le filament brisât les ampoules de verre dans lesquelles ils sont soudés; pour cela, M. Maxim fait usage de fils très fins réunis d'abord en toron et épanouis ensuite en forme d'étrier. C'est entre deux étriers semblables que le filament de charbon est maintenu par un petit boulon à écrou.

Lampe Weston. — Le filament des lampes Weston a une certaine analogie avec celui des lampes Maxim, bien que sa fabrication soit plus compliquée. La substance employée a reçu de l'inventeur le nom de *tamidine*; c'est un mélange de camphre et de fulmi-coton, formant une espèce de *celluloïde* que l'on traite par le sulfate d'ammoniaque.

Les feuilles ainsi obtenues sont découpées a l'emporte-pièce suivant une forme sinueuse particulière; on les carbonise ensuite à une haute température. Les brins portent à leurs extrémités des renflements qui sont boulonnés sur les fils de platine amenant le courant.

A quelques modifications près on procède comme dans les systèmes précédents pour faire le vide et pour purger les lampes en faisant passer un courant dans le charbon pendant la raréfaction de l'air.

La douille est munie d'une clef d'allumage et d'extinction comme les lampes Edison.

La lampe Weston. très en faveur en Amérique. est encore peu connue en France.

Lampe Cruto. — Dans la lampe Cruto que fabriquent MM. Mildé et Cie, les détails de construction sont assez intéressants pour mériter quelques développements.

D'aucuns prétendent que le filament de charbon est creux, d'autres le contestent ; toujours est-il que. d'après M. Fontaine, l'examen microscopique ne dévoile dans la cassure l'apparence d'aucun trou. Tubulaire ou non, la fibre est formée par un fil de platine de 1/100 de millimètre de diamètre que l'on volatilise dans une atmosphère de bicarbure d'hydrogène et qui, par suite de décompositions successives, se recouvre de gaines concentriques de charbon qui acquièrent un diamètre de 0,15 millimètre. Le fil de platine disparaît. laissant ou non un trou au centre du cylindre de carbone. peu nous importe. Avant l'opération de la carbonisation, le fil de platine est tellement flexible qu'on est obligé de prendre des précautions particulières pour lui donner la forme qu'il doit conserver. Cette forme est celle d'un V ; on l'obtient au moyen d'un petit crochet en platine qui s'adapte au sommet de l'angle.

Toutes les ampoules des lampes à incandescence sont pourvues d'un tube qui permet de les fixer sur la pompe à vide et que l'on supprime ensuite. Dans la lampe Cruto, ce tube sert à introduire le crochet dont nous venons de parler, crochet qui est ensuite soudé dans la masse de verre au moment de la fermeture de la lampe.

Quant au mode de raccordement du filament avec les fils conducteurs, il a lieu par l'intermédiaire de tubes de platine de 2 à 3 dixièmes de millimètres de diamètre et à l'aide d'une soudure émaillée. — Les lampes Cruto se vendent à raison de 5 francs environ.

D'après un récent brevet anglais, M. Cruto fabrique les filaments de ses lampes de la manière suivante :

« On filtre une dissolution de 80 grammes de sucre dans 100 grammes d'eau distillée, en ajoutant 100 autres grammes d'eau pendant la filtration. On ajoute à cette dissolution 300 grammes d'acide sulfurique, goutte par goutte et lentement, une goutte par seconde, en agitant constamment la matière qui devient rouge opaque et très épaisse. Après avoir laissé reposer la matière en vase clos, pendant douze heures, on lui ajoute goutte à goutte et lentement 300 à 400 grammes d'eau, en mêlant constamment, puis après refroidissement, on la verse dans un récipient d'une contenance de 6 litres environ, où on l'additionne d'eau peu à peu, jusqu'à ce qu'elle marque 2° à l'aréomètre de Baumé.

« On filtre jusqu'à ce que la matière prenne une consistance suffisante pour être roulée au caoutchouc sur une plaque de verre. Afin d'expulser l'air de cette pâte, on la renferme dans un cylindre fermé à un bout par un piston et à l'autre par un bouchon de caoutchouc, et mise en communication avec une pompe à vide ; on foule la pâte avec le piston en même temps qu'on fait le vide, jusqu'à ce qu'elle ait atteint la plasticité suffisante.

« Les filaments s'obtiennent en refoulant cette pâte à travers une filière. On les sèche à l'air, puis à 100°, et, enfin, on les calcine dans des moules remplis de poussier de charbon de bois à l'abri de l'air, d'où on les retire prêts à être employés dans les lampes.

Lampe Woodhouse et Rawson. — De nombreuses installations d'éclairage électrique fonctionnent en Angleterre à l'aide de ces lampes dont l'emploi se généralise également en France.

FIG. 107. — Lampes Woodhouse et Rawson.

Le procédé de fabrication du filament de charbon est tenu secret; on sait seulement qu'il n'est pas d'origine végétale; on l'obtient par un dépôt de charbon pur, extrêmement dur, d'une homogénéité parfaite, et très flexible. Le filament est monté sur des fils de platine d'un diamètre suffisant pour résister à la température et ne pas introduire dans le circuit une résistance anormale.

La douille de la lampe est formée par une matière très dure, très isolante, inattaquable par l'eau et les acides, que l'on connaît sous le nom de *vitrite*. Cette douille s'adapte. par une fermeture à baïonnette sur un support en laiton garni ou non d'un robinet.

Les mêmes fabricants construisent aussi des lampes à deux filaments qu'un commutateur permet de grouper en série ou en dérivation facilitant ainsi le réglage de l'intensité lumineuse.

Dans certains types, l'ampoule est argentée sur la moitié de sa surface et forme ainsi un réflecteur du meilleur effet projetant dans une direction donnée un flot de lumière d'une grande intensité. Ce modèle de lampe trouve son emploi dans les salles de billard, dans les encoignures: on peut encore en faire usage pour l'éclairage des wagons, partout enfin où une partie de la lumière se répand sur des surfaces qu'il est est inutile d'éclairer.

Lampe Thomson-Houston. — Les lampes Thomson-Houston peuvent être montées en série et les inventeurs se sont préoccupés de parer à l'extinction complète d'un circuit par suite de la rupture du filament d'une seule lampe. A cet effet, les fils de platine se croisent et viennent se toucher lorsque le filament de charbon est brisé; de ce fait, le circuit doit être rétabli, mais, pour plus de sûreté, les constructeurs ont adapté au support de leur lampe un ressort qui en est isolé par une feuille de papier huilé. Lorsque le courant ne trouve plus d'issue à l'intérieur de la lampe. le papier est brûlé, et le ressort. venant s'appuyer sur la monture métallique. rétablit le circuit.

Lampe Dick et Kennedy. — Nous citerons encore, parmi beaucoup d'autres, la disposition ingénieuse adoptée par MM. Dick et Kennedy, qui consiste à fermer automatiquement le circuit par le filament de charbon lui-même au moment de sa rupture.

Des deux fils qui soutiennent le filament de charbon, l'un forme une boucle. l'autre, articulé à charnière, porte un appendice recourbé à angle droit, logé dans la boucle sans la toucher. Au moment de la rupture du filament. l'appendice recourbé vient, par un mouvement de bascule, s'appuyer sur le fil bouclé et ferme le circuit.

Le filament de charbon est gros et court, mais n'en présente pas moins une résistance de 20 à 60 ohms par centimètre. La fibre qui sert à sa fabrication est emprisonnée dans un tube de cuivre que l'on étire et qui sert à la calibrer. Placée ensuite dans un moufle, et portée au rouge blanc, elle est carbonisée à l'abri de l'air, puis débarrassée de son enveloppe de cuivre que l'on fait dissoudre. La tige carbonisée est ensuite lavée, séchée, et on lui enlève les traces d'hydrogène qu'elle conserve en la traitant par le chlore.

Lampe Bernstein. — M. Bernstein, de Hambourg, a imaginé des lampes de faible résistance (0,7 à 1,4 ohm) destinées à être montées en série et qui, dans ces conditions, ont un rendement lumineux de 18 à 50 bougies, et une durée très satisfaisante; on peut en monter jusqu'à 250 en série si on dispose d'une force électro-motrice de 2000 volts.

L'un des derniers modèles, représenté par la figure 108

sous forme de suspension, est formé par un gros fil de charbon que l'on voit horizontalement dans les lampes.

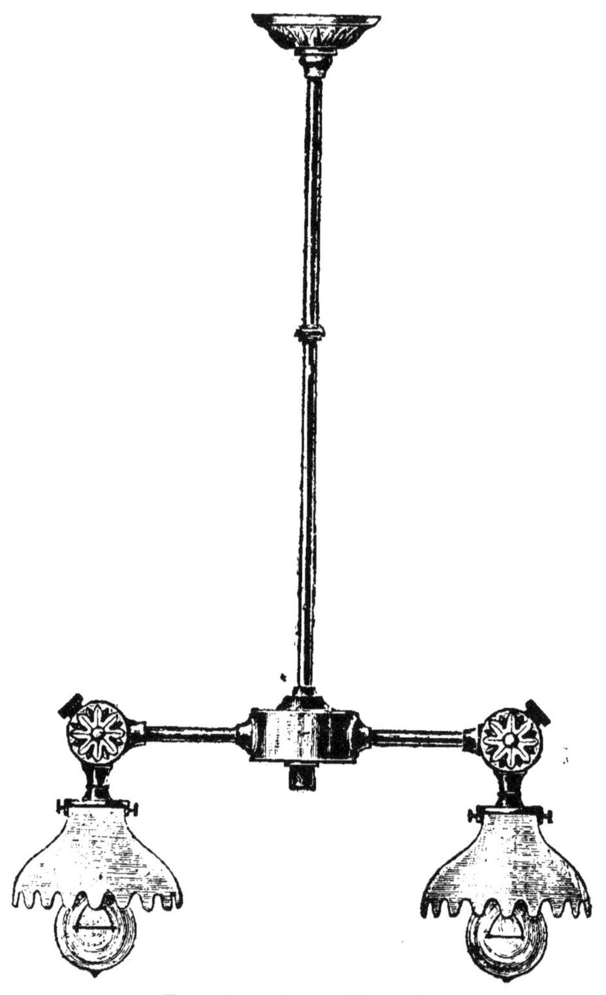

Fig 108. — Lampe Bernstein.

Il est retenu à ses deux bouts par des fils de cuivre arqués qui s'attachent eux-mêmes à des fils de platine.

Par suite de la disposition en série, la rupture d'un

filament de charbon entraînerait l'extinction de toutes les lampes d'un même circuit. Pour parer à cette éventualité, chaque lampe est munie d'un dispositif qui la met en court circuit dès qu'il y a rupture du charbon. C'est une cheville fusible, de grande résistance, qui soulève un ressort et ne laisse passer, en temps normal, qu'une faible dérivation du courant ; lorsque l'intensité du courant devient surabondante dans le circuit, la cheville fond, et le ressort met en relation directe les deux conducteurs qui alimentent la lampe. On aperçoit les têtes de ces chevilles au-dessus des rosaces qui surmontent les lampes.

Tout récemment, M. Bernstein a imaginé un procédé plus simple pour mettre ses lampes en court circuit. Les fils qui supportent le filament sont très rapprochés en un certain point, et munis à cet endroit de petits contacts métalliques. Plus bas, chacun d'eux traverse une gaine isolante. Les deux gaines sont réunies par un ressort à boudin qui tend à rapprocher les fils, de telle sorte que, si le filament de charbon vient à se rompre, l'action du ressort oblige les deux fils conducteurs à s'appuyer l'un sur l'autre.

Le procédé de fabrication des filaments de carbone, pour lequel M. Bernstein a pris un brevet en 1886, consiste à obtenir sur un fil métallique un dépôt de charbon d'une grande dureté et d'une épaisseur aussi considérable que l'on veut.

L'opération se passe dans un vase rempli de carbure d'hydrogène liquide ou gazeux, ou bien de sulfure de carbone. Dans ce vase pénètre une tige terminée par une plaque de cuivre et reliée à l'un des pôles d'un générateur ;

à l'autre pôle est suspendu le fil métallique qui s'appuie perpendiculairement sur la lame de cuivre. Un mouvement d'horlogerie écarte très lentement le fil métallique de la lame de cuivre. Si le courant passe à ce moment, il se forme un arc voltaïque, le carbure d'hydrogène est décomposé. et, au bout du fil. prend naissance un dépôt de charbon qui s'allonge à mesure que le fil s'éloigne. C'est ce dépôt de charbon que l'on emploie dans les lampes.

Avant de terminer cet aperçu rapide des lampes à incandescence les plus employées dans les différents pays, il n'est pas sans intérêt de signaler un procédé récemment breveté en Angleterre pour protéger ces lampes pendant le transport. Ils font parfois de longs voyages, ces petits organes fragiles et délicats; l'usine de fabrication est souvent très éloignée du point de consommation et on est exposé à de graves mécomptes au moment de l'ouverture des caisses. Avec un peu de soin dans l'emballage, on empêche les ampoules de se briser, mais il est plus difficile de préserver les filaments qui, suspendus par les deux bouts reçoivent le contre-coup de tous les chocs auxquels est exposée la caisse.

Le procédé de préservation dont nous voulons parler consiste en un tube de verre soudé à l'intérieur de l'ampoule au moment de la fermeture de celle-ci. Ce tube se termine par une fourche dans laquelle passe, sans la toucher, la fibre de charbon. Le filament carbonisé ne peut ainsi se déplacer que dans l'espace laissé libre entre les deux branches de la fourche; ses vibrations sont, par ce fait, très limitées, et leur amplitude n'est pas suffisante pour occasionner une rupture.

VIII

CANALISATION ET DISTRIBUTION

Lignes et conducteurs. — D'une manière générale, on peut dire que, comme en télégraphie, les lignes électriques destinées à répartir l'éclairage sont aériennes, souterraines ou sous-marines.

Pour des motifs faciles à comprendre, et en raison de la répartition des foyers dans les villes, les lignes souterraines, bien que les plus coûteuses, sont de beaucoup les plus nombreuses. Les lignes aériennes ne s'appliquent, en France du moins, qu'aux cas où l'on fait usage d'un moteur hydraulique éloigné, ou bien quand on utilise une force motrice déjà installée. Les lignes sous-marines n'ont d'objet que pour l'éclairage des ports ou de phares hors de côte.

Toutes les grandes installations comportent une usine centrale qui distribue les courants se ramifiant jusque dans les locaux où sont placés les foyers. De cette usine, partent des conducteurs volumineux, dont le diamètre se rétrécit à mesure que la somme de courant qu'ils ont à laisser circuler devient plus faible.

Tous les conducteurs sont en cuivre de haute conductibilité, c'est-à-dire ayant au moins 95 pour 100 de la conductibilité du cuivre pur.

Les câbles construits pour l'éclairage électrique diffèrent sur plusieurs points de ceux que l'on emploie pour les lignes télégraphiques souterraines ou sous-marines ; leur âme est notablement plus grosse, d'abord pour éviter un échauffement trop considérable sous l'action des courants énergiques qui doivent les traverser, ensuite pour diminuer la charge d'électricité consommée en pure perte pour vaincre la résistance du conducteur ; ces deux considérations sont tempérées par une troisième, uniquement industrielle, le prix de revient.

Il est clair que, plus les conducteurs sont gros, plus ils absorbent de matière première et plus ils sont coûteux ; on a donc intérêt, au point de vue économique, à calculer, dans chaque cas particulier, la section minima du conducteur nécessaire et suffisante pour le mode d'installation que l'on a en vue. Ce qui convient aux lampes à arc est moins avantageux pour les lampes à incandescence ; en un mot, l'étude de la canalisation est un travail des plus sérieux.

Les procédés de fabrication, sauf pour quelques modèles spéciaux, sont à peu près les mêmes que ceux des câbles télégraphiques.

Les conducteurs, convenablement choisis, quant au nombre et aux dimensions, forment un toron que l'on recouvre de coton, à la machine, et de ruban bitumé.

Lorsqu'il est nécessaire d'obtenir un isolement plus parfait, ce premier guipage est recouvert de plusieurs couches de gutta-percha rendues adhérentes par l'interposition de composition Chatterton.

L'enveloppe protectrice est formée par un tube de plomb ou par une armature en fils de fer.

La maison Siemens prend plus de précautions : ses câbles, déjà protégés par un tube de plomb, sont enduits d'une matière isolante, puis revêtus de deux lames de fer enroulées en spirale et entourées de jute goudronné.

La compagnie Edison se sert de tiges de cuivre, longues de 6 mètres, que l'on réunit les unes aux autres, et dont le diamètre diminue à mesure que la canalisation se ramifie. La plus grosse tige, des sept types d'usage courant, a 8 centimètres de diamètre.

Chaque conducteur est double et comprend deux tiges demi-circulaires dont les plans diamétraux se regardent ; elles sont séparées, sur toute leur longueur, par une composition isolante, et placées dans des tubes en fer garnis de la même composition, puis recouverts de ruban goudronné pour les préserver de l'oxydation. La figure 109 montre ce mode de canalisation. Dans un autre procédé, employé par les mêmes usines, les conducteurs sont complètement cylindriques, séparés par des cordes de chanvre enroulées autour de leur surface, emmagasinés dans des tubes de fer, comme précédemment, et noyés dans un isolant semi-fluide que l'on coule dans la canalisation au moment de sa fermeture. Ce mélange isolant qui comprend de l'asphalte, de la résine, de la paraffine et de l'huile de lin est introduit à chaud dans les tubes, sous une forte pression à un bout et avec aspiration à l'autre.

Quelques compagnies prennent cependant moins de soin et disposent les conducteurs, soit dans une canalisation en briques creuses, soit dans des caniveaux en bois. M. Forbes préconise l'emploi de conducteurs en lames minces qui, paraît-il, s'échauffent moins que les autres par le passage du courant ; il est également admis, qu'à section égale, l'échauffement est moindre dans les fils nus que dans les câbles.

Jonction des conducteurs. — La jonction des conducteurs s'opère par les procédés connus (ligatures et soudures) : cependant, sur les grands branchements, on emploie presque toujours un dispositif plus compliqué qui sert à la fois de point de raccord, de regard en cas de dérangement et d'appareil de sûreté.

Dans le système Edison, ces *boîtes de jonction* sont de plusieurs formes et de plusieurs dimensions suivant qu'il s'agit de relier à la canalisation principale le réseau d'un établissement (fig. 109 et 110) ou bien de distribuer le courant à l'intérieur même de l'établissement (fig. 111). La boîte de jonction est en fonte, à double paroi ; l'espace vide est rempli de matières isolantes ; les conducteurs y pénètrent des deux côtés, sont mis à nu à l'intérieur et réunis par une paire d'arcades en cuivre dont les extrémités affectent la forme des conducteurs. Les deux sections du fil d'aller reçoivent une arcade, les deux sections du fil de retour s'engagent dans l'autre, et on serre

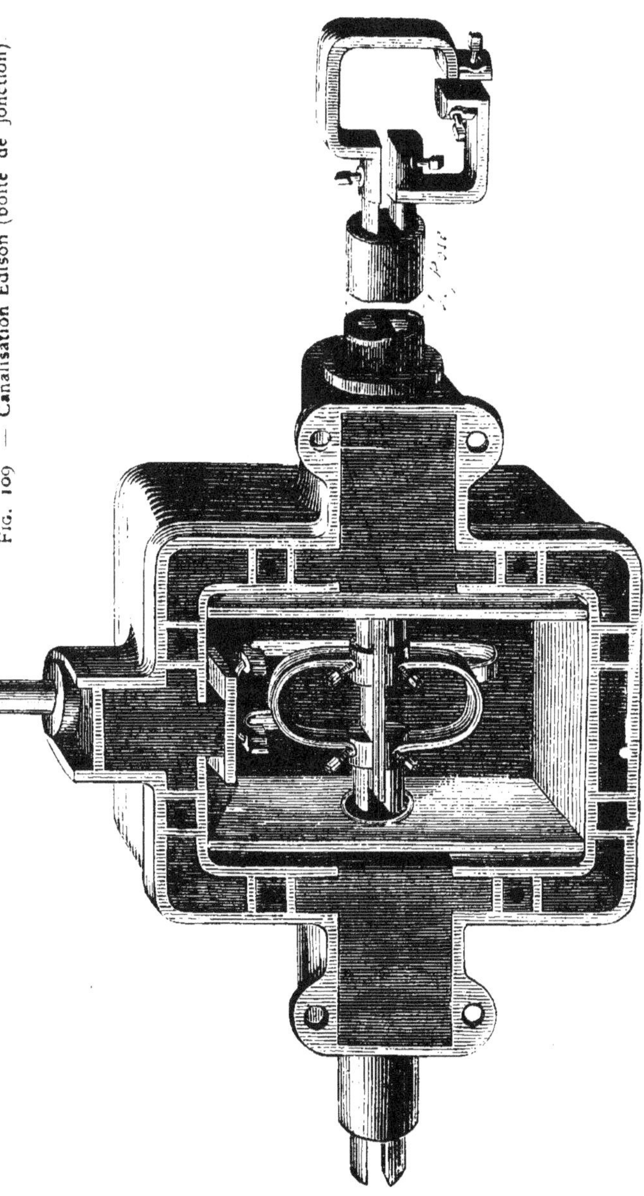

FIG. 109 — Canalisation Edison (boîte de jonction)

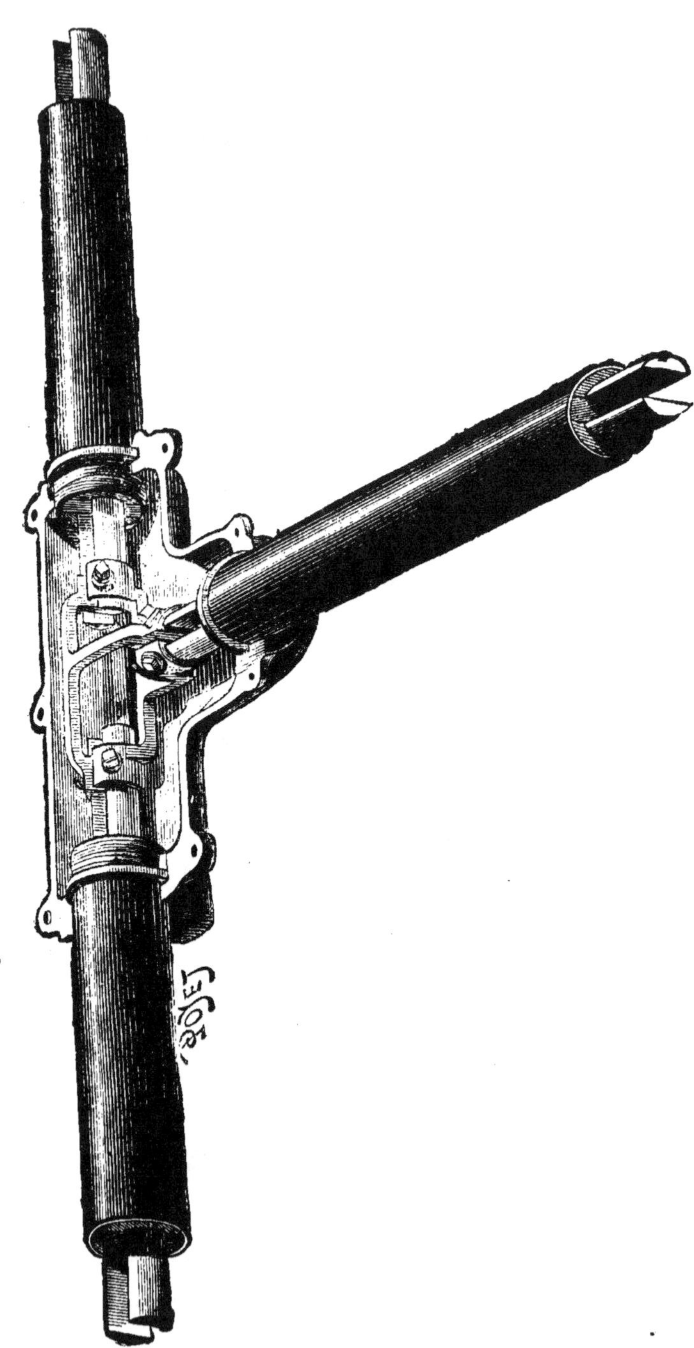

FIG. 110.

Fig. 111. — Boîte de jonction d'immeuble (système Edison).

les vis de pression. Ces agrafes portent chacune un appendice dans lequel s'emboîtent les conducteurs de l'embranchement. Pour le raccord des conduites principales disposées à angle droit, on fait usage d'arcades coudées, comme le montre la portion détachée, sur la droite de la figure 109. A l'intérieur des maisons, les boîtes de jonction sont plus petites (fig. 111) et les conducteurs qui parcourent les appartements sont de simples fils de cuivre revêtus d'un guipage ininflammable.

FIG. 112. — Moulures pour conducteurs électriques (Grivolas).

Les boîtes de jonction de l'intérieur des immeubles sont munies de *coupe-circuit* dont nous parlerons bientôt. Dans les boîtes de jonction de la maison Siemens, le raccord a lieu au moyen de deux demi-manchons en cuivre étamé, fortement serrés par quatre boulons, sur les sections du conducteur.

Les boîtes elles-mêmes sont à double paroi dont l'intervalle est rempli de substance isolante.

A l'intérieur des appartements, les fils sont habituellement dirigés le long des murs et emprisonnés sous des moulures en bois (fig. 112) ou bien disposés sur des isolateurs en os semblables à ceux que l'on emploie pour les réseaux de sonneries électriques : on peut aussi faire usage de crochets émaillés. Le premier procédé, un peu plus coûteux, devrait être le seul employé, on préviendrait ainsi des accidents, parfois graves, provenant d'imprudences. Nous sommes d'avis de mettre complètement à l'abri les conducteurs destinés à l'éclairage électrique.

Coupe-circuit. — Les coupe-circuit sont des instruments destinés à éliminer les causes d'incendie et à assurer la sécurité des lampes en interrompant le circuit dès que l'échauffement d'un conducteur prend des proportions dangereuses ; il suffit, pour obtenir le résultat cherché, d'intercaler dans le circuit un métal ou un alliage facilement fusible.

En temps normal, l'intensité des courants est suffisamment réglée pour que nul accident ne soit à redouter, mais si, par suite d'une avarie, un conducteur vient à communiquer directement avec un conducteur voisin, la plus grande partie du courant passe par cette dérivation dont la résistance est évidemment beaucoup plus faible que celle du circuit total pour lequel le courant était réglé. Non seulement les lampes placées au-delà du défaut s'éteindront, mais encore l'intensité du courant augmentera en proportion de la faible résistance qui lui est opposée. Les conducteurs ainsi traversés par un courant trop énergique s'échaufferont à l'excès, pourront enflammer leur enveloppe isolante, et par là, communiquer le feu aux tentures de l'appartement.

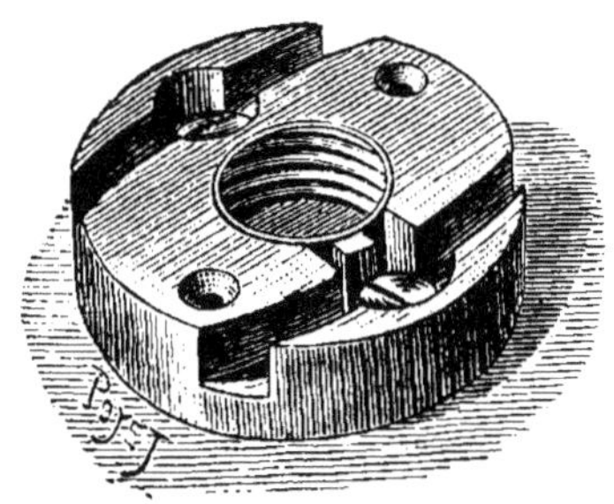

Fig. 113. — Coupe-circuit. Compagnie continentale Edison (modèle rond).

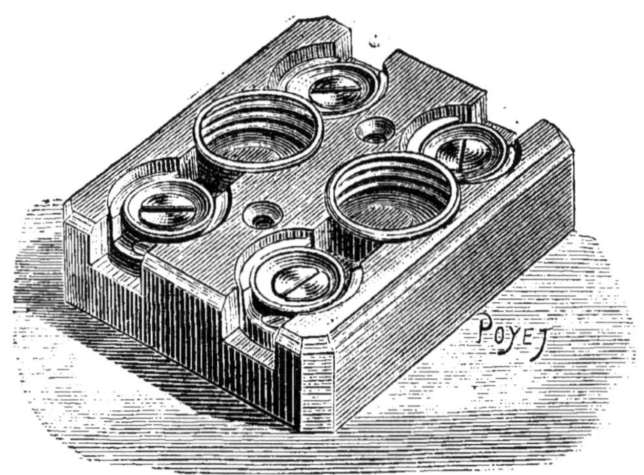

Fig. 114. — Coupe-circuit de branchement. Petit modèle de la Compagnie continentale Edison (modèle carré).

En introduisant dans le circuit un fil fusible, un fil de plomb, par exemple, celui-ci fond avant qu'il y ait danger et supprime le courant dans la partie menacée. Il ne reste plus alors qu'à visiter la canalisation et à remplacer le fil fondu ; c'est le rôle des agents de la compagnie.

Les figures 113, 114, 115 représentent différents modèles de coupe-circuit de la Compagnie Edison.

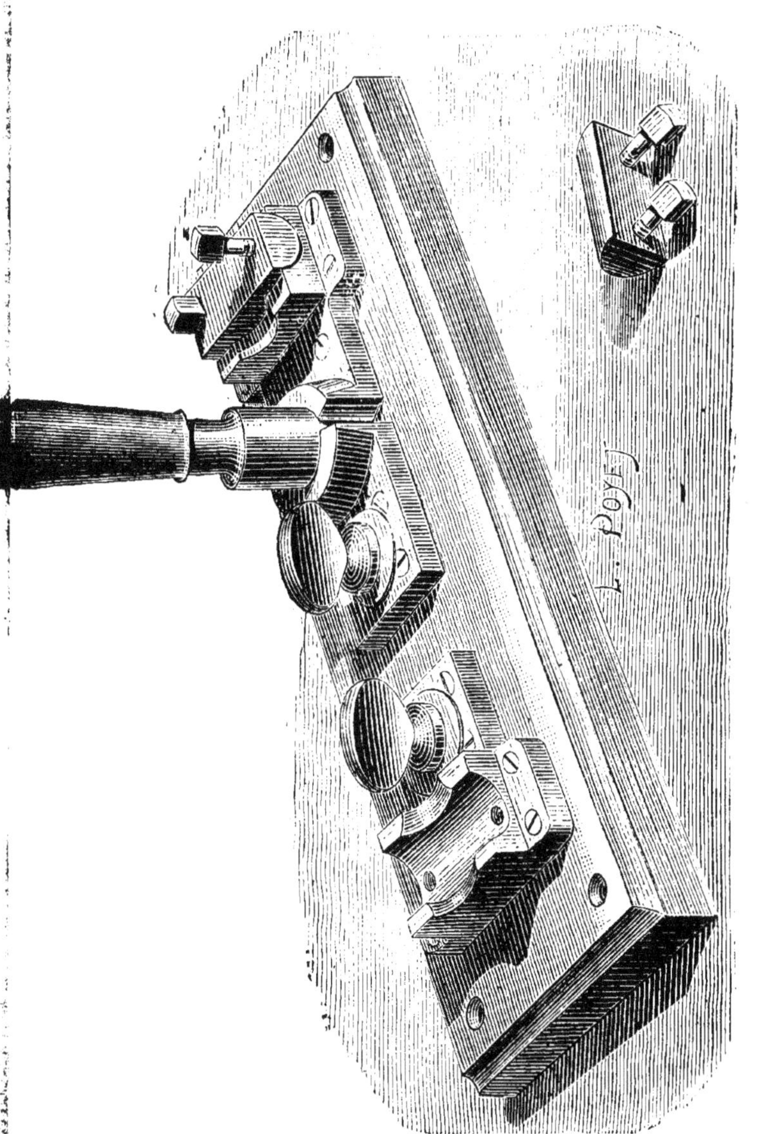

FIG. 115. — Coupe-circuit de la Compagnie continentale Edison avec lame fusible.

Le modèle rond est un coupe-circuit simple, ou pour

un seul conducteur ; le modèle carré est double et s'applique à des installations de 1 à 120 lampes. Dans les portions centrales qui sont filetées, on visse un bouchon en bois ou en plâtre qui contient le fil de plomb.

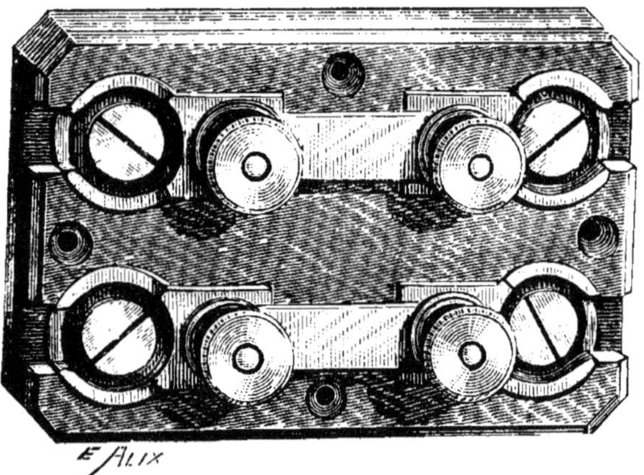

FIG. 116. — Coupe-circuit Bréguet.

Le coupe-circuit rectangulaire, représenté par la figure 115, est destiné aux canalisations principales ; le fil de plomb y est remplacé par une lame de même métal qui s'adapte sous les deux vis de pression centrales, tandis que les conducteurs sont vissés aux deux extrémités. Une fiche métallique, à manche isolant, permet de couper la communication à volonté.

La fonte du plomb a lieu lorsqu'il est traversé par un courant dont l'intensité atteint 30 ampères par millimètre carré de section.

La figure 116 représente des coupe-circuit. également à lame fusible. fabriqués par la maison Bréguet.

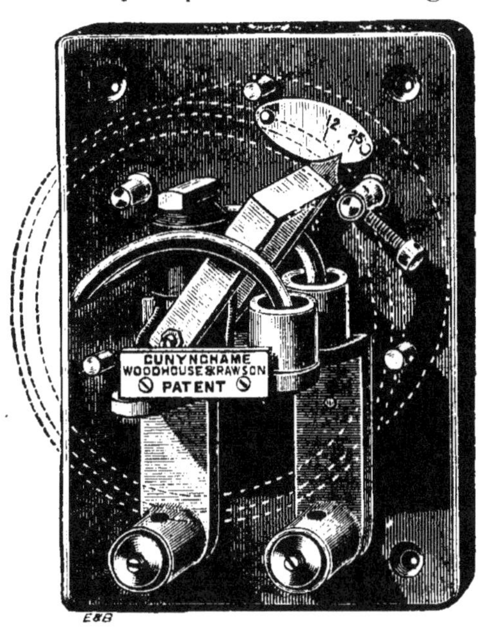

Fig. 117. — Coupe-circuit Cunynghame, Woodhouse and Rawson's patents.

M. Cunynghame a fait construire par la maison Woodhouse et Rawson de Londres un coupe-circuit basé sur un tout autre principe. Ici, c'est une armature, attirée en temps opportun par un électro-aimant qui interrompt le circuit.

L'armature, en se rapprochant de l'électro-aimant. soulève deux tiges de cuivre plongées dans deux petits godets contenant du mercure, et la communication se trouve interrompue. Dans ce mouvement de bascule, l'armature, entraînée par son poids, retombe de l'autre côté de l'électro-aimant.

La communication peut se rétablir à la main ou bien par un procédé automatique. On peut encore disposer sur le trajet de l'armature une griffe métallique qui, au moment où cesse la communication directe, la rétablisse en introduisant un rhéostat dans le circuit.

La figure 117 représente un coupe-circuit Cunynghame dans lequel le mouvement de bascule de l'armature est indiqué en traits pointillées.

En avant de l'armature on remarque une petite vis de réglage qui permet d'établir la position initiale de l'armature pour les différents courants qui doivent la faire mouvoir.

Disposition des circuits. — Les foyers à arc ou à incandescence peuvent être montés :

1° En série :

2° En dérivation ;

3° Partie en série, partie en dérivation.

Ces trois modes d'installation se rapportent exactement, quant à la disposition, à ce que, dans un autre ouvrage[1], nous avons dit à propos de l'accouplement des éléments d'une pile.

Le montage en série, c'est l'accouplement en tension ; le montage en dérivation est l'analogue de l'accouplement en quantité ; le montage mixte correspond à l'accouplement en cascade.

Si nous représentons les balais d'une dynamo par les signes + et —, et si nous indiquons par les mêmes

---

[1] L. Montillot, *la Télégraphie actuelle* (*Bibliothèque scientifique contemporaine*), J.-B. Baillière et Fils, Paris, 1889.

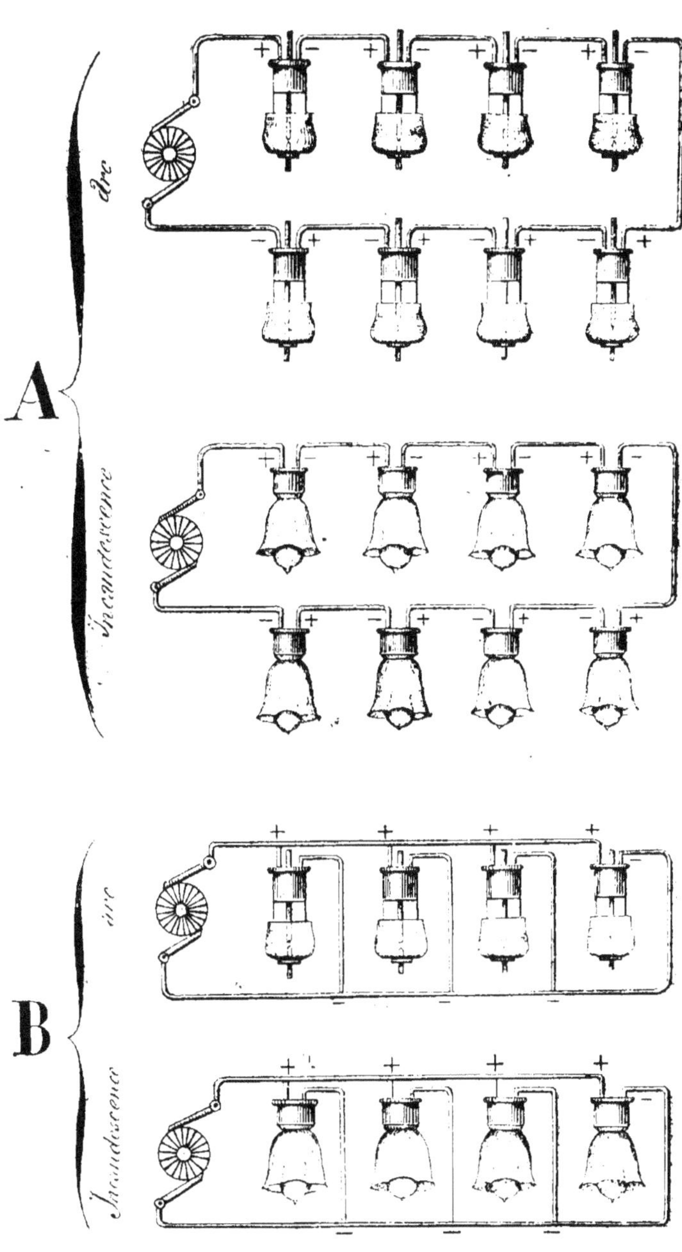

FIG. 118. — A. Montage en série. B. Montage en dérivation.

signes les deux extrémités d'une lampe, que ce soit un régulateur à arc ou un foyer à incandescence, nous appliquerons les dispositions suivantes pour réaliser les différents montages.

Montage en série :

Le balai + de la dynamo sera relié à l'extrémité + du premier foyer, l'extrémité — de celui-ci à l'extrémité + du suivant. et ainsi de suite jusqu'au dernier dont l'extrémité — sera réunie au balai — de la dynamo (fig. 118, A).

Cette disposition rend évidemment tous les foyers solidaires les uns des autres, et c'est un inconvénient de nature à faire rejeter le système si on n'y avait trouvé un palliatif. *A priori*, en effet, lorsqu'un foyer s'éteint, tous s'éteignent en même temps, soit que l'arc ne se produise plus, soit qu'un filament de lampe ait été brisé. Cependant, la plupart des régulateurs à arc récemment construits ferment automatiquement le circuit au moment de leur extinction ; il en est de même des nouveaux chandeliers Jablochkoff, et nombre de lampes à incandescence se mettent également en court circuit dès que le filament est rompu. Il ne saurait donc plus résulter d'une extinction partielle qu'une recrudescence de courant. une augmentation d'éclat lumineux et, pour aller au pis, un échauffement des conducteurs.

L'installation en série exige des courants de haute tension. mais pour compenser cet inconvénient, on trouve une grande économie dans la canalisation dont les conducteurs sont réduits à leur plus simple expression.

M. Lodyguine est le premier qui ait essayé d'appliquer aux lampes à incandescence le montage en série. M. Bernstein, en 1883. a repris cette étude et a construit,

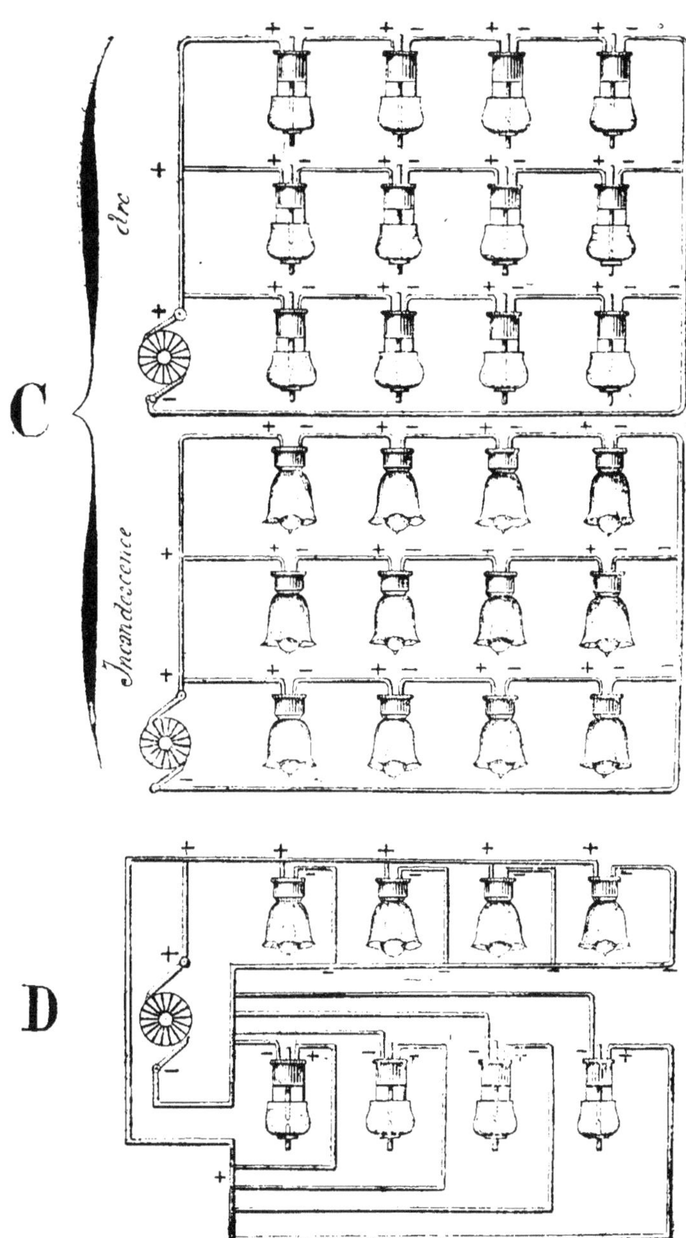

FIG. 119. — Montages mixtes en série et en dérivation.

dans ce but, ses lampes de faible résistance. Ce mode
d'installation semble s'être répandu en Amérique et y
donner de bons résultats. MM. Siemens et Halske ont
étudié tout un système dans le même ordre d'idées.

Montage en dérivation :

Cette installation consiste à relier tous les + des foyers
au balai + de la dynamo et tous les — au balai —
(fig. 118, B) ou, ce qui revient au même, à établir une
canalisation double sur tout l'espace à éclairer et à bran-
cher chacun des foyers sur les deux conducteurs.

Cette disposition est la plus employée pour les lampes
à incandescence de même résistance.

Lorsqu'on utilise plusieurs modèles de lampes, une
variante consiste à installer un foyer résistant sur une
dérivation et deux foyers peu résistants sur une autre.

La figure 119 montre la disposition d'un montage
mixte. Nous ne nous étendrons pas davantage sur ces
installations qui peuvent varier à l'infini et dont la figure 119 donne en C et en D des échantillons. On peut
par exemple, former plusieurs circuits sur une même
dynamo, coupler plusieurs dynamos, intercaler des régulateurs à arc et des foyers à incandescence sur plusieurs
circuits alimentés par un même générateur, etc.

De même que les foyers, les dynamos peuvent être
couplées en tension, en quantité, ou bien partie en tension et partie en quantité.

Rhéostats. — Pour que la puissance lumineuse d'un
réseau d'éclairage électrique reste constante, il faut que
l'intensité du courant soit proportionnée au nombre des
foyers allumés. ou bien que, cette intensité restant constante, la résistance électrique du circuit reste elle-même

constante. Or, il est clair que lorsqu'on éteint un certain nombre de lampes, ce qui revient à les mettre en court circuit, la résistance de la canalisation parcourue par le courant est diminuée d'autant. Il en est de même lorsque plusieurs circuits sont greffés sur un même générateur et qu'on n'en allume qu'un seul. Il devient nécessaire alors d'intercaler dans le circuit en activité des résistances correspondantes à celles supprimées par voie d'extinction ; on y parvient à l'aide de rhéostats formés les uns par des fils de maillechort dont le courant traverse une plus ou moins grande longueur, d'autres par des baguettes de charbon de longueur égale, mais de sections différentes.

Dans les rhéostats de ce dernier genre, on fait entrer dans le circuit telle baguette de charbon que l'on veut en tournant le socle de l'instrument qui porte un ressort établissant le contact avec l'une ou l'autre des baguettes.

Dans les rhéostats à fil de maillechort, le fil est enroulé sur un tambour en bois ou en porcelaine qui maintient les différentes spires isolées les unes des autres. Un commutateur à chevilles et à manette sert à régler les résistances. L'une des extrémités du fil de maillechort est attachée à l'axe de la manette qui peut se poser sur différents contacts métalliques isolés les uns des autres. De chacun de ces contacts part un conducteur, réuni au fil de maillechort en des points de plus en plus éloignés de l'extrémité réliée à la manette ; on voit ainsi que le déplacement de cette dernière et son contact avec l'une des touches entraîne l'introduction dans le circuit d'une résistance déterminée à l'avance et correspondant à l'effet qu'on veut obtenir. Dans plusieurs grandes installations,

la fermeture d'un circuit introduit automatiquement, par
la manœuvre d'un simple levier, la résistance correspon-

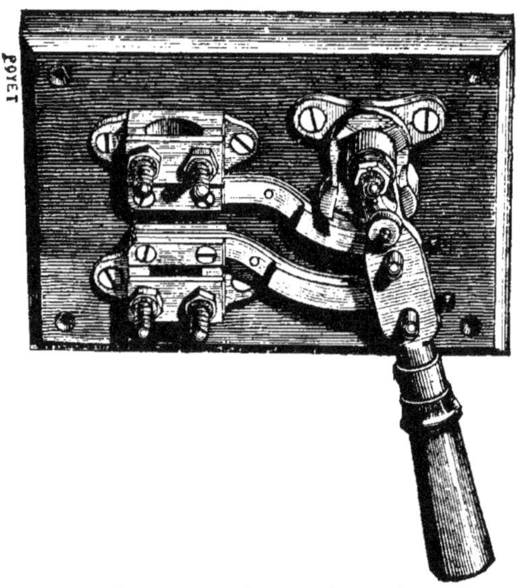

FIG. 120. — Interrupteur-Compagnie continent.le Edison.

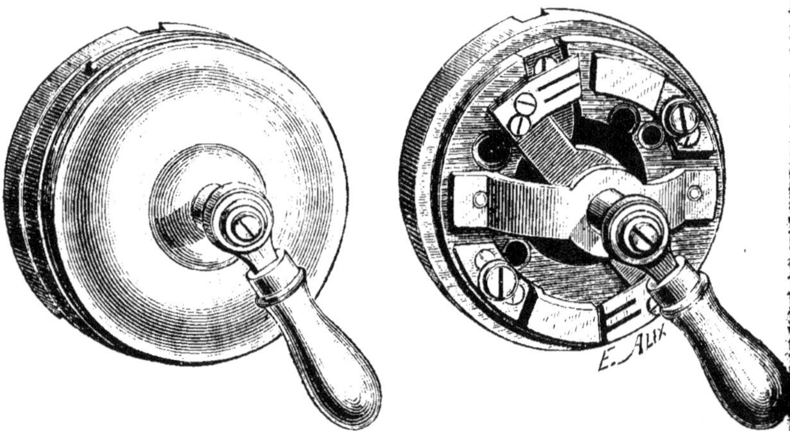

FIG. 121. — Interrupteur Bréguet.

dant aux circuits restés inactifs. Pour l'allumage et l'extinction des petits branchements, on fait usage d'inter-

rupteurs tels que ceux représentés par les figures 120,
121 et 122.

Le premier est celui que l'on emploie habituellement
sur les réseaux de la société Edison ; le second (fig. 121)
sort des ateliers de la maison Bréguet ; son mécanisme est protégé par un couvercle nickelé : le troisième est construit par MM. Woodhouse et Rawson de
Londres.

Tableau de distribution. — Dans les usines centrales
ou dans les centres de réseau, tous les instruments nécessaires pour l'allumage, le contrôle, les mesures électriques, forment un ensemble réuni sur un même tableau
de distribution. Chaque circuit est pourvu d'un ampèremètre qui peut affecter la forme de la figure 124. On y

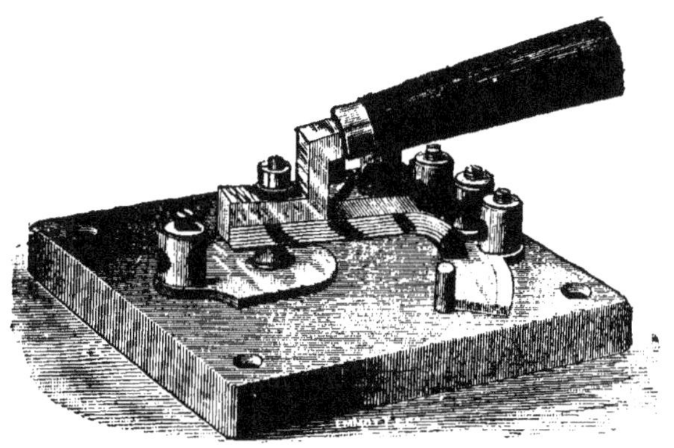

FIG. 122. — Interrupteur Woodhouse et Rawson.

remarque en outre un voltmètre (fig. 125) et souvent
aussi un compteur d'électricité. Enfin, l'aménagement se
complète, dans beaucoup de cas, par une batterie d'accumulateurs destinée à suppléer au besoin à l'insuffisance
des machines et à assurer l'éclairage pendant quelques
heures si un accident provoquait l'arrêt des générateurs.

La figure 123 représente un grand tableau de distribution
construit par la société allemande *Allgemeine Elektricitäts-
Gesellschaft.*

Compteurs d'électricité. — La question des compteurs

FIG. 123. — Tableau de distï

d'électricité est à l'ordre du jour. A cette époque où l'éclairage électrique se multiplie avec une si prodigieuse rapidité, il faut que les producteurs puissent facilement et sans discussion, régler leurs comptes avec les consom-

...n d'une usine centrale.

mateurs; il faut des instruments qui enregistrent fidè-
lement la fourniture d'électricité faite à chacun, de façon
à imputer aux abonnés la dépense correspondant à leur
consommation, d'après la base du tarif consenti à l'avance.

Fig. 124. — Ampèremètre.

Compteur Edison. — Presque tous les compteurs d'électricité sont compliqués; le plus simple que nous con-
naissions, et l'un des premiers construits, est celui de
M. Edison.

« Supposons que nous coupions en deux un circuit

fermé dans lequel circule un courant, puis que nous ter-
minions les deux bouts par deux plaques de cuivre et
que nous les plongions dans une dissolution de sulfate
de cuivre. Une partie du métal de l'une des plaques
(la plaque positive) se dissoudra tandis qu'une quantité de cuivre rigoureusement égale se déposera sur
l'autre (la plaque négative). Or, cette quantité est

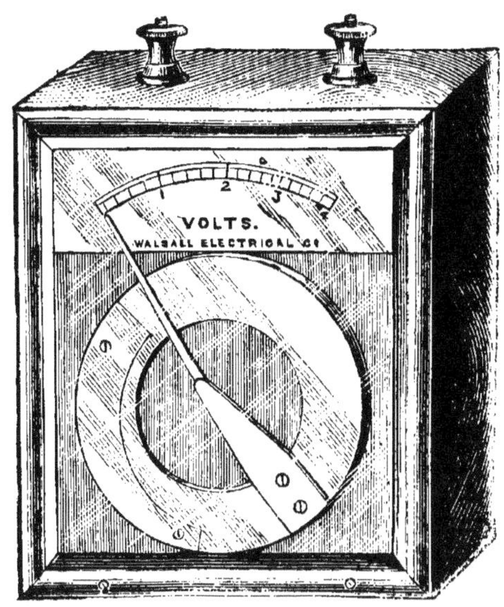

FIG. 125. — Voltmètre.

proportionnelle à l'intensité du courant, et, par suite, à
la quantité d'électricité qui traverse la solution. Notre
figure (fig. 126) montre deux flacons remplis de sulfate
de cuivre dans lesquels plongent deux lames de cuivre
de poids connu. Une fraction déterminée du courant de
l'abonné est dérivée et envoyée à travers chacun des
flacons. Il suffira de peser les plaques au bout d'un certain temps pour connaître, par leur changement de poids.

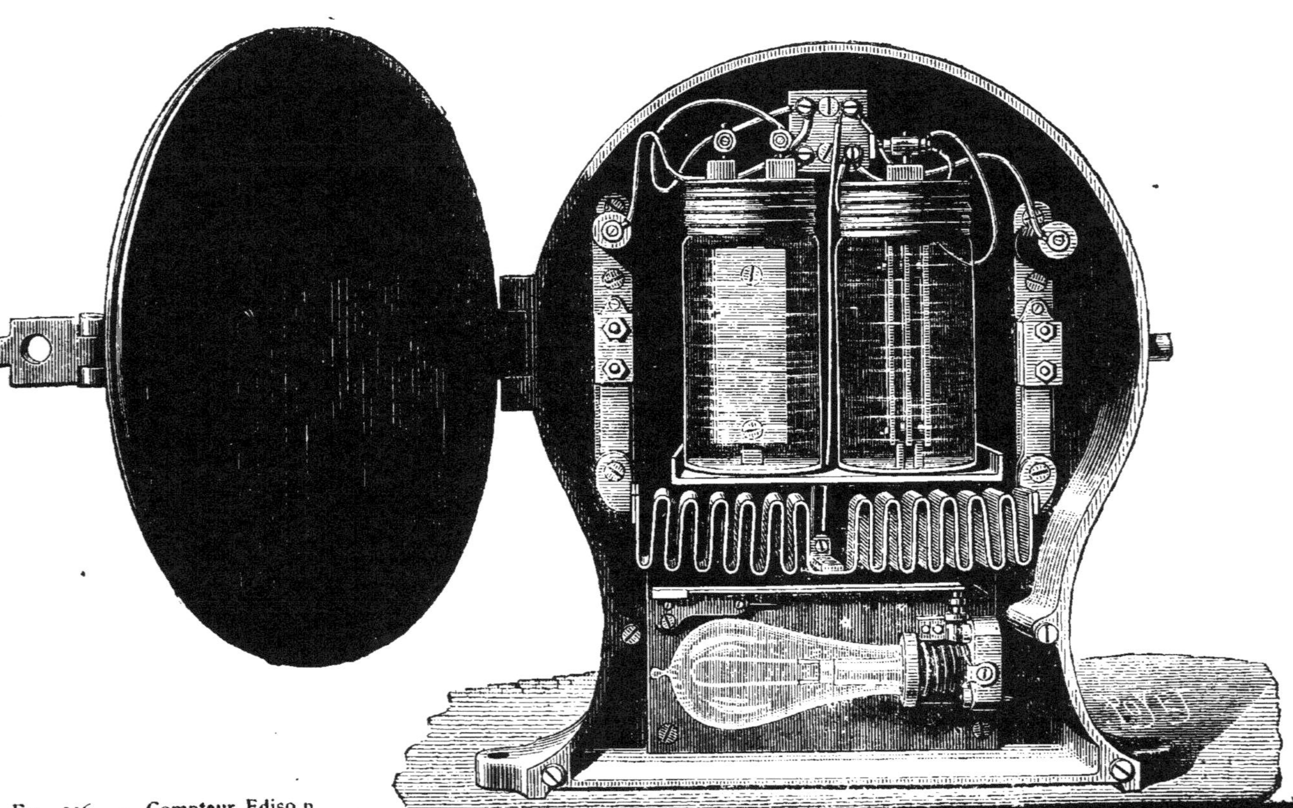

Fig. 126. — Compteur Edison.

la quantité d'électricité fournie à l'abonné pendant ce temps-là, et comme la force électro-motrice a toujours été maintenue constante au moyen du régulateur, cette quantité d'électricité est proportionnelle à la quantité d'énergie consommée. Pour faire comprendre ceci, nous aurons recours à une comparaison.

« Supposons une chute d'eau servant de force motrice : ce que l'on fera payer, ce ne sera pas le débit du cours d'eau, mais la quantité d'énergie, c'est-à-dire le nombre de kilogrammmètres, fournie par la chute. Or, cette énergie est à la fois proportionnelle à la quantité d'eau qui tombe et à la hauteur d'où elle tombe. Quand la hauteur de chute est constante, on voit que le travail est précisément mesuré par le débit.

« Des deux flacons du compteur, l'un servira par exemple à établir la somme à toucher, tous les mois par la compagnie, l'autre sert de contrôle. Il faut que l'indication qu'il donne au bout de l'année cadre avec la somme de celles fournies par le premier flacon.

« La lampe qui se trouve dans la même armoire sert à empêcher l'eau de geler l'hiver.

« En temps ordinaire elle ne brûle pas. On aperçoit au-dessus d'elle une plaque, composés de deux métaux superposés (cuivre et zinc), de dilatation différente. A mesure que la température s'abaisse, la plaque se contracte ; au moment où le zéro est près d'être atteint, elle touche le butoir fixé au socle de la lampe et établit le contact. La lampe s'allume, s'échauffe et donne assez de chaleur pour empêcher l'eau de geler. Dès que la température suffisante est atteinte, la plaque se redresse, le contact cesse et la lampe s'éteint. Dans le modèle de compteur plus récent, les plaques sont en zinc et la dissolution renferme du sulfate de zinc. »

Compteur Brillié. — Le compteur Brillié est destiné plus spécialement à mesurer les courants continus, mais peut aussi être appliqué aux courants alternatifs. Le mécanisme employé par l'inventeur est assez compliqué et sa description ne saurait être entreprise sans un assez grand nombre de figures de détail. C'est un électro-dynamomètre agissant par torsion.

L'instrument comprend un numéroteur, un mécanisme d'horlogerie, un régulateur. un électro-moteur. et un électro-dynamomètre de torsion.

L'électro-moteur remonte le mouvement d'horlogerie. et tend un ressort contourné en spirale jusqu'à ce qu'une bobine mobile se déplace et ramène le ressort à sa position première : le régulateur a pour objet de rendre constante la vitesse de torsion du ressort. Les mesures ont lieu à des intervalles de temps égaux. toutes les 36 secondes, soit 100 fois par heure ; c'est le mouvement d'horlogerie qui les détermine. Après chaque déclenchement. le ressort en spirale reprend sa position de repos. et est de nouveau tordu jusqu'au déclanchement suivant. Le numéroteur enregistre la somme des angles de torsion. et il suffit de multiplier par une constante le chiffre fourni par le numéroteur, à un moment donné. pour obtenir la dépense électrique.

Compteur Shallenberger. — Le compteur de M. Shallenberger de la *Westinghouse Company* est destiné aux courants alternatifs. Au centre d'une bobine traversée par ces courants est monté. sur un axe en acier. un disque léger, composé d'un anneau en fer doux adapté à une plaque en aluminium. Des plaques ovales de cuivre sont rivées ensemble et entourent étroitement le disque.

Le champ magnétique tournant qui résulte de l'action mutuelle de la bobine et du courant induit dans les plaques de cuivre entraîne le disque, et sa rotation est transmise par des engrenages à des aiguilles indicatrices analogues à celles des compteurs à gaz et dont les différents cadrans sont gradués en ampère-heures et leurs multiples.

Transformateurs. — La distribution de l'électricité est entrée, depuis quelques années, dans une phase nouvelle. Au lieu de ramifier le courant à l'infini. un inventeur français qui vient de succomber à une terrible maladie, Gaulard, imagina de répartir sur un vaste circuit un courant de haute tension, et de disposer sur ce circuit des générateurs secondaires. distribuant des courants moindres dans les différents branchements. Les *trans-formateurs*, c'est ainsi que l'on appelle ces organes de distribution, reçoivent un fort courant et en rendent un plus faible.

Transformateur Gaulard et Gibbs. — Le brevet Gaulard et Gibbs de 1883 indique, à peu près en ces termes, le but poursuivi par les inventeurs et les procédés propres à les réaliser :

Le système consiste dans l'emploi d'un courant alternatif produit par une dynamo et qui, par son passage à travers des générateurs électriques de construction spéciale, engendre des courants induits.

Les courants prenant naissance dans ces conditions sont utilisés dans les lampes.

On emploie une machine à courants alternatifs à haute

tension, telle que la résistance de l'induit soit plus grande que celle du circuit extérieur.

Supposons un circuit de 50 kilomètres : nous y introduisons tous les 500 mètres un générateur secondaire, construit de la manière suivante : d'abord un noyau de fils de fer doux, puis trois couches de fil de cuivre de 3 millimètres de diamètre parfaitement isolé ; sur ce premier noyau viennent prendre place des bobines construites avec un câble de 6 fils de cuivre de 1/2 millimètre isolé au coton paraffiné.

Les extrémités de ces bobines sont disposées de façon à pouvoir être groupées en série ou en quantité ; c'est le circuit secondaire ; c'est celui-là qui alimente directement les lampes,

Depuis l'invention de Gaulard, la question a fait des progrès. M. Westinghouse, en Amérique, M. Ferranti, en Angleterre, et bien d'autres font de nombreuses applications des courants alternatifs et des transformateurs pour la distribution de l'électricité.

Transformateur Westinghouse. — Les transformateurs Westinghouse sont construits avec le plus grand soin. Les deux bobines formant le circuit primaire et le circuit secondaire sont juxtaposées. Le noyau magnétique est formé par des lames de tôle, découpées suivant un gabarit et isolées les unes des autres par du papier vernis. Ces lames sont empilées et serrées par deux plaques de fonte, réunies par 4 boulons.

L'ensemble de cet organe électrique est renfermé dans une boîte en fonte qui le met à l'abri des intempéries. Deux regards, garnis de glaces, y sont ménagés ; ils correspondent aux points où aboutissent les circuits primaire et secondaire. Des coupe-circuit à lames fusibles y ont été introduits.

La Société construit des transformateurs pour 20, 30 ou 40 lampes de 16 bougies et de 50 volts.

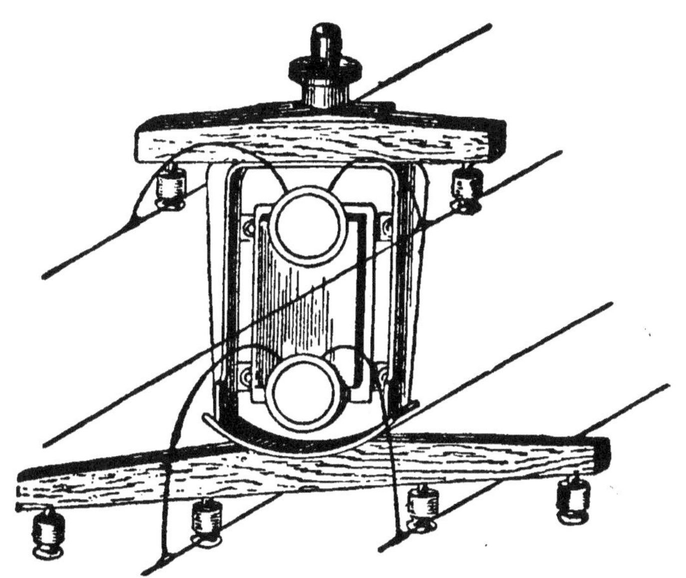

Fig. 127. — Transformateur Westinghouse.

Le type de 40 lampes renferme 40 kilogrammes de fer et 11 de cuivre. Pour l'éclairage public, les transformateurs sont fixés, comme le montre la figure 127, sur les appuis qui supportent les lampes. Le système de distribution Westinghouse par les courants alternatifs et les transformateurs est très développé en Amérique.

Transformateur Mordey-Webber. — Les transformateurs Mordey-Webber, ainsi que ceux de l'Alliance, de création récente, font l'objet des figures 128 et 129 ;

Fig. 128. — Transformateur
Mordey-Webber.

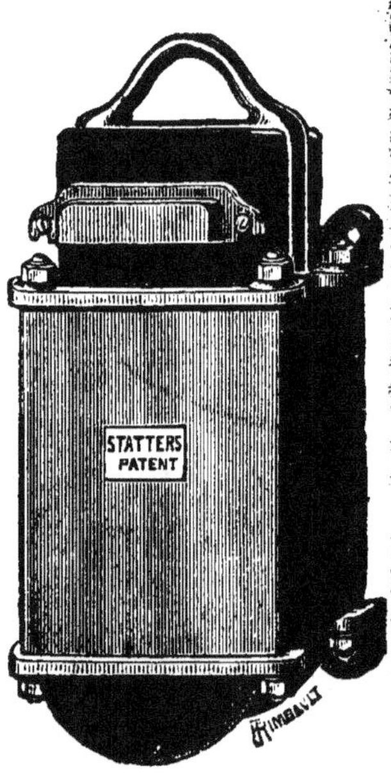

Fig. 129. — Transformateur
Alliance.

ils sont remarquables par leur simplicité et on voit qu'il est aisé de les fixer à la muraille dans tel coin que l'on veut, sans qu'ils occasionnent la moindre gêne.

Système de Montaud. — Tout récemment, M. de Montaud a présenté à la Société internationale des électriciens un mémoire sur *« l'accumulateur employé comme transformateur-distributeur à courants continus »* : c'est là un nouveau champ, mais avant d'entreprendre l'analyse de ce mémoire, nous avons à dire sur la charge et la décharge des accumulateurs quelques mots qui trouveront leur place ici.

Charge et décharge des accumulateurs. — La charge des accumulateurs peut avoir lieu par des piles, mais, dans les applications industrielles, on emploie de préférence une machine. Ce peut être une magnéto ou une dynamo, quel que soit d'ailleurs le mode d'excitation de cette dernière. Pour charger une batterie, il suffit de réunir ses deux pôles aux deux bornes de la machine en marche. De même, pour la décharge, il suffit de remplacer la machine de charge par le circuit à alimenter. Il est encore facile de décharger les accumulateurs tout en continuant à les charger ; pour cela, les connexions restant établies avec la machine, le circuit à desservir est installé en dérivation sur la batterie d'accumulateurs.

Il est nécessaire de prendre certaines précautions pendant la charge des batteries ; on s'aperçoit que la charge est complète lorsque des bulles de gaz apparaissent à la surface du liquide, mais il peut arriver qu'avant d'atteindre cette limite maxima, le flux de décharge des accumulateurs devienne supérieur au flux de charge émanant de la machine ; c'est alors la batterie qui se décharge dans la machine.

Il y a là deux graves inconvénients : d'abord, non seulement la machine travaille sans effet utile, mais encore on perd le travail qu'elle a déjà produit ; ensuite, le passage du courant de décharge des accumulateurs peut occasionner de graves désordres, et notamment renverser les pôles du générateur. Il faut, à tout prix, empêcher ces renversements de sens du courant, mais, comme ils se produisent instantanément, soit que la vitesse de rotation de la machine diminue, soit que la chute d'une courroie de transmission produise un arrêt complet, il est bien difficile, même en déployant la plus grande attention, d'intervenir en temps utile. Il a semblé préférable de placer dans le circuit un appareil automatique, coupant et rétablissant le circuit au moment opportun ; c'est le *conjoncteur-disjoncteur*.

Conjoncteur-disjoncteur. — Il existe plusieurs modèles de ces instruments, dont l'un est dû à M. Hospitalier ; celui que nous décrivons est remarquable par sa simplicité et s'applique aux machines dynamos opérant la charge des accumulateurs.

Un électro-aimant (fig. 130) est articulé à charnière sur une des pièces polaires de la machine et, par son extrémité libre, lente au repos contre une saillie de la pièce polaire.

Les extrémités du fil de la bobine peuvent plonger dans des godets, remplis de mercure, et ferment ainsi le circuit des accumulateurs et de la machine.

Au début de la marche du générateur, les fils de l'électro-aimant ne plongent pas dans les godets, et

le courant ne parcourt que les inducteurs; la pièce en
saillie et l'extrémité de l'électro-aimant placée en regard
sont polarisés dans le même sens et se repoussent. Cette

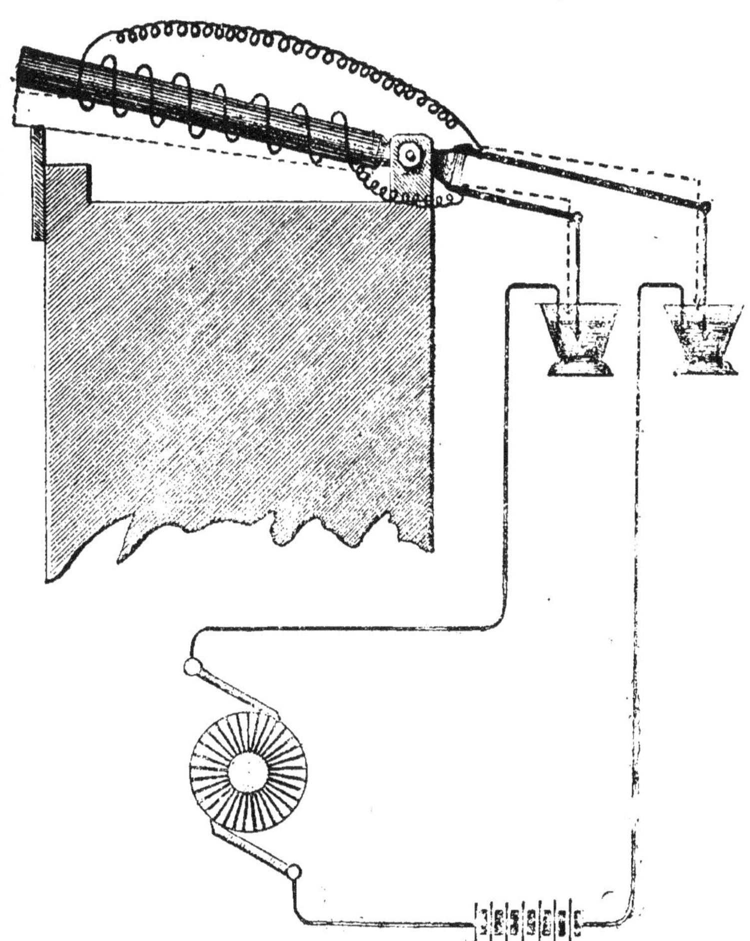

FIG. 130. — Conjoncteur-disjoncteur.

répulsion détermine un mouvement de bascule de
l'électro-aimant; les fils plongent alors dans les godets
de mercure et ferment le circuit des accumulateurs

dont la charge s'opère ; le courant de la machine traversant également à ce moment le fil de l'électro-aimant a
pour effet d'augmenter sa polarité, et par suite la répulsion exercée entre son pôle libre et le pôle de même nom
de la machine. Si la machine vient à faiblir, la polarité
diminue, l'électro-aimant s'abaisse et les fils, abandonnant les godets, rompent le circuit des accumulateurs
jusqu'à ce que la machine, ayant repris sa marche normale, le circuit des accumulateurs soit de nouveau
fermé par le mouvement de bascule de l'électro-aimant.

Commutateur Varlet. — Depuis longtemps déjà
M. Planté a imaginé un commutateur permettant, par
un simple mouvement de rotation de grouper en tension
ou en quantité une batterie d'accumulateurs.

M. Varlet a combiné un autre instrument destiné à
faciliter la charge et la décharge des batteries. Nous
n'insistons sur cette disposition que parce que nous la
retrouverons dans tous les éclairages de théâtre installés
par la Compagnie Edison. C'est. en somme, la combinaison d'un commutateur rond avec un commutateur
bavarois.

Une manette centrale peut être posée sur 6 touches
isolées les unes des autres : la touche de droite peut être
réunie à sa voisine par une fiche ; la touche inférieure
peut être reliée à la manette par une seconde fiche ; la
touche de gauche est neutre.

L'axe de la manette communique avec le réseau des
lampes à allumer ; la touche inférieure et la touche de
droite sont en relation avec le pôle positif de la machine
de charge dont le pôle négatif rejoint le pôle positif de
la batterie d'accumulateurs ; enfin les plaques négatives

des différents groupes formés dans la batterie aboutissent aux touches intermédiaires de la rangée supérieure.

Pour charger la batterie, on place la manette sur la
touche de repos, on enlève la fiche inférieure, et on
maintient la fiche de droite.

Fig. 131. — Commutateur Varlet.

Pour décharger la batterie, on enlève la fiche inférieure, on maintient la fiche de droite et on place la
manette sur la touche réunie par cette fiche à la touche
de droite. La communication avec la machine de charge
est supposée interrompue.

Pour décharger la batterie tout en la maintenant en
charge, on enlève la fiche inférieure, on laisse en place

la fiche de droite et on pose la manette sur la touche correspondant au nombre d'éléments qu'on veut utiliser.

L'accumulateur employé comme transformateur-distributeur. — M. de Montaud, prenant pour point de départ les conditions du cahier des charges récemment imposé par la ville de Paris pour la distribution de l'électricité, a étudié la canalisation de tout un secteur, en utilisant les accumulateurs comme *transformateurs à courant continu,* pouvant en même temps servir de réservoirs d'électricité. Au dire de l'auteur, c'est la meilleure solution, et aussi de beaucoup la plus économique.

Toute autorisation accordée par la municipalité de Paris pour une distribution d'électricité porte sur un secteur s'étendant du centre de la ville aux fortifications.

M. de Montaud admet que ce secteur aura 100 mètres aux fortifications pour 1 mètre à la Cité ; que le développement du réseau aura 50 kilomètres d'étendue, en y comprenant ses dérivations, que le concessionnaire enfin alimentera environ 56.000 lampes, ces lampes étant de 10 bougies à 100 volts et 0,3 ampère, soit 30 watts par lampe.

Avec une seule usine, cette distribution, par les procédés ordinaires, exigerait des conducteurs ayant une section de 8400 millimètres carrés.

M. de Montaud n'hésite pas cependant à adopter, en principe, une seule usine centrale par secteur, mais il y adapte un système de distribution et de transformation par des machines à courant continu et des accumulateurs.

Pour arriver à réduire la section des conducteurs, tout en maintenant constant le nombre de watts à fournir, il diminue le nombre des ampères en augmentant celui des volts et, si le lecteur se rappelle que, par définition, le watt est le produit d'un volt par un ampère, il lui est facile de se rendre compte que le procédé indiqué permet en faisant varier les facteurs, d'obtenir un produit constant : volt × ampère = watt.

Voici les conclusions de M. de Montaud :

Câble . . . . { 50 kilomètres de long, 18 millimètres de diamètre, soit 254 millimètres carrés de section pour 500 ampères; très grand isolement.

Tension du circuit 3.600 volts. . . . . } 1.800.000 watts.
Intensité — 500 ampères. . . . }

Lampes. . . { 56.000, 100 volts, 0,3 ampères, soit, à 30 watts, 1.680.000 watts.

Force nécessaire : 2.400 chevaux; disponible : 3.000 chevaux.

Moteurs. . . . { 10 moteurs à grande vitesse, actionnant directement chacun une dynamo et pouvant développer chacun 300 chevaux.

Dynamos. . . { 10 dynamos à courant continu excitées en dérivation, 200 tours, 450 volts, 500 ampères.

Accumulateurs. . { 6.280 accumulateurs, chacun de 6 mètres carrés de surface utile, coûtant 1.100.000 francs; entretien annuel, 8,5 pour 100.

Système Edmunds. — Ce mode de distribution, usité en Angleterre, consiste à placer des groupes d'accumulateurs chez les consommateurs. Le modèle employé est l'accumulateur E. P. S. dont nous avons déjà parlé.

Toute l'économie du système consiste en un fonctionnement des batteries dont une partie se charge, tandis que les autres se déchargent. Un commutateur automatique opère les permutations en temps opportun.

Pendant tout le temps d'activité, pendant, pour mieux dire, que les lampes du réseau sont allumées, il n'y a jamais ni charge ni décharge *complètes* de la batterie, mais bien une sorte de compensation maintenue par la charge de certains groupes qui viennent réparer les pertes occasionnées par la décharge chez les autres. Dès que la décharge amène une baisse de potentiel déterminée dans le circuit, un nouveau groupe d'éléments entre en jeu par l'intermédiaire du commutateur automatique; un autre groupe se met en charge; de sorte que, par ces substitutions très rapides, les périodes de charge ne durant que deux minutes, on parvient à obtenir une grande fixité de courant dans le circuit d'éclairage.

IX

L'ÉCLAIRAGE MUNICIPAL

Historique de l'éclairage électrique de la voie publique à Paris. — Usine électrique de l'Hôtel de ville. — L'éclairage électrique à Paris. — Usine du Palais-Royal. — Usine des Halles centrales. — Concessions diverses. — L'éclairage électrique en province. — Allemagne. — Angleterre. — Autriche. — Belgique. — Espagne. — États-Unis- — Italie. — Derniers cours

Historique de l'éclairage électrique de la voie publique à Paris. — L'historique de l'éclairage électrique de la ville de Paris ne remonte pas bien haut ; il ne saurait être puisé à meilleure source qu'à la source officielle. Si nous ne suivons pas M. Lyon-Allemand dans les développements qu'il donne sur les origines de l'électricité, nous lui emprunterons au moins le relevé chronologique de ses applications à l'éclairage de la voie publique et à celui des édifices de la capitale.

« Le 15 février 1878, il fut permis au syndicat formé pour exploiter les brevets Jablochkoff de placer des foyers électriques alimentés par des bougies Jablochkoff, sur les huit refuges, devant le théâtre de l'Opéra, et d'installer les générateurs dans les sous-sols du théâtre. Cette tentative eut un plein succès.

Le 30 mai suivant, la Société installa trente-deux nouveaux foyers, avenue de l'Opéra et place du Théâtre-Français; bientôt après, leur nombre fut porté à trente-deux pour l'avenue de l'Opéra et à quatorze pour la place du Théâtre-Français, soit quarante-six en tout.

L'éclairage ne devait durer que jusqu'à minuit et demi et le prix était fixé à 1 fr. 25 par foyer et par heure d'éclairage. « Cette installation d'éclairage électrique comprenait, en somme, soixante-deux foyers, dont huit doubles sur la place de l'Opéra ; elle était divisée en quatre groupes ayant chacun une force motrice distincte, savoir : une machine de 20 chevaux installée dans les sous-sols de l'Opéra; deux machines de même force fonctionnant dans le local d'une maison neuve, 28, avenue de l'Opéra. enfin la troisième usine était située rue d'Argenteuil et correspondait à l'installation de la place du Théâtre-Français. Chaque groupe, actionné par des machines dynamo-électriques du système Gramme, une excitatrice et une machine à lumière de seize foyers, était divisé lui-même en quatre circuits de quatre foyers chacun, sauf pour la place du Théâtre-Français, qui ne comptait que deux circuits de quatre foyers et deux de trois foyers. »

Les essais durèrent jusqu'au 1er avril 1882.

Pendant cette période, des expériences comparatives entre la lumière électrique et l'éclairage intensif au gaz furent entreprises par le conseil municipal. Pour les voies publiques, l'avenue de l'Opéra (électricité) devait entrer en comparaison avec la rue du Quatre-Septembre (gaz) ; pour les places ou carrefours, la place de la Bastille (électricité) était en parallèle avec la place du

Château-d'Eau (gaz). En outre, un pavillon des Halles centrales devait être éclairé par chacun des deux systèmes en concurrence. Six foyers furent installés aux Halles (pavillon n° 10) le 15 mars 1879, mais fonctionnèrent peu de temps et, en résumé, l'expérience comparative n'eut pas lieu.

La place de la Bastille fut éclairée le 23 février 1879 par seize foyers.

A partir du mois de novembre 1881, des régulateurs de Mersanne furent installés place du Carrousel, puis, en janvier 1882 dans la cour du Louvre; des foyers Brush leur furent substitués et y fonctionnent encore si la concession qui expirait au mois de décembre 1888 a été renouvelée.

Le 1er décembre 1882, le parc Monceau, ou plutôt une de ses principales voies, recevait douze foyers Jablochkoff qui brûlaient jusqu'à deux heures du matin.

Le 14 juillet 1884, on inaugurait, au parc des Buttes-Chaumont, quarante régulateurs Brush de soixante carcels, alimentés par une dynamo du même système. Les lampes y sont montées sur des colonnes de 5^m,50 de hauteur.

Plusieurs autres essais, dans les locaux du conseil municipal et à l'hôtel de ville, furent entrepris avec divers foyers, jusqu'à ce que le conseil décidât l'installation d'une usine électrique au nouvel hôtel de ville.

Usine électrique de l'hôtel de ville. — « L'usine électrique de l'hôtel de ville comporte trois parties consacrées respectivement, bien que l'on puisse changer à volonté le service de chacune d'elles, à l'éclairage des trois parties distinctes du premier étage.

« La première en date, établie pour l'éclairage des salles du conseil municipal, du secrétariat général et du directeur des travaux, comprend 2 moteurs compound de 50 chevaux à détente et à condensation, actionnant 2 machines dynamo-électriques Edison ancien modèle, de 300 lampes, qui desservent, par 3 circuits principaux et 48 secondaires, 500 lampes à incandescence, dont :

475 de 16 bougies
et 32 de 10 bougies

« La seconde, consacrée à l'éclairage des grands salons du sud et à la salle à manger, comprend deux machines dynamo-électriques de Gramme, du type de 625 lampes de 16 bougies, qui desservent, par deux circuits principaux et trente-six circuits secondaires, 1692 lampes à incandescence de 10 bougies.

« Enfin, la troisième, établie pour l'éclairage de la salle des fêtes, comporte 3 moteurs mi-fixes de 50 chevaux chacun, actionnant trois machines dynamo-électriques de Gramme du type de 375 lampes de 16 bougies, qui desservent, par trois circuits principaux et 50 circuits secondaires, 1872 lampes à incandescence de 10 bougies.

« Les circuits sont croisés pour éviter l'extinction totale, et, de plus, trois batteries d'accumulateurs, de 53 éléments chacune, peuvent prolonger l'éclairage pendant 25 minutes en cas d'arrêt des machines.

« L'ensemble de cette installation représente une force d'environ 400 chevaux et un éclairage de plus de 4000 lampes. Telle est la situation actuelle de l'éclairage électrique à l'hôtel de ville. »

La batterie d'accumulateurs de l'hôtel de ville contient 4500 litres de liquide et pèse 11 tonnes.

Les éléments, du genre Planté, ont 80 centimètres de hauteur sur 26 de diamètre.

L'éclairage de la partie de l'édifice affectée aux réceptions et aux fêtes comprend 104 lustres supportant 3960 lampes de 10 bougies chacune, et réparties de la manière suivante :

Salle des fêtes.	16 lustres de	7	lampes.
— —	12 —	30	—
— —	18 —	24	—
Salle à manger.	8 —	54	—
Salon de verdure	1 —	72	—
Grands salons.	14 —	54	—
Galerie latérale.	10 —	18	—
Salon réservé.	1 —	72	—
Escalier d'honneur. . . .	16 —	18	—
— —	4 —	30	—
Chacun des autres salons: .	1 —	18	—

Tous les conducteurs sont soigneusement dissimulés derrière d'élégantes moulures, et n'exposent ainsi à aucun danger ni l'immeuble ni les visiteurs.

La distribution entre les différents lustres a lieu au moyen d'un commutateur branché sur le circuit principal.

Chaque commutateur partiel est pourvu d'un coupe-circuit, et il suffit de placer une cheville métallique entre les deux plaques isolées, de part et d'autre de l'étiquette indiquant l'un des lustres, pour que le foyer correspondant soit allumé.

La dépense d'exploitation, pendant l'hiver de 1883, calculée du 20 octobre 1883 au 26 avril 1884, a été de 24.806 fr.

Cette somme se décompose ainsi :

		fr.
Salaires des agents.	5.039	80
Huile, chiffons, graissage, etc.	1.568	20
Location de matériel d'éclairage et fourniture de lampes.	2.330	
Combustible (139.720 kilogrammes de charbon à 42 francs la tonne).	5.868	24
Intérêts et amortissement du capital d'établissement s'élevant à 100.000 : 10 pour 100.	10.000	
TOTAL. . . .	24.806	24

Ce qui fait ressortir par heure une dépense de 0 fr. 1386 pour chaque lampe ayant en moyenne un pouvoir éclairant de 1,83 carcel.

L'éclairage électrique de Paris. — L'éclairage électrique de Paris tout entier n'est pas petite affaire. Sait-on quelle serait l'étendue du réseau à établir? La longueur des rues de Paris est, en nombre rond, de 990 kilomètres, et en admettant quatre circuits principaux dans chaque rue, deux sous chaque trottoir, on arrive à 3960 kilomètres et, si les câbles sont doubles, à 7920 kilomètres.

On estime à 1.700.000 le nombre des lampes nécessaires ; en évaluant à 150 francs les frais d'installation d'une lampe, on arrive à une dépense de 255 millions.

Les devis présentés par l'Administration étaient beaucoup plus élevés et se résumaient ainsi :

Usines.	324.800.000 fr.
Canalisation.	115.820.000
Lampes pour l'éclairage public. . . .	18.400.000
	459.020.000
1/10 pour imprévu.	45.902.000
TOTAL. . .	504.922.000

Ce devis comprenait 40 usines dont l'entretien devait coûter annuellement :

Frais d'exploitation.	87.600.000
Frais d'entretien.	45.000 000
Bureaux d'abonnement.	800.000
Service général.	1.600.000
TOTAL. . .	135.000.000

Ainsi, M. Allard, directeur de la voie publique et des promenades admettait que, pour organiser un service municipal d'éclairage électrique pour la totalité de la ville de Paris, il faudrait faire face à une dépense de premier établissement de 505 millions de francs et à une dépense annuelle de 135 millions de francs.

Ces évaluations semblèrent luxueuses au conseil municipal qui ne voulut pas mettre à la charge de la ville de Paris des frais aussi considérables. Se basant en outre sur ce que « les installations locales, fort nombreuses, constituent un obstacle assez sérieux au développement des stations centrales, en leur retirant un assez grand nombre de gros consommateurs dont l'ensemble donnerait une base fixe à la distribution », il renonça à l'idée d'une exploitation en régie, au moins, pour l'ensemble de la ville de Paris, se réservant de faire des essais partiels.

C'est alors que, le 30 mars 1888, excluant *a priori* le monopole, le conseil décida que l'Administration pourrait accorder, sous certaines conditions, aux sociétés qui en feraient la demande, l'autorisation de distribuer l'électricité dans l'intérieur de la capitale.

Nous extrayons du cahier des charges imposé aux

concessionnaires les articles les plus saillants, de nature à intéresser le lecteur :

ARTICLE PREMIER. — Aucune concession ne pourra être accordée qu'à des Français ou à des sociétés françaises, ayant leur siège social en France.

ART. 2. — Les fils ou câbles ne pourront être placés dans les galeries d'égout ou de carrières souterraines sous Paris. Ils seront placés sous les trottoirs dans des conduites en poterie, en maçonnerie, en métal ou en toute autre matière suffisamment résistante.....

Les fils ou câbles ne seront établis sous chaussées que pour la traversée des voies. Ces traversées se feront à une profondeur d'au moins un mètre.....

Des regards seront établis de distance en distance pour permettre la visite de la canalisation, et celle-ci sera disposée de manière que, en cas d'avarie, on puisse, en se servant des regards, retirer et remplacer les fils, sans ouverture de fouille.

La traversée des égouts n'est autorisée qu'exceptionnellement; en thèse générale la canalisation doit passer au-dessus.

ART. 3. — Les fils ou câbles ne peuvent être placés qu'à une distance minima de un mètre des façades des maisons, cet emplacement étant réservé au réseau municipal d'électricité.....

ART. 4. — Les fils pénétrant dans les immeubles seront établis entre le câble principal et la façade dans des conduites reliées à celles du câble principal.

Toutes les installations autres que les fils de branchement, telles que coupe-circuits, etc., seront placées en dehors des limites de la voie publique.

ART. 5. — S'il est fait usage de transformateurs, ils seront installés en dehors de la voie publique.

La durée des concessions est fixée à 18 ans.

ART. 13. — Le permissionnaire restera absolument maître de ses tarifs, sous réserve de ne pas dépasser un maximum $0^{fr},45$ pour une carcel-heure, ou de $0^{fr},45$ pour une quantité d'énergie électrique livrée aux abonnés et équivalente à un cheval-vapeur pendant une heure.

La ville de Paris se réserve la faculté d'abaisser les prix maxima ci-dessus fixés, tous les cinq ans.

Les abaissements de tarifs profiteront à tous les consommateurs, quelles que soient les conditions de leur police d'abonnement.

Tous les abaissements de tarifs consentis par le permissionnaire à ses abonnés seront considérés comme acquis jusqu'à l'expiration de l'autorisation et les tarifs ne pourront plus être relevés.

Tout permissionnaire, dans l'étendue du réseau à lui concédé, fournira sur la demande de la ville, pour l'éclairage public, de la lumière électrique par arc voltaïque au tarif maximum de 0^{fr},25 la carcel-heure.

En échange de l'autorisation accordée, la ville perçoit une redevance annuelle de 100 francs par kilomètre ou fraction de kilomètre de canalisation et un droit de 5 o/o sur les produits ; elle se réserve en outre le droit de rachat. En adoptant ce cahier des charges, le conseil municipal décida que les réseaux attribués aux compagnies auraient la forme de *segments (sic)* de cercle allant du centre de Paris aux fortifications et que les concessionnaires devraient s'engager à éclairer dans un délai maximum de quatre ans toute l'étendue du segment qui leur serait attribué.

En même temps, le principe du réseau municipal recevait un commencement de sanction par l'installation d'une usine sous les Halles, usine destinée à l'éclairage privé aussi bien qu'au service public, et dont le réseau doit s'étendre jusqu'aux grands boulevards.

Peu de temps après, le 15 mai 1888, un décret réglait les conditions d'exploitation, sur le territoire français, des réseaux destinés à l'éclairage électrique et au transport de la force.

Au nombre des divers projets mis en avant tout d'abord, MM. Mildé, Cance, Pulsdorf songèrent à établir un certain nombre de stations de quartier. M. Marcel Deprez proposa l'installation d'une usine *extra muros* qui fournirait un courant à haute tension, actionnant dans des stations secondaires des dynamos réparties sur les divers circuits et distribuant de l'électricité à une tension moins élevée.

La Société Edison ainsi que Gaulard désiraient faire usage de courants alternatifs à haute tension qu'ils

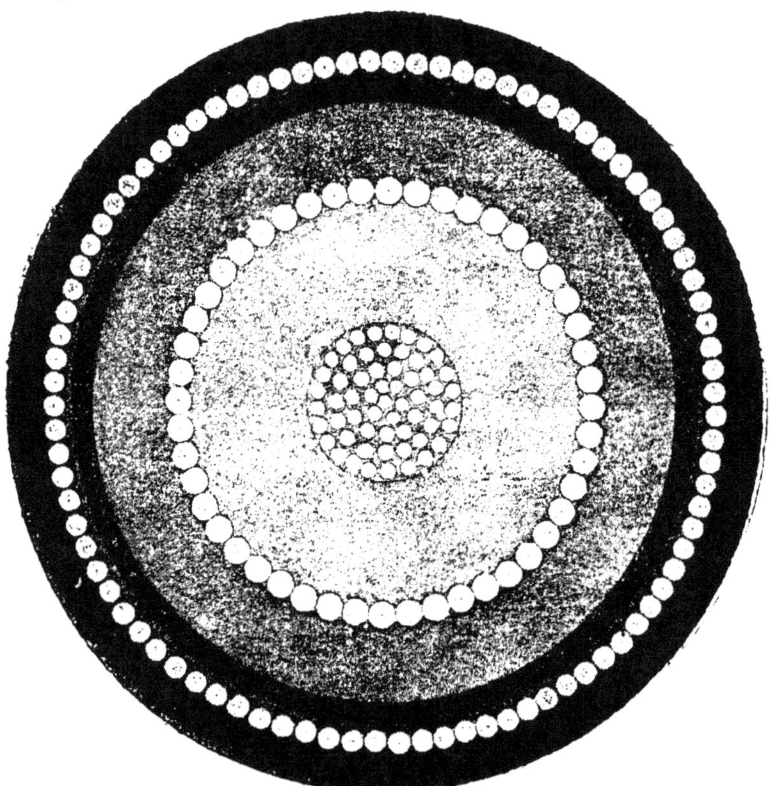

FIG. 132. — Câble de distribution.

réduiraient en courants à basse tension à l'aide de transformateurs.

Il n'est pas indifférent de montrer, à ce sujet, les dimensions que doivent avoir les conducteurs servant de véhicules à ces grands flux d'électricité. La figure 132 montre, en vraie grandeur, la section d'un conducteur destiné à alimenter 4000 lampes à une distance de 8 kilomètres.

La figure 133 montre, également en vraie grandeur,

Fig. 133. — Câble de distribution entre le théâtre du Châtelet et le théâtre des Nations.

la coupe du câble à deux conducteurs qui transporte l'électricité du théâtre du Châtelet au théâtre des Nations.

Usine du Palais-Royal. — Parmi les concessionnaires qui ont commencé l'installation d'un réseau dans Paris, nous devons citer en première ligne la Société Edison dont l'usine du Palais-Royal vient d'être récemment terminée, et a pour objet l'éclairage de toutes les galeries du Palais-Royal, du Théâtre Français, du théâtre du Palais-Royal et l'administration des Beaux-Arts.

Cette installation a donné lieu à des travaux de maçonnerie assez considérables, tant au-dessous de la cour d'honneur que dans les caves de la galerie de Valois.

La chambre des machines mesure 28 mètres de longueur sur 18 de largeur et se trouve de 6 mètres en contre-bas.

Le sol étant à peu près au niveau des basses eaux de la Seine, on a dû prendre des précautions particulières pour prévenir les infiltrations pendant les crues. Une épaisse couche de béton forme le fond de l'édifice ; les murs, très épais à leur base, pour résister à la poussée des terrains environnants, sont cimentés ; enfin une chaîne de petits égouts entoure l'ensemble de la construction. Une prise d'air amène du dehors l'air destiné à maintenir l'atmosphère de la salle à une température supportable. La fumée et les produits de la combustion sont évacués par une cheminée située dans le massif de maisons de la galerie de Valois.

L'approvisionnement de charbon est amené par un chemin de fer Decauville souterrain qui aboutit à la rue de Valois. C'est par là aussi que sont évacués les résidus des fourneaux amenés au niveau de la rue par un monte-charge.

L'eau d'alimentation des chaudières provient de la Seine, du canal de l'Ourcq et d'un puits de $35^m,40$ de profondeur fournissant par jour de 80 à 100 mètres cubes d'eau que deux pompes, actionnées par de petits moteurs. emmagasinent dans de vastes réservoirs. Ces réservoirs, au nombre de trois, sont réunis aux chaudières par une canalisation qui leur apporte directement l'eau. L'ensemble de la machinerie comprend 7 générateurs Belleville, 8 moteurs à vapeur et 8 dynamos.

Les moteurs sont du système Weyher et Richemond, modèle vertical à pilon et à condensation. Ils commandent les dynamos à l'aide de courroies de transmission. La condensation forme un petit ensemble disposé entre la chaufferie et les machines ; elle s'obtient par une injection d'eau dans une cloche ; une soupape règle la distribution de l'eau et en réduit la consommation au strict nécessaire. Deux pompes à air, mues par la vapeur, rejettent à l'égout l'eau de condensation. La conduite de vapeur, unique à son origine, se bifurque en deux tuyaux, courant le long des deux rangées de machines, et commandés par une valve permettant d'utiliser à volonté le côté droit ou le côté gauche.

Les dynamos sont des machines Edison de 800 ampères dont nous avons déjà donné le description. Ces machines qui tournent à raison de 350 tours par minute rendent 96,5 pour 100 ; leur induit porte 190 kilogrammes de cuivre, l'inducteur en contient 285 kilogrammes.

Le système de distribution de l'usine du Palais-Royal est à trois conducteurs. Au tableau de distribution, tous les câbles positifs, groupés en quantité, aboutissent aux lames de droite, tous les négatifs, groupés de même, arrivent aux barres de gauche ; enfin, les câbles de retour commun sont répartis par moitié à droite et à gauche.

De ce tableau, partent des conducteurs d'alimentation, ce que, dans notre manie de tout dire en anglais nous appelons des *feeders*. Ces feeders, puisque feeders il y a, se greffent en différents endroits sur l'ensemble du réseau qui enveloppe tout le pourtour des galeries ;

là les câbles sont disposés sur des isolateurs en porcelaine ; tous les raccords sont également protégés par des gaines de porcelaine.

A l'entrée de la distribution chez chaque abonné, une boîte métallique, scellée dans la muraille, et fermant à clef, renferme les coupe-circuit à lames fusibles.

L'ensemble de la canalisation qui actuellement alimente 3000 lampes présente un développement de 10 kilomètres.

L'usine municipale des Halles. — L'usine municipale occupe une surface de 1900 mètres carrés dans le pavillon de la boucherie et aux alentours.

Sur les six ensemble qui la composent, et qui comprennent chacun un générateur, une machine à vapeur de 140 chevaux et une dynamo, trois sont affectés à l'éclairage privé, un autre est spécialement destiné à l'éclairage des Halles, les deux derniers sont en réserve.

L'éclairage des Halles comporte 168 régulateurs à arc dans les pavillons et 512 lampes à incandescence dans les sous-sols.

Le réseau privé est réparti sur trois circuits alimentés chacun par une machine, savoir :

A. La rue des Halles ;

B. La rue Berger, la rue du Pont-Neuf et les numéros pairs avoisinants de la rue de Rivoli ;

C. Les numéros impairs de la rue Turbigo, du boulevard de Sébastopol et des grands boulevards jusqu'à la rue Montmartre.

Sur ce dernier réseau, d'un développement de 2000 mètres, on emploie des transformateurs de distance en distance. Il est à remarquer que l'usine des Halles a un régime de consommation très différent de celui des autres établissements du même genre. Aux Halles, on veille pendant que l'on dort ailleurs, et le maximum d'intensité lumineuse commence à deux heurs du matin tandis que la consommation privée devient absolument nulle à cette heure avancée de la nuit. Au contraire depuis la tombée de la nuit, alors que tout s'allume ailleurs, les Halles n'utilisent que les trois cinquièmes de leur éclairage qui se réduit même à un cinquième de 8 heures du soir à 2 heures du matin. Ces conditions particulières étaient faciles à prévoir et ont été aisément remplies.

Les frais d'installation se sont élevés, en chiffres ronds, du moins d'après les devis, à la somme de un million, ainsi répartie :

Générateurs et cheminée.	190.000
Moteurs.	235.000
Maçonnerie.	30.000
Matériel électrique.	180.000
Transformateurs.	165.000
Canalisation.	200.000
Total. . .	1.000.000

Les dépenses d'exploitation sont estimées, par jour, à 540 francs, et l'administration compte sur un bénéfice de 160 francs ; la somme de 62.000 francs réalisée par an, de ce fait, suffirait à payer l'intérêt et l'amortissement du capital engagé.

Concessions diverses. — La division de Paris en secteurs se prolongeant jusqu'aux fortifications et l'obligation pour le concessionnaire d'éclairer dans un délai de quatre ans le lot qui lui échoit souleva des objections de la part des Sociétés soumissionnaires. Il leur sembla onéreux d'installer pour l'éclairage public de vastes canalisations dans les quartiers peu fortunés où la consommation privée serait à peu près nulle.

L'entente s'est faite dans les derniers jours de 1888 entre le conseil municipal et les sociétés. Il a été accepté de part et d'autre que les concessionnaires éclaireraient, dans un délai de deux ans, outre les rues centrales de leur secteur, les voies principales qui les limitent jusqu'aux fortifications. Six compagnies ont accepté ces conditions et voici d'après *la Lumière électrique* l'agglomération qu'elles se chargent d'éclairer :

Réseau Gaston-Gensier. — Avenue de la Grande-Armée, avenue des Champs-Elysées, rues de Rivoli, du Louvre, Montmartre, du Faubourg-Montmartre, de Châteaudun, de Londres, de Constantinople, de Rome, Cardinet et de Tocqueville.

Réseau de la Société anonyme du secteur de la place Clichy. — Boulevard Pereire, rue de Rome, boulevard Haussmann, les rues du Havre et d'Amsterdam, et les avenues de Clichy et de Saint-Ouen jusqu'aux fortifications.

Réseau de la Compagnie Victor Popp. — Rue de Belleville, faubourg du Temple, place de la République, les grands boulevards, rues Royale et de Rivoli, place de la Concorde et les quais de la rive droite jusqu'aux fortifications.

Réseau de la Compagnie Surry-Montaut. — Boulevards Ornano et Barbès, faubourg Poissonnière, rues Poissonnière, des Petits-Carreaux, Montorgueil, Baltard et du Pont-Neuf, quai des Orfèvres, et du Pont-Neuf, rue de la Cité, parvis Notre-Dame, pont d'Arcole, rue du Temple, rues de l'Entrepôt, de Lancry, des Récollets, faubourg Saint-Martin et rue de Flandre.

Société Edison. — Avenues de Saint-Ouen et de Clichy, rues de Clichy et de la Chaussée-d'Antin, les grands boulevards jusqu'à la rue Richelieu, la place de la Bourse, les rues Joquelet, Montmartre, les grands boulevards jusqu'à la rue du Faubourg-Saint-Denis, le commencement de la rue du Faubourg-Saint-Denis, le faubourg Poissonnière jusqu'à la rue d'Enghien, la rue Bergère, la rue du Faubourg-Montmartre, rue Grange-Batelière, rue Geoffroy-Marie, cité Trévise, rue Bleue, rue Lafayette, place Cadet, rue Rochechouart, boulevard Rochechouart, les rues Clignancourt, Ordener et du Mont-Cenis.

Société Marcel Deprez. — Les boulevards Ornano et Barbès, le boulevard Magenta, la place de Roubaix, la rue Dunkerque, le boulevard Denain, la rue du faubourg Saint-Denis, la rue d'Aboukir, la rue du Caire, le boulevard de Sébastopol, le boulevard Saint-Martin, la place de la République, la rue de la Douane, le quai de Valmy et la rue d'Allemagne.

Quant à la rive gauche il n'en est pas question.

Il est à remarquer que ces différents réseaux chevauchent l'un sur l'autre, mais il est à remarquer aussi que les compagnies n'ont pas un monopole. L'Administration leur accorde une simple autorisation de canaliser sur la voie publique ; elles peuvent donc se faire une libre concurrence et le consommateur y trouvera son compte.

L'éclairage électrique en province. — Paris n'est pas la seule ville de France possédant des usines d'éclairage électrique, loin de là. Nombre de villes avant la capitale, et des plus petites, avaient inauguré l'éclairage électrique. Pour ne citer que quelques exemples parmi beaucoup d'autres qui nous échappent, nous dirons que, en 1887, on comptait déjà des stations centrales à Tours, à Saint-Étienne, à Nice; qu'à Reims et à Angers les travaux sont en cours d'exécution, s'ils ne sont terminés, qu'à Dijon l'installation est un fait accompli.

En outre, les petites villes dont les noms suivent possèdent de bonnes installations:

Bellegarde-sur-Valserine, Bourganeuf, la Roche-sur-Foron, Saint-Jean-de-Maurienne, Domfront, Saint-Aignan-sur-Cher, Saint-Hilaire-de-Harcouët, Châteaulin, Manosque, Pouzanges.

A Tours, la distribution a lieu par des transformateurs; c'est peut-être la première application en grand qui en ait été faite en France.

Le réseau, peu étendu d'ailleurs, fonctionne avec des courants alternatifs de haute tension.

L'usine est située sur la place du Palais-de-Justice d'où partent deux réseaux, souterrains dans le parcours de la rue Royale, aériens dans leurs ramifications adjacentes; ils éclairent des cafés, des magasins et des ateliers.

Les circuits principaux distribuent les courants à quatre groupes de transformateurs rendant sur les circuits secondaires 92 o/o.

Les lampes alimentées sont de 16 bougies et les consommateurs paient une redevance mensuelle de 3 fr. 50 par lampe.

A Saint-Étienne, l'usine Edison dispose d'une force de 600 chevaux pour 4 ou 5000 lampes.

Le prix de l'éclairage privé est de 3 centimes 3/4 par heure pour chaque lampe de 10 bougies, et de 6 centimes par lampe de 16 bougies ; ces prix sont réduits d'un tiers pour l'éclairage public.

La canalisation, du type Edison, que nous avons précédemment décrit, est posée dans des tranchées, sur la voie publique, et reçoit le courant de 4 dynamos de 500 lampes chacune.

Mende n'avait pas le gaz, Mende a la lumière électrique depuis l'an dernier. Une usine centrale y est établie. La préfecture, l'hôtel de ville, le tribunal, les rues et quelques abonnés sont éclairés à l'aide d'un réseau aérien ; l'éclairage public se termine à minuit.

Le courant est fourni par une dynamo Thury tandis qu'une machine Gramme charge une batterie d'accumulateurs distribuant la lumière aux abonnés après l'extinction des feux sur la voie publique.

L'éclairage de Bellegarde remonte à 1885. Une chute d'eau de 30 mètres, fermée par un barrage de la Valserine, fournit la force motrice.

Des circuits aériens distribuent la lumière à la gare, à la voie publique et aux particuliers. Les lampes, de 8 ou de 16 bougies, sont au nombre de 600 environ. Elles sont tarifiées à raison de 4 centimes l'heure ou de 3 francs par mois pour le type de 8 bougies et à 8 centimes ou 6 francs pour le type de 16 bougies.

L'usine électrique de Bourganeuf (Creuse) a également été créée en 1885. Une chute d'eau de 11 mètres, débitant 250 litres par seconde, met en marche une roue à auges de 5 mètres de diamètre qui communique le mouvement à une machine Thury. Le réseau est aérien, monté sur isolateurs, et a un développement de 3500 mètres. Le conducteur principal a 8,5 millimètres de diamètre. Les lampes de 10 bougies, système Woodhouse et Rawson, sont réparties, au nombre de 100 environ, dans les rues, à la mairie, à l'église, dans les cafés, les hôtels et les magasins.

A Châteaulin (Finistère), quais, rues, mairie, église, halles, tout est éclairé par l'électricité, ainsi que beaucoup de magasins et de maisons particulières ; l'inauguration a eu lieu le 20 mars 1887.

A Saint-Aignan (Loir-et-Cher), l'éclairage des rues comprend 50 lampes à incandescence, alimentées par une machine Gramme ; ces lampes remplacent 32 réverbères et coûtent 500 francs de plus ; mais aussi quelle différence entre la lumière d'aujourd'hui et celle qui a disparu au mois de mai 1887.

A Bruyères (Vosges) une chute de l'Ardentelle alimente une centaine de lampes à incandescence.

A Pouzanges (Vendée) le service est assuré par 200 lampes à incandescence.

Au fond de la Haute-Savoie, à la Roche-sur-Foron, la municipalité dépense 3000 francs par an pour son éclairage consistant en 20 lampes Edison qui restent allumées toute la nuit pendant l'hiver. L'éclairage privé absorbe 300 lampes.

Le moteur est une turbine mise en marche par une chute d'eau de 17 mètres, et commandant une dynamo d'Thury. La distribution a lieu par une ligne aérienne sur poteaux dont le développement est d'environ 4000 mètres. La section moyenne du conducteur est de 240 millimètres carrés.

Nous n'en finirions pas si nous voulions décrire toutes les petites installations sur lesquelles nous possédons des renseignements précis; nous avons seulement voulu montrer combien l'éclairage électrique s'est développé pendant ces dernières années, et les exemples que nous avons choisis sont de nature à prouver que les centres les moins importants peuvent s'en offrir le luxe.

Examinons maintenant ce qui se passe à l'étranger.

Allemagne. — D'après une statistique officielle, il existerait en Allemagne 170.000 lampes à incandescence alimentées par 4000 dynamos.

Des stations centrales existent dans un certain nombre de villes importantes; on en trouve plusieurs à Berlin d'autres à Leipzig, Munich, Cologne, etc.

A Berlin notamment, on fait usage du système à courant continu et à haute tension pour les régulateurs à arc tandis que des courants continus à basse tension sont appliqués à l'éclairage par l'incandescence.

La compagnie *Berliner Elektricitäts-Werke* emploie les câbles sous plomb et à double armature de fer de la maison Siemens; nous en avons donné la description en parlant de la canalisation. Au sortir de l'usine, les câbles ont une section de 100,5 millimètres carrés. Les cinq dynamos en service peuvent alimenter 1800 lampes; l'éclairage est distribué dans le pâté de maisons avoisinant Leipzigerstrasse.

La compagnie *Allegemeine Elektricitäts-Geselleschaft*

possède deux usines qu'elle se propose de réunir dans un but économique, de telle sorte qu'une seule de ses stations fournisse l'électricité pendant le jour, la seconde n'entrant en service que vers le soir.

Unter der Linden (sous les tilleuls) est le boulevard fashionable de Berlin; son étendue est de 1800 mètres. L'installation de l'éclairage électrique de cette grande voie, terminée depuis le mois de septembre 1888, est l'œuvre de la *Berliner Elektricitäts Werke*. Les foyers lumineux comprennent 108 régulateurs à arc de 2000 bougies.

Seize de ces foyers éclairent la promenade, sur la ligne médiane du boulevard, quatre-vingt quatre sont disposés le long des trottoirs, et 8 sur le pont *Kaiser Wilhelm*.

Vingt-quatre câbles sous plomb, placés sous les trottoirs amènent le courant de l'usine jusqu'aux candélabres.

Ceux-ci ne sont pas dépourvus d'élégance. Dans l'axe du boulevard, les lampes sont suspendues à des chaînes ornementales, soutenues par des colonnes d'un bel aspect qui atteignent 10 mètres de hauteur. Les foyers à arc sont descendus à l'aide de poulies et d'un contre-poids placé dans le candélabre. L'enveloppe protectrice de la lampe est en cuivre et forme réflecteur.

L'espacement entre les foyers lumineux, qui est de 60 mètres, pour la ligne centrale, est réduit à 40 sur les trottoirs où des colonnes, analogues à celles de la promenade, maintiennent les lampes à 8 mètres au-dessus du sol.

A Berlin, la lumière électrique coûte 5 centimes par heure pour les lampes à incandescence et 75 à 80 centimes pour les lampes à arc.

A Hanovre, le prix est de 5 centimes l'heure avec un abonnement à l'année pour l'incandescence.

A Strasbourg, on ne paie que 3 ou 4 centimes l'heure suivant que les lampes sont de 10 ou de 16 bougies.

Hambourg possède à elle seule 4500 lampes à incandescence et 300 foyers à arc, tandis qu'à Lubeck l'éclairage se réduit à l'hôtel de ville et aux rues adjacentes.

Angleterre. — Les conditions dures imposées par la loi de 1882 sur l'éclairage électrique ont ralenti, en Angleterre, le développement des réseaux. Il existe cependant des usines centrales. parmi lesquelles, la *Grosvenor district electrical Supply* distribue le courant sur un réseau de près de 15 kilomètres, de 8 heures du matin à minuit. au prix de 5 centimes par lampe et par heure, ou bien à raison de 50 francs par an pour chaque lampe de 16 bougies. La distribution a lieu par transformateurs.

Les figures 134 et 135 représentent des lampes à arc construites par la maison Woodhouse et Rawson pour l'éclairage public.

Les figures 136 et 137 montrent comment ces lampes sont suspendues à leurs supports. Enfin, on voit sur les figures 138 et 139 comment les conducteurs aériens sont soutenus. Dans la figure 135, un isolateur double $a\,a$ est maintenu sur le poteau par un collier boulonné. Les deux sections du conducteur de lumière sont arrêtées sur les gorges des isolateurs et réunies entre elles par une boucle de câble. Les conducteurs lourds sont soutenus par des câbles en fil d'acier suspendus eux-mêmes aux appuis. La figure 139 montre cette disposition. Le conducteur s'engage dans des bagues en ébonite C C que

traverse un étrier W en fil de fer galvanisé. Cet étrier
est supporté par un anneau brisé en acier R que traverse

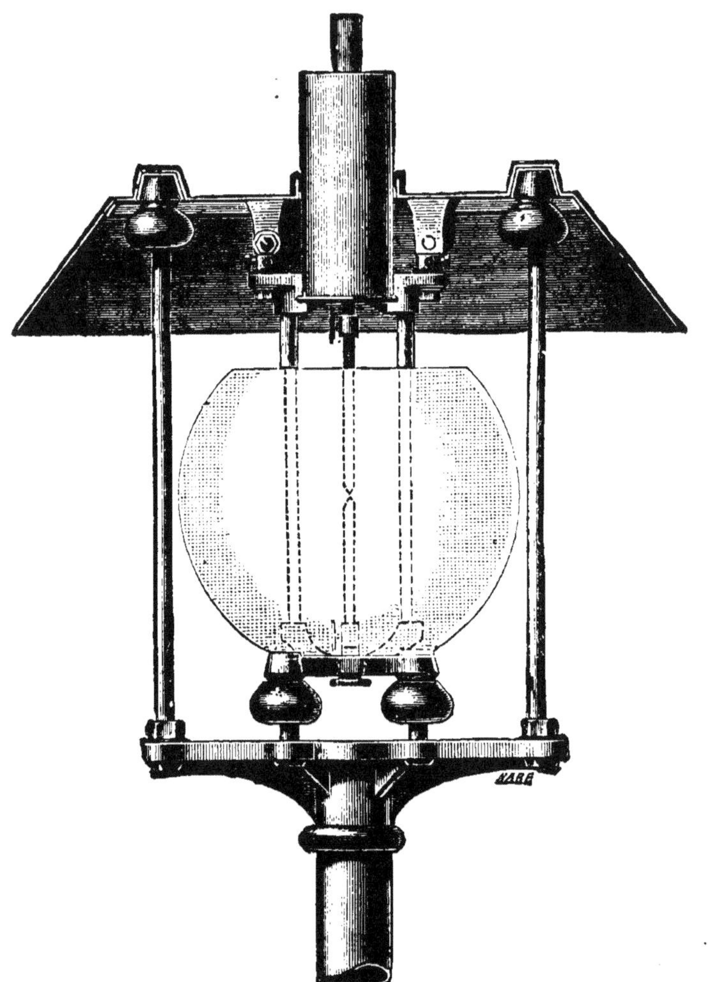

Fig. 134. — Lampe à arc pour l'éclairage public (Woodhouse et Rawson).

le câble de soutien S S. Des colliers semblables disposés
de distance en distance assurent la stabilité de la ligne.

Autriche-Hongrie. — De même qu'en Angleterre, les

prétentions des municipalités austro-hongroises ont écarté beaucoup de concurrents.

A Vienne cependant, une station centrale alimente les théâtres et les bâtiments municipaux.

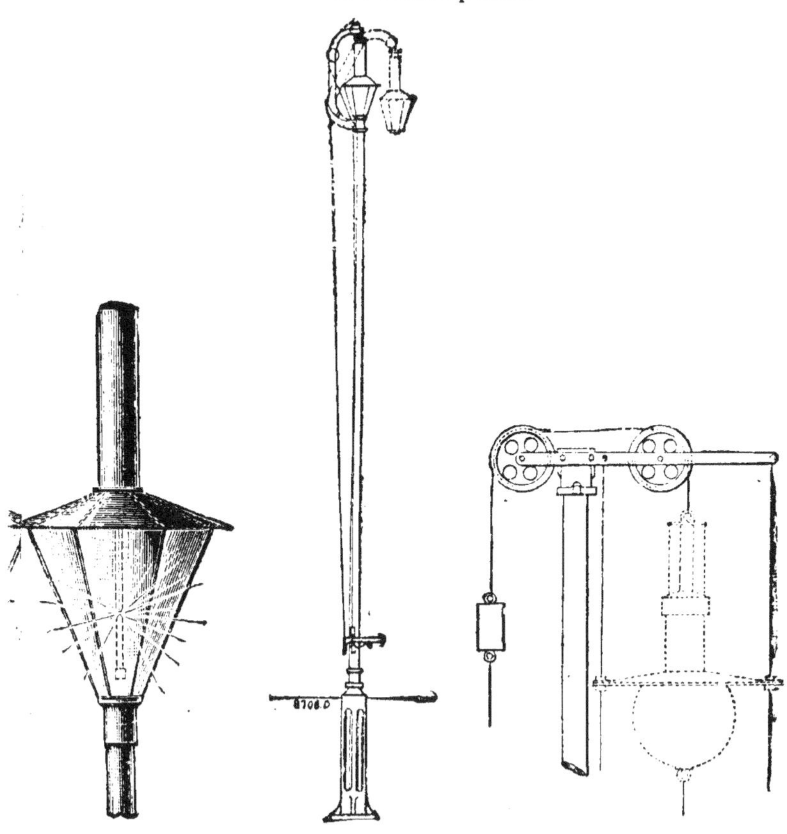

Fig. 135. — Lampe
à arc pour l'éclai-
rage public.

Fig. 136. — Mode
de suspension
des lampes.

Fig. 137. — Détails de la
suspension des lampes.

Le prix de l'éclairage est assez élevé pour le moment :

6$^{cent.}$25   par heure et par lampe de 10 bougies.
10 centimes   —   —   —   16   —
20 centimes   —   —   —   32   —

La municipalité bénéficie d'une remise de 25 pour 100.

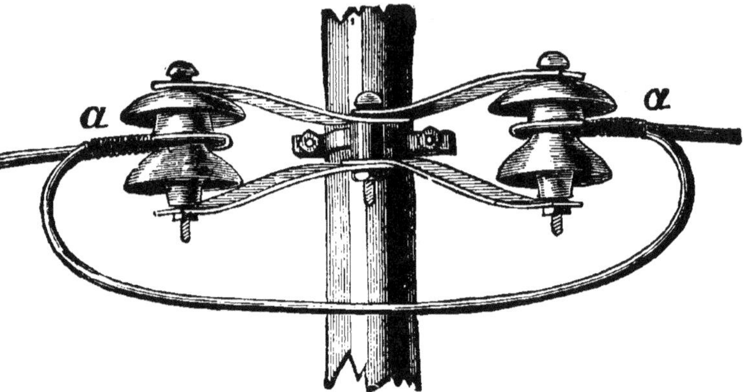

Fig. 138. — Mode d'attache des câbles sur les isolateurs (Woodhouse et Rawson).

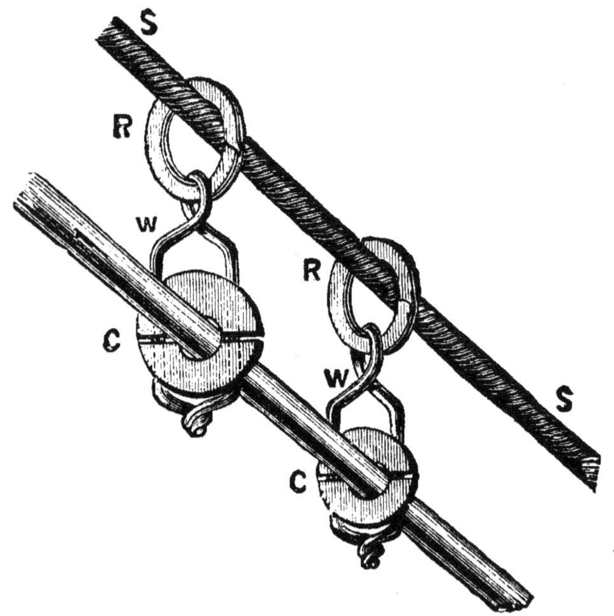

Fig. 139. — Mode de suspension des conducteurs (Woodhouse et Rawson).

Une petite ville de la basse Autriche, Scheibbs, avait cependant donné l'exemple dès le mois de novembre de 1886 en inaugurant un éclairage avec des foyers à arc.

Belgique. — Rien de bien saillant en Belgique ; le prix du gaz y est peu élevé et nuit au développement des grands établissements électriques. Seule, la grande place de Bruxelles est éclairée et, en dehors de l'usine d'Anvers qui allume 6000 lampes à incandescence Lane Fox, une centaine de foyers à arc, et qui livre l'électricité au même prix que le gaz, on ne trouve plus guère que des installations particulières.

Espagne. — Tout récemment encore on n'avait à signaler en Espagne que l'éclairage de quelques théâtres. A Madrid, à Barcelone, quelques courses de taureaux empruntaient l'électricité, tant pour illuminer l'arène que pour exciter les animaux, mais on va si vite en électricité que peut-être, quand paraîtra ce petit ouvrage nos voisins auront regagné le temps perdu.

États-Unis. — Dans un mémoire récent, M. Martin a fait connaître la situation de l'éclairage électrique aux États-Unis en 1887 ; c'est à ce mémoire que nous empruntons la plupart de nos renseignements.

L'extension prise par l'éclairage électrique aux États-Unis, depuis 1880, est telle qu'il y existe aujourd'hui plus de 700 compagnies parmi lesquelles nous devons citer comme les plus importantes :

La Compagnie Brush, la Compagnie Weston-Maxim, la Compagnie Edison et la Compagnie Thomson-Houston. L'ensemble de ces Compagnies distribue l'électricité à 140.000 régulateurs à arc et à 550.000 lampes à incandescence.

L'usine Brush de Cleveland n'occupe pas moins de

500 ouvriers ; on y construit tout le matériel, dynamos, lampes à arc, charbons, instruments de mesure. La production des charbons, dont la base est le coke de pétrole atteint 455.000 mètres par mois ; ils sont cuivrés et se vendent 33 ou 39.5 centimes le mètre suivant que leur diamètre est de 11 ou de 12,7 milli-mètres.

La Société Brush utilise, outre ses régulateurs, des lampes Swan et des lampes Bernstein à incandescence.

Les lampes à arc de Weston sont fabriquées par les usines de l'*United States Electric Company* qui construit également les lampes à incandescence à filament de celluloïde du même inventeur et les lampes Maxim à filament de papier ; les types usuels sont de 16, 30 et 50 bougies. La Compagnie possède trois usines à New-York.

La Compagnie Edison fabrique tout son matériel dans trois usines ; elle ne s'occupe que d'incandescence et le nombre de ses lampes en service est considérable.

La Compagnie Thomson-Houston, de Boston, au dire de M. Martin, construisait, en 1887, 18 dynamos, 400 lampes à arc et 2500 lampes à incandescence par semaine.

Les régulateurs à arc ont été longtemps en faveur en Amérique, mais maintenant les lampes à incandescence leur font une sérieuse concurrence ; la station Edison de Pearl street, à New-York, allume 12.000 lampes, celle de Boston 10.000.

Dans les magasins, suivant la durée de l'éclairage, le prix de la lampe de 10 bougies est de 4 francs, 5 fr. 25, ou 6 fr. 75 par mois.

A Philadelphie, le prix payé par soirée est de 3 fr. 25. Pour les régulateurs à arc, utilisés par les municipalités, les tarifs varient entre 2 fr. 25 et 3 fr. 35 par nuit et par foyer.

New-York est la ville du monde où l'on rencontre le plus de fils aériens. Les conducteurs affectés aux télégraphes, aux téléphones, à l'éclairage électrique sont répartis côte à côte sur des poteaux dont quatre rangées parallèles encombrent quelquefois une même voie.

L'extension prise par l'éclairage électrique menaçait d'augmenter encore cet enchevêtrement, aussi l'autorité a-t-elle prescrit l'enfouissement, à bref délai, de tous les conducteurs. Les Compagnies ne montrent pas un grand empressement à se conformer à ces prescriptions, aussi, un service d'inspection a-t-il été spécialement organisé en vue d'obtenir, dans l'organisation des réseaux, l'ordre et la régularité qui faisaient absolument défaut.

Dans beaucoup d'autres villes d'Amérique, le réseau souterrain est déjà très développé, comme à Philadelphie, à Boston, à Chicago, à Washington, etc.

Ajoutons, pour en finir avec le nouveau monde que la Nouvelle-Orléans est complètement éclairée avec des lampes à arc, que le réseau de Mexico a déjà trois ans d'existence et que plusieurs États de l'Amérique du Sud sont en train d'organiser l'éclairage électrique de leurs principales villes.

Italie. — On y trouve de belles installations, notamment à Milan, à Rome, à Tivoli, à Trévise.

A Milan, l'usine Edison éclaire les magasins, les cafés, les hôtels, les théâtres et autres édifices publics ; 8000 lampes à incandescence auxquelles viennent se joindre une centaine de régulateurs Siemens, sont allumées chaque soir. La distribution est souterraine et l'électricité est tarifiée au compteur à 5 centimes l'ampère-heure.

La station centrale affectée à l'éclairage municipal emploie des machines Thomson-Houston qui allument 350 foyers du même système.

A Rome, la distribution a lieu par les courants alternatifs et les transformateurs; c'est la compagnie du gaz qui en a pris l'initiative. Les lampes à arc sont plus particulièrement affectées à la voie publique, tandis que les lampes à incandescence distribuent leur éclat dans les théâtres, les édifices et les magasins.

Le prix par heure est de 8 centimes pour la lampe à incandescence de 16 bougies et de 80 centimes pour la lampe à arc.

A Tivoli, un millier de lampes à incandescence et quelques régulateurs à arc sont répartis dans les rues.

A Trévise, on compte 600 lampes Edison de 10, 16 et 32 bougies, ainsi que quelques foyers à arc.

En signalant quelques installations en Suisse, en Suède et en Norvège, dans de petites localités où les chutes d'eau forment des moteurs tout indiqués, en ajoutant que la ville d'Hernœsand, dans la Finlande suédoise, a été une des premières à éclairer ses rues par la lumière électrique, que l'installation y a été faite par la Compagnie Thomson-Houston, que la force motrice provient d'une chute d'eau située à 3 kilomètres de la ville, nous aurons terminé cette longue énumé-

ration ayant pour but de faire connaître l'état actuel de
l'éclairage électrique sur la voie publique.

Derniers cours. — Voici, d'après les renseignements
les plus récents, un aperçu du prix moyen de l'éclairage
électrique.

Paris dépense annuellement, pour l'éclairage municipal :

	fr.
Gaz.	6.515.724 37
Électricité.	422.500 »
Huile.	100.522 53

En France, le prix moyen de la quantité de lumière
électrique représentant 10 bougies est de 6 centimes par
heure.

L'arc voltaïque est un peu moins cher et, à éclairage
égal, correspond au prix du gaz vendu à raison de 24 centimes le mètre cube.

En Amérique, la moyenne des prix est, par régulateur
à arc et par nuit :

	fr.
A New-York.	1 72
A Brooklyn.	2 75
A Buffalo.	2 25
A New-Orléans.	1 70
A Philadelphie.	2 50
A Baltimore.	2 50
A Boston.	3 25

IV

L ECLAIRAGE ÉLECTRIQUE AU THÉÂTRE

L'électricité au théâtre. — L'électricité qui règne aujourd'hui en maîtresse dans la plupart des théâtres importants a eu des débuts modestes. Pendant de longues années, son rôle s'est borné à produire des effets de scène dans certaines pièces et il est curieux de connaître les procédés employés pour les différents cas particuliers qui se présentent.

En thèse générale, l'éclairage est produit par un régulateur à arc, du système Foucault-Duboscq, placé dans une lanterne en bois réprésentée par la figure 140. Un réflecteur en verre argenté reçoit les rayons lumineux et les réfléchit en un faisceau parallèle ou divergent suivant la position de l'arc par rapport au foyer principal du miroir. Cet appareil est principalement destiné à l'éclairage des grandes surfaces ; les effets spéciaux nécessitent des appareils plus compliqués.

La première application de ce genre eut lieu en 1846, à l'Opéra, dans le *Prophète* ; la lumière électrique y produisait un effet de soleil levant ; l'illusion fut complète.

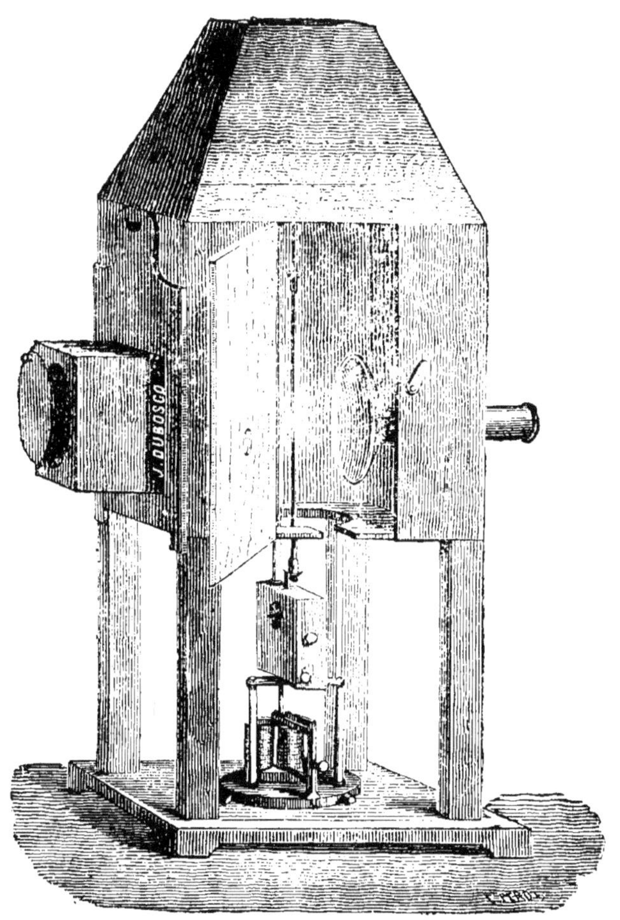

FIG. 140. — Lanterne à projections.

L'appareil de projection (fig. 141) consiste en une lampe électrique placée au foyer d'un grand réflecteur parabolique fixé sur un support en bois. Les rayons réfléchis forment un faisceau parfaitement cylindrique que l'on recueille, sous forme de disque, sur un écran de soie. C'est ce disque lumineux qui s'élève graduellement au-dessus de l'horizon. Les déplacements de l'appareil que nous reproduisons (fig. 141) sont soigneusement dissimulés aux yeux du public par des toiles habilement disposées.

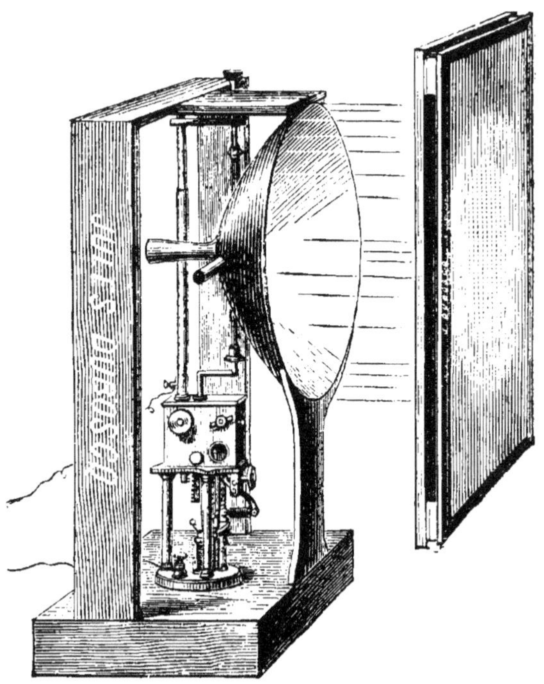

Fig. 141. — Appareil pour produire l'effet du soleil levant.

Vers 1860, lors de la reprise de *Moïse*, c'est encore la lumière électrique qui remplaça les bandes de papier coloré qui figuraient anciennement le signe de délivrance.

L'arc-en-ciel fut représenté en nature par la décomposition d'un faisceau lumineux à l'aide du prisme.

L'ensemble de l'appareil imaginé par M. Duboscq est renfermé dans une caisse noircie. L'arc voltaïque envoie ses rayons sur un jeu de lentilles qui les transforme en un faisceau parallèle.

Ce faisceau traverse un écran découpé en forme d'arc et vient frapper une lentille bi-convexe qui le projette ensuite sur un prisme destiné à produire par décomposition les couleurs du spectre solaire. Le faisceau, ainsi décomposé, était projeté sur la toile du fond, figurant le ciel, et un bel arc-en-ciel s'y étalait tandis que Moïse et le groupe d'Hébreux qui l'entourait étaient en pleine lumière.

Fig. 142. — Appareil figurant l'arc-en-ciel.

L'appareil de projection que représente la figure 142 se place sur un échafaudage de hauteur convenable, à 5 mètres du rideau, face à la toile du fond.

Le bruit du tonnerre n'a rien à faire avec l'électricité, aussi se contente-t-on encore du *tam-tam* et de la feuille de tôle traditionnels; pour les éclairs, c'est autre chose, les feux rouges allumés derrière la toile du fond ne sont plus de mode ; ils faut au public de vrais éclairs ; on les lui donne.

L'appareil (fig. 143) est un petit miroir plan que l'on peut tenir à la main, et devant lequel jaillit l'arc voltaïque, entre les pointes de deux charbons, alimentés par une batterie électrique.

Fig. 143. — Miroir pour les éclairs.

« Le charbon supérieur est fixe, mais l'inférieur peut recevoir, à un moment donné, un mouvement de recul.

« Ce charbon est en conséquence adapté à une tige de fer doux, qui plonge, par attraction, dans une hélice magnétisante au moment où celle-ci est traversée par le courant électrique même qui doit constituer l'arc voltaïque. Tant que le courant de la pile n'est pas lancé dans l'appareil, les charbons restent donc en contact ; mais vient-on à fermer le circuit, le fer doux fixé au charbon mobile est subitement attiré, et, par suite, ce dernier effectuant son recul, l'arc lumineux se forme aussitôt.

« Dès que le circuit est rompu, l'arc s'éteint et le charbon inférieur, sollicité par un ressort, revient au contact pour permettre un nouveau passage du courant. Grâce à cette disposition, l'émission et l'extinction de la lumière s'obtiennent immédiatement, et le phénomène de l'éclair se réalise. »

Placé dans la main d'un acteur, ce miroir peut, dans une féerie, être utilisé de mille façons : de là son nom de *miroir magique*. Il peut aussi servir à éclairer un personnage en scène qui, comme dans *Hamlet* et dans *Faust* doit être accompagné dans ses mouvements par un rayon de lumière.

Dans ce cas cependant, on préfère employer l'appareil représenté par la figure 144 et qui, en réalité, n'est qu'une réduction de celui dont nous avons parlé au commencement de ce chapitre (fig. 141). Enfin, pour les éclairages en grand, on fait souvent usage d'un simple réflecteur (fig. 145), monté sur un châssis et mobile dans tous les sens.

Les fontaines lumineuses ont trouvé leur place dans différents ballets, dans nombre de féeries, et enfin dans plusieurs Expositions, à Londres en 1886, à Manchester, à Glasgow, à Barcelone ; elles sont d'un charmant effet, et on peut varier à volonté les nuances de leur éclat en changeant la coloration des verres qui servent à les éclairer.

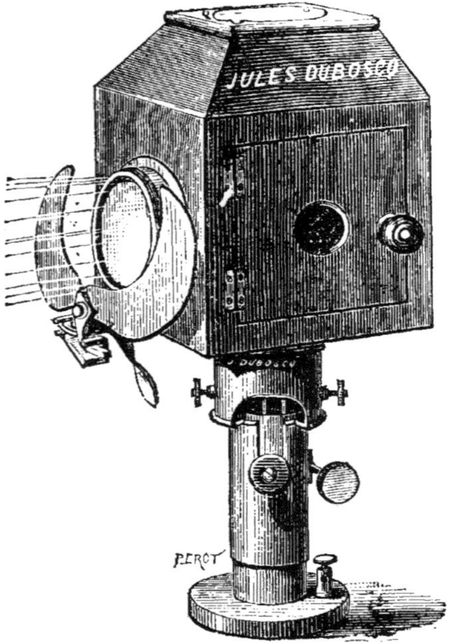

FIG. 144. — Appareil pour suivre un personnage.

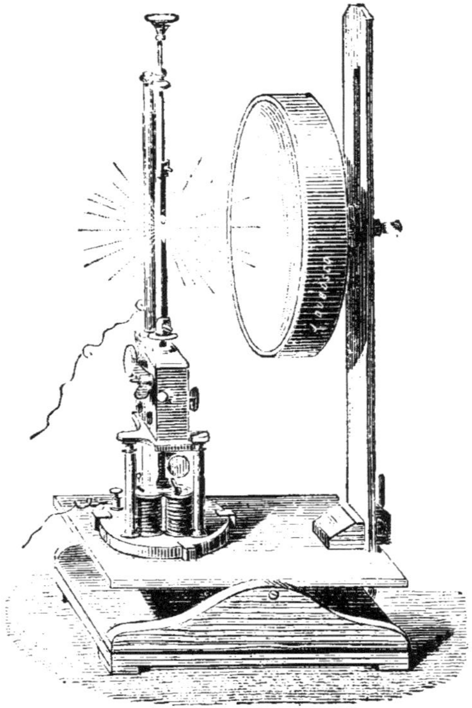

FIG. 145. — Support articulé avec réflecteur.

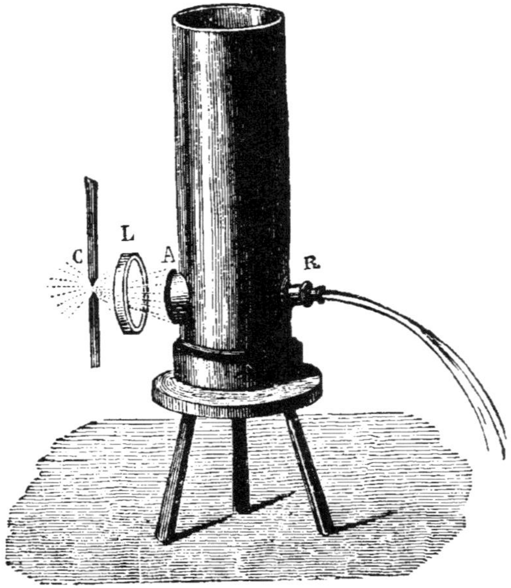

FIG. 146. — Fontaine lumineuse.

L'aspect qu'elles présentent est dû à un phénomène physique bien connu.

« Lorsqu'un liquide s'écoule d'un vase par un orifice circulaire, le jet affecte la forme d'une parabole ; de plus, la veine liquide n'est pas absolument cylindrique, elle se contracte en un point dont la distance à l'orifice d'écoulement est réglée par une loi mathématique.

« Dans ces conditions, si un faisceau de lumière est braqué sur l'orifice d'écoulement, il semble entraîné par le liquide et le suivre dans tous les points de sa course.

« Cet effet ou phénomène est désigné, en optique, sous le nom de réflexion totale ; en vertu de la courbure de la veine liquide, le faisceau est réfléchi, à chaque pas de sa course, par la molécule qu'il rencontre, et, au lieu de la franchir pour se jeter dans l'espace, cette molécule le renvoie dans le sens de la veine qui prend l'aspect d'un jet de feu.

« Si l'on brise la courbe liquide, le phénomène de réflexion cesse et des éclats de lumière jaillissent autour du point brisé ; on réalise ainsi l'expérience dite de la veine fluide illuminée (J. Duboscq.). »

L'appareil de projection est une lampe à arc munie d'un jeu de lentilles concentrant les rayons lumineux sur les orifices du récipient qui contient le liquide (fig. 146). En plaçant des verres colorés devant l'appareil, on change à volonté la coloration de la gerbe. C'est en 1853 que ce dispositif fit son apparition au théâtre dans le ballet d'*Elia et Mysis* ; il est également employé au second acte de *Faust*.

On a produit aussi des fontaines jaillissantes et même

de grandes cascades qui aux dernières Expositions, notamment en 1889, ont eu un vif succès.

Au-dessous de la douille du jet d'eau, se trouve une excavation hermétiquement close à sa partie supérieure par une glace sans tain.

FIG. 147. — Bijoux lumineux (peigne).

Dans l'intérieur de cette chambre, on place un régulateur à arc, au foyer d'une lentille à échelons de Fresnel, de telle sorte que la colonne d'eau projetée par la fontaine est traversée par un puissant faisceau lumineux.

La coloration dépend évidemment de celle de la glace;

on peut la faire varier à volonté en changeant, par un jeu de glissières, la nuance du verre qui protège la lentille et le foyer lumineux.

FIG. 148. — Bijoux lumineux.

Dans un autre ordre d'idées, les bijoux lumineux de MM. Trouvé ont grandement contribué à agrémenter les effets de scène. Ces bijoux montés sur des peignes (fig. 147), des épingles à cheveux, formant des diadèmes ou des colliers ont eu le plus grand succès. Les pierreries qu'il s'agit d'illuminer sont de véritables petites lentilles dont la taille a été très soignée et dont le foyer déterminé avec soin est occupé par une lampe à incandescence minuscule. Les fils de communication, minces et souples se dissimulent facilement dans les cheveux ou dans les plis des vêtements. La pile (fig. 149) se met dans

Fig. 149. — Pile de poche.

une poche ou dans la tournure des dames, et il suffit de presser sur un bouton pour obtenir l'allumage de tout ce petit réseau qui donne immédiatement naissance à des diamants, des rubis, des émeraudes et autres pierres précieuses transparentes.

M. Trouvé a imaginé aussi les épées et les cuirasses flamboyantes ; la scène que représente notre figure 150 donne une idée de ce que M. Trouvé appelle le *duel électrique*. Les deux adversaires, dûment cuirassés, sont en relation avec une pile Trouvé dont la cuirasse et l'épée forment les deux pôles. Des étincelles jaillissent en grand nombre à chaque contact des deux épées et lorsqu'une des cuirasses est frappée par l'épée de l'adversaire ; ne pourrait-on pas trouver quelque chose de semblable pour marquer les coups dans les salles d'armes. on éviterait ainsi les contestations des tireurs qui ne veulent pas convenir qu'ils ont été touchés.

FIG. 150. — Duel électrique.

Un truc de cette nature a été employé pour les représentations du *Faust* de Gœthe adapté à la scène anglaise. Lorsque Méphistophélès intervient dans le duel entre Faust et Valentin, des étincelles jaillissent de son épée dès qu'il pare les coups. Après la mort de Valentin, une petite lampe à incandescence, attachée à la pointe de l'épée diabolique, s'illumine et éclaire la figure de la victime.

Des lampes colorées, fixées au bonnet de Méphisto et qu'il allume à volonté contribuent à accentuer ses jeux de physionomie.

On voit, d'après les exemples qui précèdent, quel parti on peut tirer de l'électricité au théâtre, sans compter ses effets mécaniques dont nous n'avons pas à nous occuper ici.

Aujourd'hui, on attend encore plus que cela de l'électricité, on lui demande de protéger la vie des spectateurs et des artistes.

L'éclairage électrique des théâtres. — Les premiers essais remontent à 1878 et furent entrepris avec plein succès à l'Hippodrome de Paris par M. H. Fontaine.

Les désastres des théâtres de Rouen, de Nice, de Vienne, de l'Opéra-Comique et peut-être d'autres encore qui nous échappent, décidèrent beaucoup de municipalités à imposer aux directeurs de théâtres l'emploi de l'électricité comme moyen d'éclairage de nature à écarter les chances d'incendie.

Dès le mois de juin 1887, la municipalité de Lyon entrait dans cette voie et prenait un arrêté prescrivant la fermeture de tout théâtre qui, dans le délai de cinq mois, ne serait pas éclairé à l'électricité.

Il s'agit avant tout de prévenir les terribles catastrophes qui, pendant ces dernières années, ont plongé dans le deuil tant de familles. Alors que le simple quinquet faisait tous les frais d'une représentation théâtrale, alors que les décors étaient réduits à quelques meubles et à des cloisons en toile, les risques n'étaient pas bien grands. Aujourd'hui, avec le gaz et la chaleur qu'il développe, avec notre luxe de mise en scène, tout est à craindre. Les draperies flottantes, les coups de feu et jusqu'aux incendies qu'on représente en scène sont autant de causes de danger. Les précautions sont prises, il est vrai, mais l'expérience n'a que trop montré qu'elles sont insuffisantes et qu'un moment d'affollement, même avant qu'il y ait péril, peut amener ces désastres.

L'éclairage électrique diminue certainement les chances de sinistres, encore, pour les écarter complètement, faut-il le réglementer.

Le 17 avril 1888 paraissait à Paris une ordonnance du préfet de police réglant la question pour le département de la Seine, et portant en substance que toute personne voulant installer la lumière électrique dans un théâtre, café-concert ou autre lieu public soumis à l'autorisation de la préfecture, doit en faire la demande et ne peut commencer les travaux qu'après autorisation.

Quant aux précautions à prendre, elles sont indiquées dans les articles suivants :

Art. 5. — Les machines à vapeur, les machines à gaz ou les machines à air actionnant les machines dynamo-électriques, et les foyers des machines à vapeur, ne pourront être placés dans les parties du local accessibles au public et aux artistes.

Art. 6. — Les foyers des chaudières à vapeur et le combustible destiné à leur alimentation devront être placés dans des locaux distincts et construits en matériaux complètement incombustibles, avec portes en fer, et séparés des autres dépendances de l'établissement par des murs en maçonnerie, ainsi que par des voûtes ou des planchers en fer, hourdés de briques, d'épaisseur suffisante.

La figure 151 représente en plan et en élévattion la

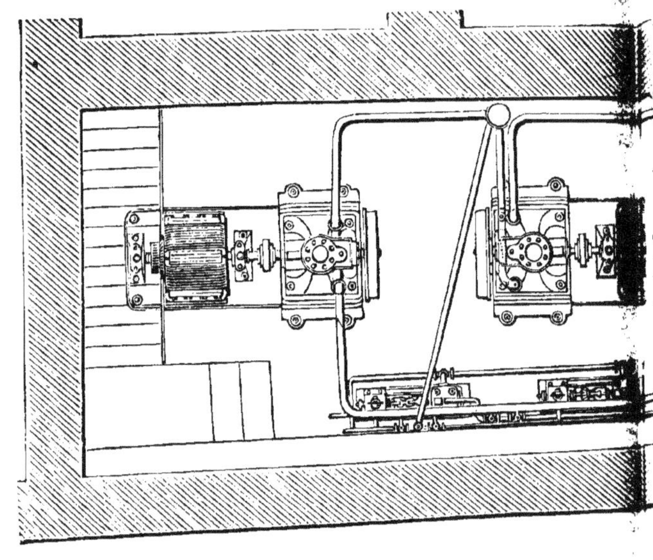

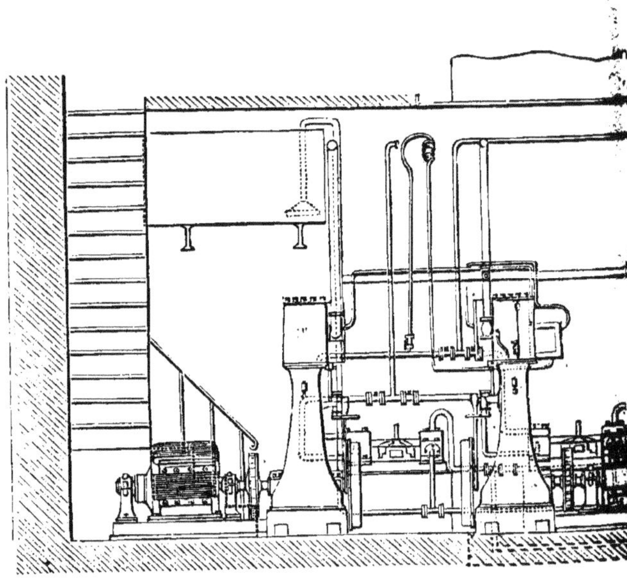

Fig. 151. — Machinerie du Gymnase. D'#

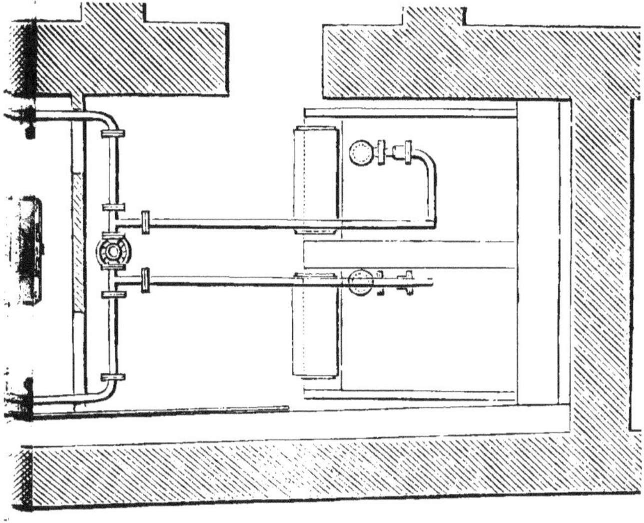

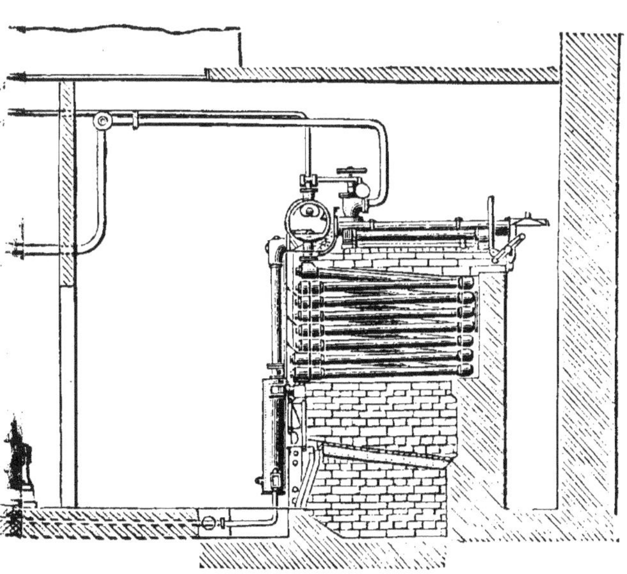

D'après un plan communiqué par M. Clemançon.

machinerie du théâtre du Gymnase, installée dans ces conditions par M. Clémançon qui nous a gracieusement prêté ce dessin ainsi que plusieurs des suivants.

ART. 8. — Les conduits de fumée seront en briques. Ils seront toujours montés à cinq mètres en contre-haut des souches des cheminées voisines.

ART. 9. — Les piles électriques, les accumulateurs, seront installés dans un local spécial bien ventilé et, dans le cas d'émission de vapeurs nuisibles, placés sous des hottes avec cheminées d'appel entraînant les gaz et les vapeurs au-dessus des toits. Les acides et autres produits chimiques destinés à leur entretien seront enfermés dans un local spécial et ne devront jamais rester à la disposition du personnel étranger à ce service.

ART. 10. — Les machines dynamo-électriques seront placées dans un endroit sec, ne contenant aucune matière facilement inflammable et à l'abri des poussières. Elles seront convenablement isolées et tous jours tenues en état de propreté.

L'installation devra offrir toute garantie de sécurité ; des dispositions spéciales seront prises dans le cas de l'emploi des courants alternatifs.

Le service sera fait par des surveillants et des ouvriers expérimentés. Les précautions de prudence seront inscrites sur un tableau placardé d'une manière très apparente dans la salle des machines.

ART. 13. — Un voltmètre et un ampèremètre par machine seront installés à poste fixe pour contrôler les courants.

ART. 14. — On disposera un coupe-circuit sur chaque câble à son départ du tableau distributeur. Chaque embranchement principal ou secondaire sera également protégé par un coupe-circuit.

Ces coupe-circuit seront étalonnés et ne devront laisser passer au maximum qu'un courant triple de la valeur normale.

ART. 15. — Dans chacune des parties du circuit, le diamètre des conducteurs devra être en rapport avec l'intensité du courant, de telle sorte qu'il ne puisse se produire, en aucun point, un échauffement dangereux pour l'isolement des conducteurs ou des objets voisins.

ART. 17. — L'emploi des conduites d'eau et de gaz et des parties métalliques de la construction comme conducteur est rigoureusement interdit.

ART. 18. — Les câbles seront recouverts d'une matière offrant toute garantie au point de vue de l'isolement ; en tous temps la verte des circuits par défaut d'isolement devra être inférieure au millième du courant qui les parcourt.

ART. 19. — Sauf au voisinage des lampes, tous les fils et câbles seront solidement fixés et constamment séparés les uns des autres à 40 millimètres au moins pour les lumières à incandescence, et à 60 millimètres pour les lumières à arc. L'espace entre les fils et les pièces métalliques de la construction sera de 60 millimètres, à moins que le câble ne soit placé sous plomb.

ART. 20. — Quand les conducteurs traversent des planchers, parers, murs ou cloisons, ou quand ils se croisent, ils doivent être protégés par une seconde enveloppe en matière dure et incombustible. Dans les locaux exposés à l'humidité ou dans la traversée des murs, on devra prendre des dispositions spéciales pour protéger les conducteurs.

ART. 21. — Tous les fils qui seraient à la portée de la main du public ou du personnel étranger au service seront placés sous des moulures facilement reconnaissables.

ART. 22. — Les lumières nues sont prohibées.

ART. 23. — Les lumières à arc seront protégées par des globes de verre ou des lanternes; elles seront munies d'une grille pour arrêter les étincelles et les bris de verre.

ART. 24. — Les lampes à incandescence dont l'intensité dépassera cinq carcels devront également être protégées par un grillage.

ART. 25. — Les câbles de suspension des lampes seront incombustibles et indépendants des fils conducteurs, lesdits fils ne pouvant dans aucun cas, servir de suspension aux lampes.

ART. 26. — Si l'éclairage de secours est fourni par la lumière électrique, il devra être assuré par au moins deux batteries indépendantes d'accumulateurs ou d'éléments de piles. Dans ce cas, les batteries et les câbles ou fils amenant le courant aux lampes de secours seront toujours placés à l'extérieur de la cage de scène; de plus ces batteries devront toujours être chargées en dehors de la durée des représentations. Pendant la durée des représentations, les batteries seront complètement isolées des machines.

Les commutateurs servant à réunir les batteries d'accumulateurs aux machines devront être placées dans des endroits apparents et d'un accès facile, et seront pourvus d'un tableau indiquant clairement la disposition adoptée pour isoler les batteries des machines pendant la durée des représentations.

Les batteries d'accumulateurs ou de piles alimenteront chacune une des colonnes montantes placées aux côtés cour et jardin; les dérivations faites sur ces colonnes montantes se croiseront complète-

ment à chaque étage, de manière qu'à chaque étage les lampes de
secours voisines l'une de l'autre soient alimentées alternativement,
l'une par la batterie du côté cour, l'autre par celle du côté jardin.

A chaque direction de sortie, il sera installé une lampe de secours
munie d'un signe spécial qui, pour les installations à venir, consis-
tera en un feu double ou deux lampes conjuguées.

De plus, toutes les lampes de secours devront en général, porter
un autre signe particulier permettant au service qui en sera chargé,
d'exercer une surveillance efficace sur l'éclairage de secours de tous
les théâtres.

Les lampes de secours devront toujours avoir chacune une intensité
au moins égale à celle d'un carcel.

Hippodrome. — A tout seigneur tout honneur; c'est
l'Hippodrome en France qui donna le premier l'exemple,
à lui revient la première place.

Il s'agissait, en 1878, d'éclairer une salle de 6300 mètres carrés dont la hauteur sur la ligne médiane atteint
25 mètres.

L'installation fut faite par M. H. Fontaine avec 4 régulateurs Serrin de 500 becs carcels recevant le courant
de 4 dynamos Gramme du type normal; c'était alors la
machine la plus connue et la plus justement appréciée.
Ce type de machine fut conservé lorsque l'éclairage
devint plus complet, et aujourd'hui, c'est au nombre
de 24, réunies par séries de 6, qu'elles sont mises en
marche par deux machines à vapeur de 100 chevaux
chacune.

Les trois systèmes d'éclairage électrique sont représentés à l'Hippodrome : arc, bougies, incandescence.

Vingt régulateurs Gramme, garnis de réflecteurs éclairent la piste. Sur le pourtour de la salle et autour des
colonnes centrales on a placé 133 bougies Jablochkoff;
1085 lampes à incandescence complètent l'installation.

Et maintenant, veut-on savoir ce que cela coûte par représentation ? 227 fr. 35 ainsi répartis :

	fr.	
Bougies Jablochkoff.	38	20
Charbons pour régulateurs.	5	25
Lampes Swan.	8	75
Houille.	43	70
Graissage.	10	40
Dépenses diverses.	13	50
Eau.	10	70
Personnel..	87	85
TOTAL. .	227	35

Opéra. — Le gaz n'existe plus à l'Opéra qu'à l'état de souvenir ; 6500 lampes Edison y ont remplacé 7500 becs de gaz.

Déjà, après l'Exposition internationale d'électricité de 1881, des essais comparatifs avaient été faits entre les différents systèmes préconisés alors. En 1883, le système Edison était adopté, mais l'installation se réduisait à un éclairage partiel : le péristyle recevait 16 foyers Jablochkoff, la façade-loggia 8 lampes Pieper, le grand escalier, le foyer et la salle 1800 lampes Edison. Au mois de juillet 1886 M. le Ministre des beaux-arts décida que le gaz serait totalement supprimé et que l'éclairage électrique s'étendrait à toutes les parties de l'édifice.

Évidemment, en construisant l'Opéra, M. Ch. Garnier ne pouvait pas prévoir que dans un avenir aussi rapproché, l'éclairage électrique se substituerait au gaz ; l'eût-il prévu, rien ne pouvait lui indiquer la superficie ni l'aménagement des locaux qu'il faudrait mettre à la disposition de la nouvelle industrie ; de ce chef, il fallut que la compagnie concessionnaire se contentât des sous-

18.

sols disponibles pour installer sa machinerie; il fallut aussi, pendant les travaux, ne déranger ni répétitions, ni représentations, il fallut en un mot, au moment de l'inauguration, arriver avec une œuvre toute faite, fonctionnant du jour au lendemain. C'est le résultat qu'ont obtenu les ingénieurs de la Societé continentale Edison. Si les difficultés ont été grandes, elles ont été surmontées avec un plein succès.

Un espace de 15 mètres de longueur sur 6 de largeur et $5^m,50$ de hauteur a donné place, dans 'les sous-sols, à 5 générateurs inexplosibles Belleville, du type de la marine. Une distance de 60 mètres environ les sépare des moteurs, et une double canalisation de vapeur assure l'alimentation de ces derniers; gaz et fumée provenant des foyers de combustion sont éliminés par une cheminée ayant $1^m,30$ de diamètre et 39 mètres de hauteur, qui, habilement dissimulée, n'apparaît pas à l'extérieur.

Les générateurs sont alimentés par un puits tubulaire profond de 39 mètres et débitant 60 mètres cubes à l'heure à l'aide d'une pompe centrifuge actionnée par une dynamo Edison.

Depuis, un générateur Weyher et Richemond a été ajouté.

Les machines à vapeur sont au nombre de 9.

1 machine Corliss.

1 machine Armington.

7 machines Weyher et Richemond, dont une locomobile assurant le service de jour.

Cet ensemble fournit environ une force de 1000 chevaux-vapeur.

La machinerie électrique comprend :

12 dynamos Edison de différentes puissances,

1 dynamo Edison desservant la pompe élévatoire,

1 machine Gramme à courants alternatifs allumant les bougies Jablochkoff.

Des accumulateurs, de 60 kilogrammes, au nombre de 180 sont affectés au service des veilleuses et des lampes de secours.

Le courant des machines est amené à un premier tableau de distribution de 4 mètres de longueur sur 1 de hauteur. Quatre lames de cuivre sont placées deux à deux au-dessus et au-dessous de ce tableau et vont se relier à deux autres tableaux longs de 3^m,50, larges de 1^m,10 et desservant les circuits du théâtre.

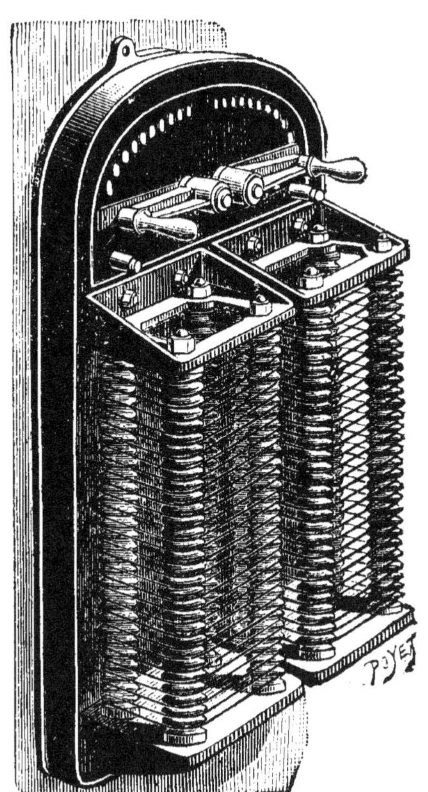

Fig. 152. — Régulateur du champ magnétique.
(Compagnie continentale Edison)

Au-dessous du premier tableau se trouvent les régulateurs du champ magnétique.

Ce sont des rhéostats formés par des cadres en fonte sur lesquels des isolateurs en porcelaine reçoivent les résistances (fig. 152).

La manœuvre d'un tel système devait être prompte, car au théâtre il faut souvent passer brusquement d'un effet de plein feu à un effet de nuit

Pour cela, un arbre horizontal, de même longueur que le tableau, soit 4 mètres, supporte des manettes pouvant se déplacer sur des touches correspondant aux différentes résistances des rhéostats. Chaque manette peut être manœuvrée isolément, mais peut aussi être embrayée sur une roue dentée calée sur l'arbre qui lui-même se termine par un volant.

Le mouvement du volant déplace d'un même coup toutes les manettes embrayées.

Le réglage des effets de lumière, des lustres, herses, portants, etc., s'opère de la même manière que celui des champs magnétiques. Le jeu d'orgues est placé sous la scène, près du trou du souffleur.

Il s'agit de régler 34 circuits; les manettes des rhéostats sont disposées sur deux axes. En face de chaque manette, une lampe étalon montre à l'opérateur l'effet produit dans le circuit qu'il manœuvre. Les rhéostats sont placés en arrière du jeu d'orgues.

Anciennement, les effets de lumière s'obtenaient en fermant plus ou moins les robinets des conduites de gaz, on diminuait ainsi leur section; avec l'électricité, on obtient le même résultat en augmentant la longueur du conducteur tout en diminuant sa section; on force le courant à parcourir le fil mince et résistant du rhéostat.

Les frais d'exploitation de l'éclairage de l'Opéra incombent à la Société Edison qui a passé avec l'État un contrat de 10 ans.

Elle fournit le personnel, qui toutefois est payé par la direction, sur des bases stipulées dans le contrat ; elle reçoit par soirée de représentation 1130 francs et 2000 francs pour chaque bal.

Depuis l'installation définitive, la société Edison a été autorisée par la préfecture de police à substituer aux lampes à huile de secours en cas d'incendie des lampes à incandescence alimentées par des accumulateurs.

Quatre batteries, directement chargées par les machines du réseau général, sont affectées à ce service spécial ; elles comprennent chacune 95 éléments.

Deux de ces batteries sont placées dans les caves, les deux autres sont au dernier étage du monument.

Les circuits de secours sont répartis par étage, un de chaque côté de la salle, et alternativement desservis par les batteries de la cave et par celles des combles. On voit que toutes les précautions ont été soigneusement prises et qu'on se trouve dans les meilleures conditions pour obtenir un fonctionnement régulier assurant au public la plus grande sécurité.

Théâtre-Français — L'installation d'éclairage électrique de l'Académie nationale de déclamation est moins confortable que celle de l'Académie nationale de musique ; nous ajouterons même que si les appareils y sont aussi perfectionnés, ils y sont trop à l'étroit pour la commodité du service. D'ailleurs il faut bien le reconnaître, la disposition de l'immeuble se prêtait peu à un aménagement luxueux.

Quoi qu'il en soit, l'installation de l'usine Edison sous la cour d'honneur du Palais Royal a beaucoup amélioré les choses en faisant disparaître les baraques provisoirement construites dans cette cour. Déjà, au commencement de décembre 1888, bien que les travaux ne fussent pas terminés, la force motrice était fournie.

En raison de l'exiguité du local, l'installation des

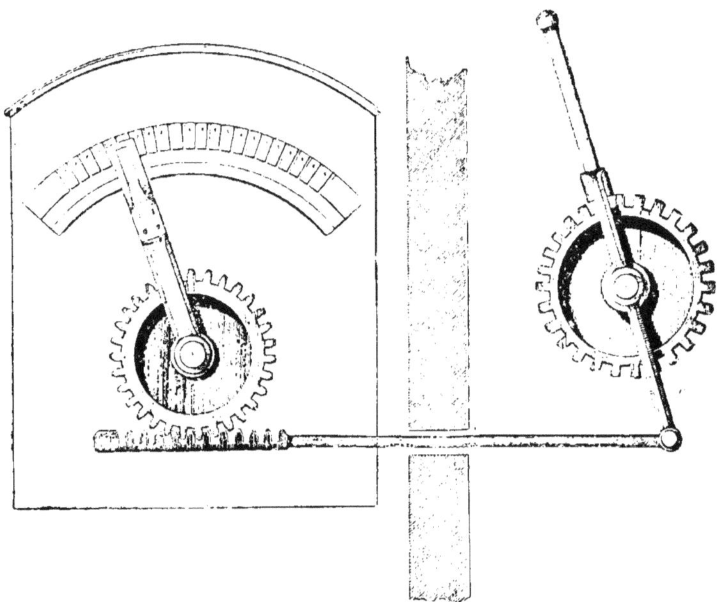

Fig. 153. — Manœuvre des rhéostats.

rhéostats destinés à régler la répartition des courants sur les différents circuits a soulevé quelques difficultés, d'ailleurs facilement vaincues. Il a fallu placer les résistances dans une pièce voisine, et installer pour les commander un mécanisme que représente la figure 153. C'est une manette munie d'un volant qui s'articule sur une bielle terminée par une crémaillère. Les mouvements de la manette, manœuvrée par le mécanicien, se communiquent à la crémaillère placée de l'autre côté de la muraille, dans la pièce où se trouvent les rhéostats ;

celle-ci, engrène une roue dentée portant un frotteur qui parcourt les différents contacts correspondant aux graduations de la résistance à intercaler dans le circuit. Ces résistances sont des fils de maillechort, enroulés sur des colonnettes en porcelaine, comme le montre la figure 152 et dont une plus ou moins grande longueur est insérée dans le circuit, suivant le déplacement de la manette. Une lampe-témoin permet au mécanicien de contrôler l'effet produit. La rampe, qui du reste n'était pas encore posée au commencement de décembre 1888, époque à laquelle nous avons visité les travaux, est divisée en deux parties, côté cour, côté jardin (fig. 154). Elle est très mobile, chaque partie est commandée par une vis à mouvement très doux, manœuvrée par un volant, et supportée par une colonne en fonte. On y a ménagé deux jeux de feux, l'un blanc, l'autre rouge ou bleu pour les effets de scène.

Une batterie d'accumulateurs de 54 éléments, de 80 kilogrammes chacun, sert de réserve pour les éventualités et est utilisée en outre pour les éclairages partiels, tels que celui des loges d'artistes au moment des répétitions.

Cette installation est spacieuse en comparaison de celle du jeu d'orgues ; les batteries sont aménagées sur les deux côtés d'une cave voûtée, et un couloir assez large, restant libre entre les deux rangées, se prête très bien à toutes les manipulations ; au fond, un tableau de charge et de décharge, met en relation les batteries avec les circuits, et porte les commutateurs, ainsi que les instruments de mesure. Ici, le rhéostat, probablement provisoire, affecte une forme assez originale ; c'est une grande bande de toile métallique appliquée le long du

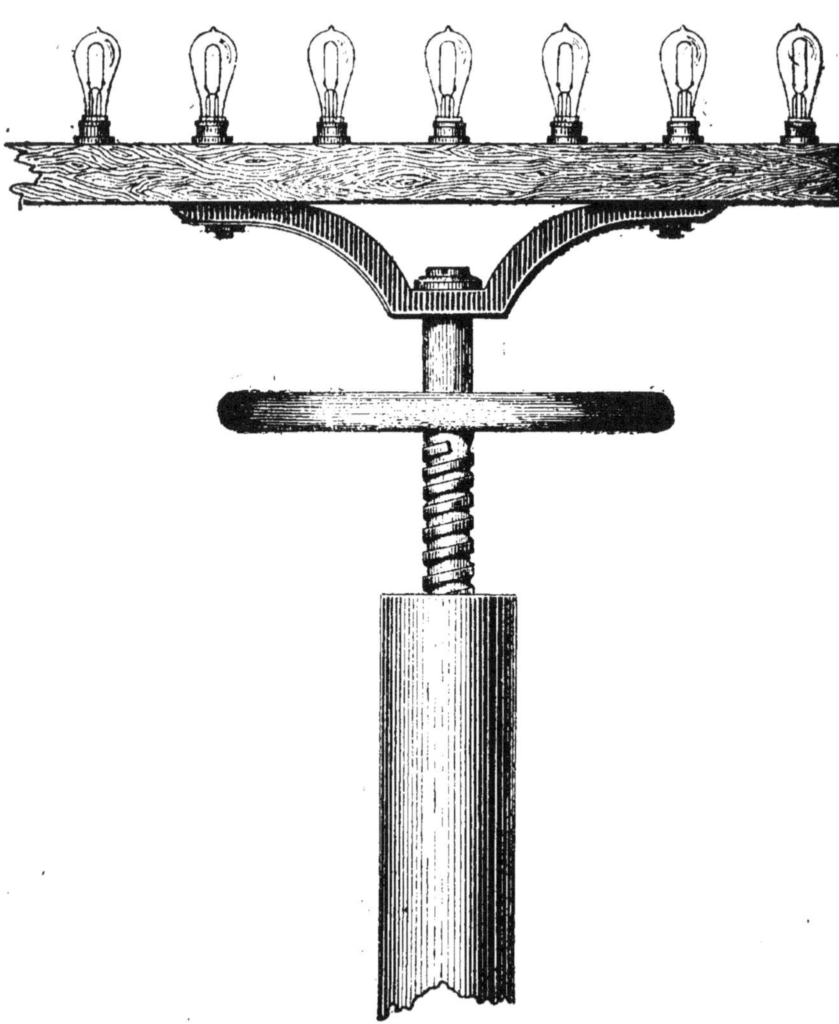

FIG. 154. — Rampe du Théâtre-Français.

mur et que l'on introduit dans le circuit en proportion plus ou moins considérable.

L'éclairage intérieur a lieu uniquement par l'incandescence. Quelques lampes à arc, du système dynamo, analogue à celui de Bréguet, seront probablement placées à l'extérieur.

D'après les renseignements qui nous ont été fournis par la Compagnie, l'éclairage reviendrait à environ 180 francs par représentation.

Théâtre du Palais-Royal. — L'un des plus achalandés, il était aussi l'un des plus exposés. Enclavé dans les immeubles avoisinants, sa petite salle, toujours encombrée, manquait absolument de dégagements. Aujourd'hui, non seulement il est éclairé électriquement, mais encore de nombreuses galeries extérieures surplombant la rue donnent au public un accès facile avec l'extérieur en cas de sinistre.

Deux générateurs Belleville, deux pompes d'alimentation, deux moteurs Weyher, deux machines Edison distribuant le courant sur cinq circuits, tel est l'ensemble. De ces cinq circuits, l'un alimente le lustre, un autre la scène, la rampe, les herses et les portants, un troisième les loges des artistes, le quatrième est affecté au vestibule, à l'escalier, au foyer, etc; le cinquième correspond à une batterie de 30 accumulateurs, de 80 kilogrammes chacun, et est destiné à parer aux éventualités. Le nombre des lampes est de 600, dont 400 de 10 bougies et 200 de 20.

Tout cela est probablement changé à l'heure où nous écrivons ces lignes, car l'usine Edison installée sous la cour du Palais-Royal et que, grâce à l'obligeance de M. l'ingénieur d'Einbroht, il nous a été donné de visiter, alors que les travaux n'étaient pas encore terminés, a probablement permis depuis de supprimer toute la machinerie installée dans les caves du théâtre.

Théâtre de l'Odéon [1]. — Inauguré le 20 mars 1888, l'éclairage y est assuré par 1200 lampes de 16 bougies en chiffres ronds. Les caves ont donné asile à trois générateurs Belleville alimentés par deux pompes, auxquelles un puits de 50 mètres de profondeur fournit l'eau nécessaire.

Trois moteurs Weyher et Richemond, tournant à 165 tours par minute, sont en relation directe avec les dynamos.

En cas d'accident aux machines, et pour assurer l'éclairage de jour, 55 accumulateurs, de 80 kilogrammes chacun, sont constamment en batterie ; l'ensemble est complété par un tableau de distribution. C'est la Compagnie Edison qui a fait l'installation.

Châtelet et Opéra-Comique. — On sait que depuis l'incendie de l'Opéra-Comique, ce théâtre, après avoir été transféré pendant quelque temps à la Gaîté, occupe aujourd'hui, l'immeuble de l'ancien Théâtre-Lyrique, le théâtre des Nations, situé en face de celui du Châtelet. Une seule usine installée au Châtelet par la Société *l'Élairage électrique* alimente les deux théâtres. Elle puise directement à la Seine, au moyen d'une pompe centrifuge, l'eau nécessaire à ses machines et l'emmagasine dans un réservoir de 6 mètres cubes.

Six générateurs Belleville disposés en deux groupes produisent la vapeur qu'ils distribuent à deux moteurs Weyher et Richemond, et à deux machines Sulzer, ces

---

[1] Presque tous les chiffres que nous citons sont empruntés aux remarquables articles de M. Dieudonné dans la *Lumière électrique*.

dernières servant de réserve. Chacun des moteurs Weyher actionne trois dynamos Gramme. Chaque machine Sulzer peut mettre en jeu deux autres dynamos des mêmes types.

Trois batteries d'accumulateurs assurent le service de nuit et celui des lampes de sûreté.

Le tableau de distribution pour les deux théâtres est placé dans la salle des machines.

Au Châtelet, l'électricité est conduite jusqu'à la scène par quatre câbles de 200 millimètres carrés de section ; c'est de là que partent tous les branchements.

La liaison avec l'Opéra-Comique est établie par un câble à deux conducteurs concentriques que nous avons représenté en coupe (fig. 133) et dont nous donnons la composition d'après le journal la *Lumière électrique*.

« Il est constitué par un fil central sur lequel repose un premier câblage de 6 fils, un deuxième câblage de 12 fils s'applique sur le premier, un troisième câblage de 18 fils entoure le deuxième et enfin le troisième est enveloppé d'un quatrième câblage de 22 fils. Ce noyau métallique est recouvert de deux fortes couches de caoutchouc vulcanisé maintenues par trois lits de rubans isolants caoutchoutés.

« L'âme périphérique circulaire est composée de 22 torons de 7 fils de cuivre couverts de deux couches de caoutchouc vulcanisé, celles-ci embrassées par trois rubans caoutchoutés différents et, enfin, tout cet ensemble est serré par une tresse de chanvre enduit.

« La section de chacun de ces deux conducteurs concentriques est de 375 millimètres carrés. »

Deux câbles semblables, de 200 mètres de longueur

relient l'usine du Châtelet au théâtre de l'Opéra-Comique à travers un égout.

La répartition des foyers a lieu de la manière suivante :

Pour le Châtelet :

     46 bougies Jablochkoff
    200 lampes à incandescence de.   .   .   50 bougies
    250   —   —   . . .   16   —
    550   —   —   . . .   10   —

Pour l'Opéra-Comique :

      9 bougies Jablochkoff.
    160 lampes à incandescence de.   .   .   32 bougies
    200   —   —   . . .   16   —
    450   —   —   . . .   10   —

La répartition en dehors de la scène est la suivante :

    Lustres de la salle..   . . . . . .   192 lampes
    Contrôle..   17   —
    Couloirs et escaliers.   120   —
    Foyers.   108   —
    Loges..   50   —

L'inauguration, à l'Opéra-Comique, a eu lieu le 15 mars 1888.

Vaudeville. — Quatre circuits principaux desservent le théâtre. Ils sont alimentés par 2 moteurs Weyher et Richemond, tournant à 90 tours et mettant en marche chacun une machine Edison.

Les circuits se répartissent entre : 168 lampes de 10 bougies pour la salle, 120 pour les couloirs et le foyer, 60 lampes de 16 bougies et 80 de 10 pour la scène, 85 de 16 bougies et 20 de 10 pour l'administration.

La façade est éclairée par 4 régulateurs à arc Pieper.

La batterie d'accumulateurs de secours comprend 28 éléments de 60 kilogrammes chacun.

Gymnase. — L'éclairage électrique du théâtre du Gymnase organisé par M. Clemançon a été inauguré le

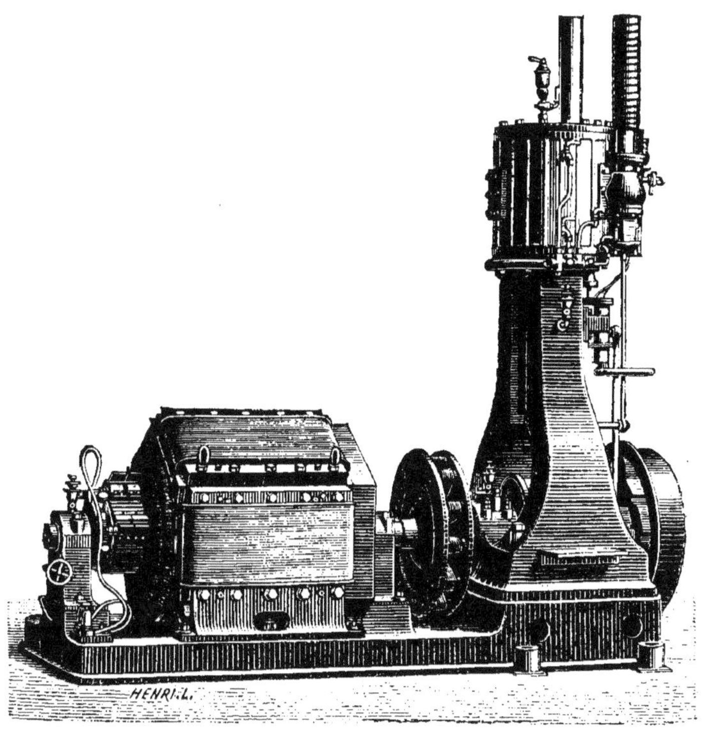

Fig. 155. — Machine Thury reliée au moteur pilon

15 décembre 1887. Faute d'espace, on a été forcé de pratiquer une fouille dans une cour voisine du théâtre et d'y construire une sorte de cave recevant le jour par en haut ; c'est là qu'est installée la machinerie dont la figure 151 représente une vue d'ensemble.

Elle comprend : 2 générateurs Belleville inexplosibles, 2 machines à pilon construites par la maison Lecouteux et Garnier, enfin 2 machines Thury de MM. Cuénod Sautter. Ces dernières sont en relation avec le moteur, comme le montre la figure 155, au moyen d'un manchon, sans aucune courroie de transmission. Cet ensemble est destiné, non plus à produire directement la lumière, mais seulement à charger deux batteries d'accumulateurs.

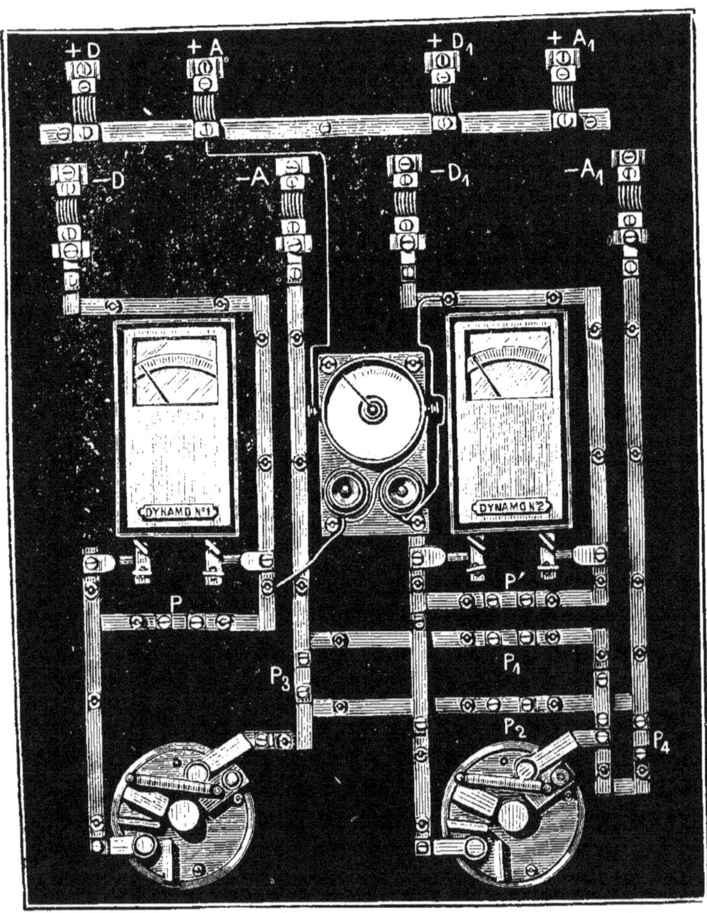

Fig. 156. — Tableau de charge, d'après une photographie communiquée par M. Clémançon.

La figure 156 reproduit la disposition du tableau de charge placé dans la salle des machines. Les pôles positifs de celles-ci, ainsi que les pôles positifs des batteries à charger aboutissent à la tringle horizontale située vers le haut de la figure ; les pôles négatifs sont reliés aux tringles verticales. Des coupe-circuit formés par une série de fils de plomb minces sont intercalés sur le trajet des conducteurs.

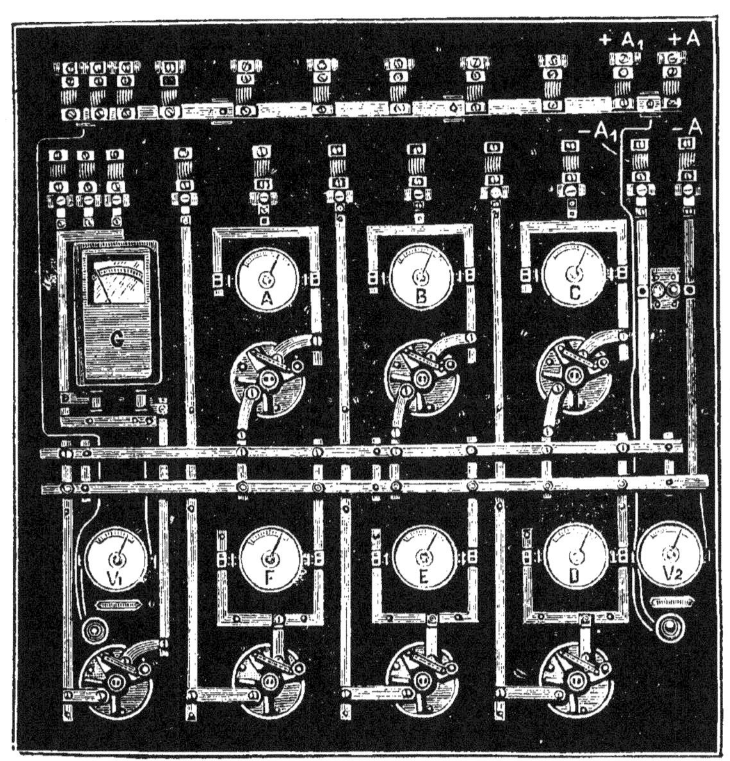

Fig. 157. — Tableau de distribution.

L'organisation d'ensemble du tableau permet d'opérer entre les machines et les accumulateurs tous les couplages possibles. Un ampèremètre est intercalé sur chacun des circuits.

Le voltmètre, placé au centre, est inséré dans l'un ou l'autre circuit par le jeu d'un petit bouton de sonnerie, de sorte qu'une simple pression du doigt permet à tout moment de mesurer la tension.

Un conjoncteur-disjoncteur empêche les accumulateurs de se décharger dans les machines.

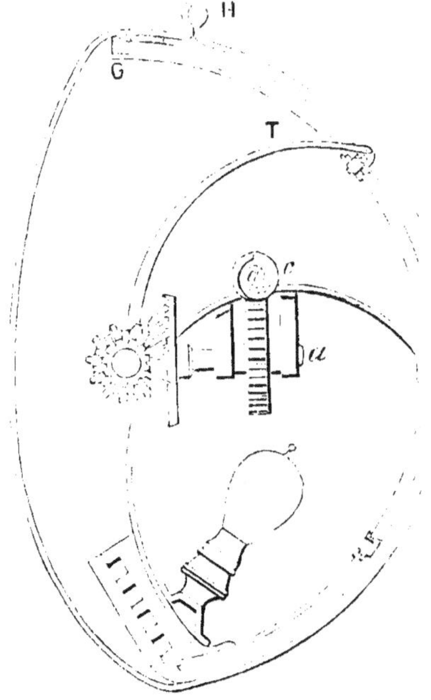

Fig. 158. — Coupe d'une herse.

Les accumulateurs du système Schenek-Farbaky sont groupés deux à deux en surface ; ils forment deux batteries de 56 éléments dont chacune peut débiter 320 ampères pendant 8 heures.

Les conducteurs des batteries arrivent au tableau

g général de distribution (fig. 157) sur lequel les circuits
e sont formés par l'introduction de chevilles métalliques
e entre différentes lames comme cela a lieu dans les
o commutateurs bavarois.

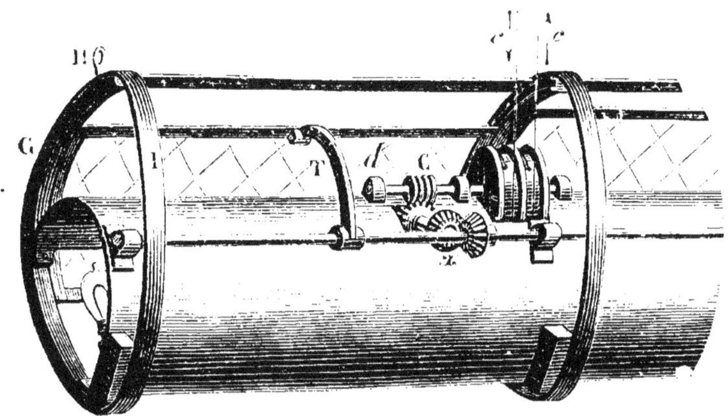

Fig. 159. — Mécanisme d'une herse.

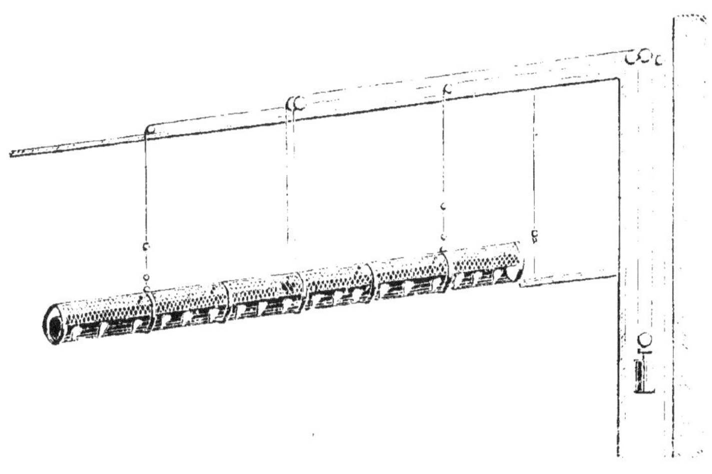

Fig. 160. — Dispositif du contre-poids.

Le jeu d'orgues est sur la scène; il commande le
lustre de la salle et tout l'éclairage de la scène.

La rampe, les herses et les portants sont à triple effet,

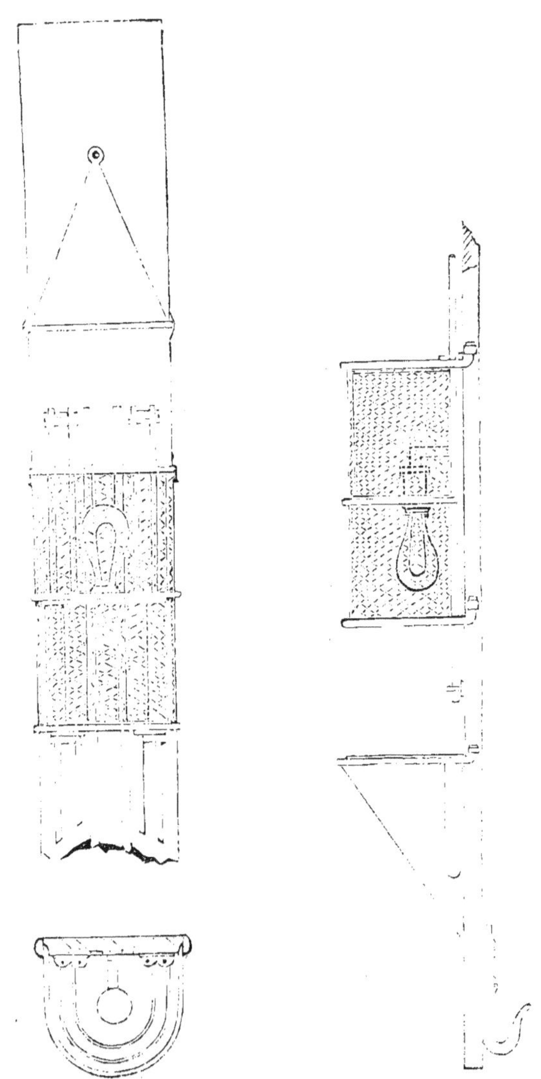

FIG. 161 et 162. — Disposition des lampes sur les portants.

et peuvent produire, par le jeu d'enveloppes transparentes, diversement colorées, une lumière blanche, bleue ou rouge.

Fig. 163. — Lustre électrique de la Porte-Saint-Martin, d'après une photographie communiquée par M. Clémançon.

Le long des herses, de distance en distance sont disposées des glissières T (fig. 159) dans lesquelles se meuvent les panneaux colorés manœuvrés par un axe horizontal qui leur communique le mouvement à l'aide de deux pignons d'angle et d'une vis sans fin. Cette dernière représentée un C sur la figure 159, porte sur son axe deux poulies autour desquelles s'enroulent en sens inverse, des cordes supportant un contre-poids (fig. 160). Suivant le sens de la traction exercée sur les cordes, l'un des panneaux descend tandis que l'autre remonte.

Les lampes sont du système Khotinsky ; les figures 461 et 162 montrent comment elles sont placées sur les portants.

L'éclairage a été ainsi réparti par M. Clémançon : salle 221 lampes de 10 bougies, dont 180 pour le lustre (fig. 163) ; scène, 469 : loges d'artistes et administration, 193. M. Clémançon a imaginé pour cette installation de nombreux dispositifs très ingénieux.

Usine de la rue de Bondy. — Les théâtres de la Porte-Saint-Martin, de la Renaissance, de l'Ambigu et des Folies-Dramatiques, viennent y puiser leur électricité.

Deux machines Weyher et Richemond, une machine Lecouteux et Garnier composent les moteurs ; 4 dynamos Gramme et une dynamo Thury fournissent le courant ; 4 batteries d'accumulateurs forment un groupe de secours qui complète l'ensemble.

Un vaste commutateur suisse forme le tableau de distribution et des câbles aériens établissent la liaison avec les théâtres desservis par l'usine. La Renaissance, l'Ambigu, les Folies-Dramatiques emploient chacun deux circuits, la Porte-Saint-Martin en utilise trois.

A l'intérieur, M. Clémançon a adopté des dispositions analogues à celles du Gymnase.

Le théâtre de la Renaissance allume 766 lampes, dont 440 pour la salle, le lustre en absorbant 108 à lui seul, 468 pour la scène, 158 pour les autres services.

Sur la façade 6 lampes à arc Domon.

Une batterie d'accumulateurs en réserve.

A la Porte-Saint-Martin, on compte 1461 lampes : 604 dans la salle, 658 sur la scène, 200 réparties entre les loges et l'administration :

4 lampes Domon en façade :

110 accumulateurs en deux batteries.

L'Ambigu est éclairé par 1040 lampes ; 182 dans la salle, 658 sur la scène, 200 pour les divers services;

6 lampes Domon sur la façade :

2 batteries de 55 accumulateurs chacune.

Aux Folies-Dramatiques sont affectées 909 lampes, savoir : 162 dans la salle, 497 sur la scène et 250 dans le reste du théâtre;

4 lampes Domon éclairent la façade;

3 batteries de 60 accumulateurs du système Faure-Sellon-Volckmar et une du système Gadot.

Gaîté. — Ici, on joue des pièces à grand effet, l'éclairage doit être luxueux, aussi comporte-t-il 1500 lampes à incandescence pour l'intérieur, 16 foyers Jablochkoff et 4 lampes Pieper pour l'extérieur, 4 régulateurs Foucault-Duboscq, et 4 autres manœuvrés à la main pour les jeux de scène.

La répartition des lampes à incandescence est faite de la manière suivante : 486 lampes de 10 bougies pour la salle, 582 pour la scène, 240 pour l'administration. Deux générateurs Belleville alimentent 3 moteurs Weyher et Richemond, qui, eux-mêmes, mettent en marche 3 machines Edison et une machine Gramme. L'eau est fournie par un puits de 42 mètres de profondeur, dans lequel puise une pompe centrifuge, actionnée par un moteur spécial.

Le tableau de distribution est combiné de telle sorte que l'arrêt d'une machine n'entrave en rien le service ; il répartit le courant sur 11 circuits principaux.

Variétés. — L'éclairage de ce théâtre, fourni par une petite usine installée dans une cave de la rue Montmartre, est commun avec celui des cafés environnants, il comprend :

```
  4 bougies Jablochkoff pour la façade.
144 lampes de 10 bougies  ┐ pour la scène.
 44    —       16    —    ┘
 00    —       10    —      pour la salle.
137    —       10    —      pour le foyer, les couloirs, etc.
104    —       10    —      pour l'administration.
```

Deux batteries d'accumulateurs de 55 éléments, constamment chargées, sont capables d'éclairer la salle pendant une soirée, en cas d'accident.

Les moteurs à vapeur seront prochainement remplacés par des moteurs à air comprimé, par la Compagnie concessionnaire de la ville de Paris (Compagnie parisienne de l'air comprimé).

Menus-Plaisirs. — Une seule dynamo est suffisante pour les petits.

90 lampes de 10 bougies sont réparties dans la salle.

130 sur la scène.

110 dans les couloirs et le foyer.

200 à l'administration, auxquelles il faut ajouter 25 lampes de 20 bougies.

A la machine Edison vient se joindre une batterie de 54 accumulateurs à 120 kilogrammes l'un.

Théâtre de Cluny. — Il comprendra 350 lampes de 16 bougies dont l'installation sera terminée lorsque paraîtra ce livre.

Eldorado. — Dans les vastes sous-sols de l'immeuble, deux dynamos Edison sont mises en marche par un générateur Collet, une locomobile Belleville et un moteur Ollery-Grandemange. Ce système alimente 220 lampes à incandescence, tandis qu'une dynamo Gramme allume 13 régulateurs Cance.

Parmi les autres installations, nous devons encore citer l'Éden-Théâtre et le Nouveau-Cirque.

A la fin de 1888, on comptait plus de 20.000 lampes à incandescence en service dans les différents théâtres de Paris, sans parler des nombreux foyers à arc.

En province. — La municipalité de Lyon a rendu l'éclairage électrique obligatoire pour tous les théâtres de son ressort. Le Grand-Théâtre, les Célestins, le Gymnase, la Scala-Bouffes et le Casino en sont actuellement pourvus.

Trois cents lampes à incandescence éclairent le théâtre municipal de Marseille.

A Toulouse, le théâtre du Capitole est éclairé par 1000 lampes à incandescence.

Saint-Étienne et Nancy ont leurs scènes alimentées par leurs usines centrales.

A Bordeaux et à Perpignan, l'installation doit être un fait accompli.

La Rochelle a utilisé la machine Gramme qui fournit la lumière à l'hôtel de ville, de sorte que, par un réseau aérien, en s'imposant une dépense minime, la municipalité a doté le théâtre d'un éclairage très complet, réparti sur la scène et dans les couloirs, et comprenant 44 lampes Swan. Le gaz continue à éclairer la salle.

Allemagne. — L'éclairage électrique est très soigné dans beaucoup de théâtres allemands. A Berlin, l'Opéra royal allume 5000 lampes à incandescence de 16, 25, 32 ou 50 bougies; on en compte 2000 à la Comédie, 1200 au Théâtre-Allemand, 1250 au théâtre de Barnay, 1200 à Friedrich-Wilhelm, 1000 à Lessing, 1000 à Residenz-Théâtre, 600 à Reichshallen. 200 au Théâtre-Américain, 300 au théâtre de Kroll qui possède aussi 26 régulateurs à arc.

Sur la scène de l'Opéra, trois circuits permettent d'obtenir tous les effets lumineux imaginables, soit en variant l'intensité des foyers, soit en changeant leur coloration. Stuttgard, Munich. Schwerin, Cologne, Magdebourg, Darmstadt possèdent dans leurs théâtres des installations électriques ; il en est de même de Bayreuth, le sanctuaire de Richard Wagner.

Angleterre. — A Londres, les théâtres anciens ont, au nombre de huit, adopté le nouvel éclairage, et tous ceux plus récemment construits ont suivi la même voie. Le théâtre de la Gaîté a adopté les régulateurs à arc. Le théâtre de Savoy, dont l'installation électrique remonte au mois d'octobre 1881, fait usage de lampes à incandescence.

Autriche-Hongrie. — A Vienne, l'aménagement du théâtre de l'Opéra n'est pas très ancienne. A Brünn, la

Société Edison a installé 9 foyers à arc à l'extérieur du théâtre et 900 lampes à incandescence à l'intérieur. Quatre dynamos fournissent le courant.

Le théâtre national de Prague possède également l'éclairage électrique, ainsi que ceux de Buda-Pesth, Carlsbad, Fiume (Hongrie), le tout datant de 1885.

Belgique. — Au théâtre de la Monnaie, à Bruxelles, deux dynamos de l'usine centrale de Lacken située à près de 4 kilomètres, alimentent les foyers qui comprennent 600 lampes à incandescence de 8 à 30 bougies, réparties sur 16 circuits différents.

Une batterie d'accumulateurs est en réserve et permet d'assurer le service pendant 6 heures en cas d'accident survenant à la machinerie d'alimentation normale.

Les deux théâtres d'Anvers sont éclairés d'une manière analogue.

L'installation, très complète, du théâtre de Gand a été inaugurée le 9 novembre 1887.

La machine Edison, excitée en dérivation, tourne à raison de 700 tours à la minute; les conducteurs, soigneusement dissimulés sous des moulures en bois, forment des circuits de dérivation, munis de coupe-circuit. Les lampes à incandescence Edison sont réparties sur la scène et dans la salle au nombre de 342, dont 196 de 10 bougies et 146 de 20. Le théâtre possède, pour ses jeux de scène, un ensemble de rhéostats et deux lampes à arc placées dans des appareils photo-électriques; l'un de ces foyers est manœuvré à la main, l'autre est automatique.

Espagne. — Une loi du 27 mars 1888 a rendu en Espagne l'éclairage électrique obligatoire pour tous les théâtres.

L'Opéra-Italien de Madrid comporte actuellement 1500 lampes à incandescence et 12 foyers à arc. Le Théâtre-Royal a inauguré, le 9 novembre 1888, son éclairage par 2700 lampes à incandescence de 16 bougies et 4 régulateurs à arc; il possède tous les accessoires des effets de scène.

Six lampes Gramme ont remplacé le lustre du théâtre *del Liceo*, à Barcelone ; enfin, beaucoup de courses de taureaux ont lieu maintenant à la lumière électrique dont l'éclat, paraît-il, a le don d'exciter les animaux.

Italie. — Nous voici au pays des théâtres :

L'éclairage électrique de la *Scala*, à Milan, remonte à 1883 ; c'est la station centrale de la ville qui lui fournit le courant.

On a fait uniquement usage de lampes à incandes-cence de 10 et de 16 bougies montées en dérivation. La salle et les dépendances en contiennent 1464, les autres, au nombre de 1106, sont réparties sur la scène ; soit au total 2570 lampes. Autant que possible, elles ont été placées sur les supports des anciens becs de gaz. Sur les portants et les herses de la scène, constitués par de longues planches en bois peintes en blanc pour faire réflecteur, les lampes sont alignées régulièrement. Les diverses colorations des feux ou l'opacité complète des lampes sont obtenues par des manchons mobiles. Ajou-tons que les lampes sont du système Edison.

A Rome, la Compagnie du gaz a placé 2000 lampes au théâtre Argentina, 300 au *del Paise*, 400 au Théâtre National.

Au théâtre de San-Carlo de Naples, c'est la Compagnie Weston-Maxim qui s'est chargée de l'aménagement.

A Turin, l'éclairage électrique a été rendu obligatoire pour tous les directeurs, à dater du 1er novembre 1888.

États du Nord. — La question est moins avancée dans les États du Nord.

Odessa et Riga ont donné l'exemple, mais nous ne pensons pas que rien de complet existe encore à Saint-Pétersbourg.

En Danemark, en Suède et en Norwège, on en est encore aux études, et pourtant la force motrice ne manque pas dans ces deux derniers pays où les chutes d'eau sont si facilement utilisables.

XI

L'ÉCLAIRAGE ÉLECTRIQUE DES PHARES

L'éclairage des côtes en 1880. — Dans un remarquable mémoire, présenté en 1880 à la Commission des phares, M. Allard, directeur du service des phares et balises s'exprime ainsi :

« Le système actuel de l'éclairage des côtes de France remonte à l'époque où Fresnel imagina les moyens de construire des lentilles à échelons et de les appliquer à l'illumination des phares. Il y avait alors un très petit nombre de feux allumés sur le littoral français, et ces feux, obtenus par des moyens défectueux, avaient une bien faible intensité. Les nouveaux appareils de Fresnel permettaient non seulement d'augmenter cette intensité dans une forte proportion, mais encore de varier les caractères des phares de manière à les différencier nettement les uns des autres. »

En 1825, sur le rapport de l'amiral Rossel, la commission des phares adopta un projet complet d'éclairage des côtes de France en s'appuyant sur le principe suivant :

« Lorsque, dans les temps ordinaires, un vaisseau qui suit la côte commence à perdre de vue le phare de grand atterrage dont il s'éloigne, il doit voir celui dont il s'approche. »

Pour obtenir ce résultat, il faut nécessairement que les cercles représentant la portée moyenne des phares consécutifs se coupent à une certaine distance du rivage ; mais il est clair que si la transparence de l'atmosphère diminue, la portée des feux diminue aussi, de sorte que, pour les temps brumeux, la condition d'entrecroisement des feux voisins n'est plus remplie, la ligne des phares n'est plus un guide sûr pour le navigateur.

Les observations faites chaque jour dans les phares sur le degré de visibilité des feux voisins a permis d'établir, pour une région donnée, le nombre de nuits par année pendant lesquelles l'éclairage est insuffisant ; ce chiffre constitue ce que l'on appelle *l'exception*.

Or, il résulte des statistiques dressées à ce sujet que, en employant l'huile minérale, l'éclairage des côtes n'est réellement complet que pendant la moitié de l'année et qu'il reste insuffisant sur beaucoup de points pendant l'autre moitié.

Deux moyens se présentaient pour réduire dans une notable proportion les *exceptions* : multiplier le nombre des feux, augmenter la puissance des foyers. C'est à ce dernier procédé que se rallia le gouvernement et c'est là qu'intervint la lumière électrique.

Déjà, en 1864, des essais de cette nature avaient été

entrepris avec succès au phare de la Hève. puis, six ans plus tard au cap Gris-Nez. Enfin, en 1881, à la suite du mémoire de M. Allard et de son adoption par le Conseil général des ponts et chaussées, une loi autorisa la transformation successive de 42 phares éclairés à l'huile en phares électriques.

A cette époque, onze phares seulement dans le monde entier utilisaient la lumière électrique, savoir : 6 en Angleterre (1 à Dungeness 1862, 1 à Souter-Point 1871, 2 à South-Foreland 1872, 2 au cap Lizard 1878), 3 en France (2 à la Hève, 1 au cap Gris Nez), 1 en Russie (à Odessa) et 1 à l'entrée du canal de Suez (à Port-Saïd).

Organisation du réseau des phares. — Quelques mots sur l'organisation des phares ne seront pas superflus avant d'aborder l'étude de leur agencement électrique.

La *portée géographique* d'un phare dépend de la hauteur de son foyer au-dessus du niveau de la mer ; elle est limitée par la sphéricité du globe et mesurée par la tangente menée du foyer à la surface de la mer.

La *portée lumineuse* qui peut être plus considérable dépend de la puissance de la source lumineuse et de l'appareil optique, mais elle varie dans des proportions considérables avec l'état de l'atmosphère et si, par un temps clair, elle peut atteindre et même dépasser 50 kilomètres, une brume intense la réduit à néant.

Nous avons dit que les cercles de portée lumineuse des phares de *grand atterrage* ou de premier ordre se coupaient à une certaine distance du rivage. C'est une ligne de feux qui guide le navigateur et l'avertit qu'il fait route parallèlement à la côte et en reste suffisamment éloigné.

Quatre autres lignes de feux, de moins en moins puissants, signalent les bas-fonds, les écueils, éclairent les passes et l'entrée des ports.

Il est de toute nécessité que le marin puisse reconnaître l'endroit précis où il se trouve, et pour cela, il faut que les phares qu'il rencontre successivement sur sa route se différencient par des *caractères* suffisamment reconnaissables pour ne pas être confondus et ne laisser aucun doute dans l'esprit.

On obtient ce résultat par des appareils à feu fixe, à feux à éclipses, et à feux scintillants.

Les appareils à feu fixe n'éclairent qu'une partie limitée de l'horizon.

Les éclipses sont produites par la rotation de l'appareil optique qui masque ou démasque le foyer lumineux, ou, pour être plus exact, qui atténue périodiquement son intensité ; ces éclipses ont lieu toutes les trente secondes ou toutes les minutes.

Les feux scintillants s'obtiennent à l'aide d'un appareil optique fixe autour duquel tourne un tambour qui fournit des éclats de 5 en 5 secondes.

C'est l'adoption de l'électricité, comme source lumineuse, qui a permis de diminuer la durée des éclipses et de généraliser le système beaucoup plus commode et plus sûr des feux scintillants.

En effet, si l'intensité de la source lumineuse a augmenté la portée, son petit volume a permis de réduire notablement les dimensions de l'appareil optique qui, de 1^m,84 de diamètre qu'il avait dans les phares éclairés à l'huile, ne possède généralement plus aujourd'hui. dans les phares électriques, qu'un diamètre de 60 centimètres. A cette diminution de volume correspond une diminution de poids, et l'instrument est devenu plus mobile ; il a donc été possible, en accélérant la vitesse de rotation du tambour, de diminuer la durée des éclipses tout en augmentant l'intensité des éclats, et d'obtenir des éclats rouges presque aussi puissants que les éclats blancs. Il est devenu dès lors aisé de multiplier les apparences des phares et d'atténuer, par cela même, les chances de confusion.

L'administration française a adopté pour ses phares électriques à feux scintillants huit caractères distincts :

FEUX BLANCS SÉPARÉS PAR DES ÉCLIPSES	FEUX BLANCS SÉPARÉS PAR DES FEUX ROUGES
(La durée d'un éclat est de 2/3 de seconde, la durée d'une éclipse est triple de la durée d'un éclat ou d'un groupe d'éclats).	(La durée d'un éclat blanc est de 3/4 de seconde, la durée d'un éclat rouge de 1/2 seconde. La durée des éclipses qui séparent les éclats blancs d'un groupe est triple de la durée des éclats blancs ; la durée des éclipses qui séparent les éclats rouges des éclats blancs est double de la durée des éclipses qui séparent les éclats blancs d'un même groupe).
1° Feux à éclats blancs uniformément séparés.	5° Feux à éclats alternativement blancs et rouges.
2° Feux à éclats blancs par groupes de deux.	6° Feux à groupes de deux éclats blancs séparés par un éclat rouge.
3° Feux à éclats blancs par groupes de trois.	7° Feux à groupes de trois éclats blancs séparés par un éclat rouge.
4° Feux à éclats blancs par groupes de quatre.	8° Feux à quatre éclats blancs séparés par un éclat rouge.

Optique. — On sait que dans les phares, l'éclairage est produit par une lampe placée au foyer d'un appareil catadioptrique composé de lentilles à échelons entourées

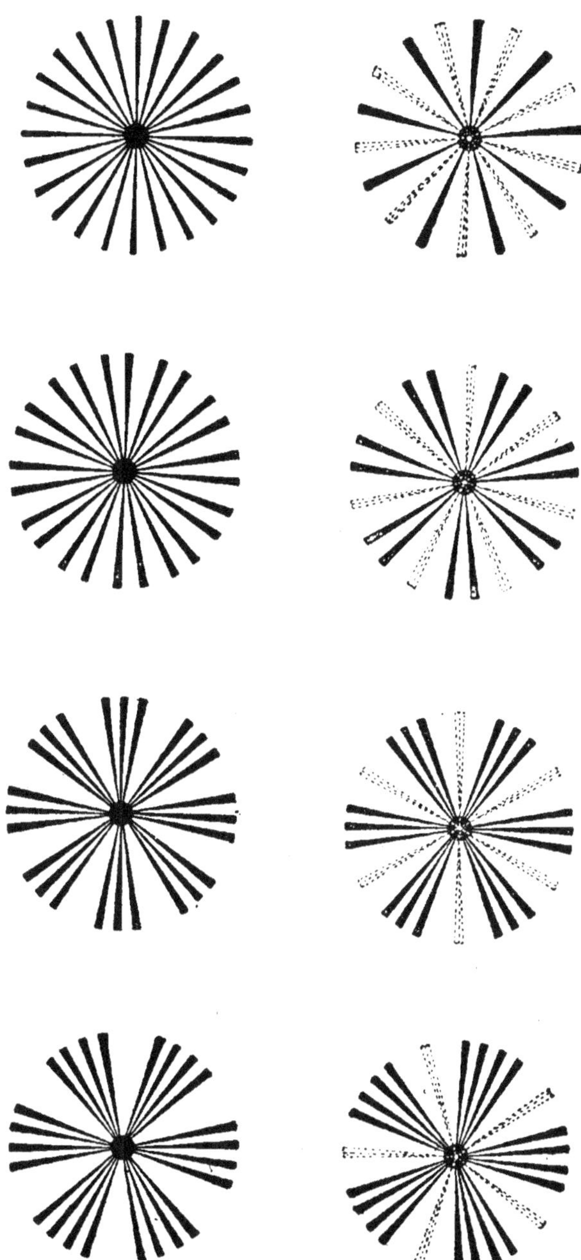

Fig. 164. — Différents caractères des phares français.

elles-mêmes de prismes ou de miroirs recueillant les rayons émergents en dehors de la lentille et les projetant dans la même direction que les rayons réfractés par cette dernière. La figure 165 montre cette disposition.

En outre, dans les phares à éclats, un tambour formé de lentilles verticales planes-convexes tourne autour de l'appareil précédent qui est fixe et, par suite de l'alternance de ces lentilles avec des parties opaques, produit les éclats composant les différentes apparences des phares. Les éclats rouges sont obtenus par des lentilles colorées en rouge.

Outre ce dispositif que l'on désigne sous le nom générique d'*optique*, il faut encore considérer le mécanisme de rotation pour les phares tournants, et le matériel de lampisterie.

Dans les phares encore éclairés à l'huile, ce matériel comprend des lampes à l'huile, à mèches concentriques au nombre de 4 ou de 6. Avec l'huile minérale et des lampes à 6 mèches, on estime l'intensité produite à 1105 becs carcels pour le feu fixe d'un phare de premier ordre et à 9847 carcels pour un feu tournant de même ordre. Avec les foyers électriques, M. Allard évalue à 150.000 carcels l'intensité d'un feu de premier ordre à groupes d'éclats blancs. Il eût été inutile, au moment de l'introduction de l'éclairage électrique dans les phares, de procéder à une reconstruction complète, alors que de simples modifications dans le mécanisme pouvaient suffire. C'est dans ce sens que MM. Sautter et Lemonnier, chargés en France de l'installation du nouveau mode d'éclairage, ont dirigé leurs études. Nous allons examiner les conditions générales dans lesquelles ont eu lieu les installations récentes, puis compléter ces renseigne-

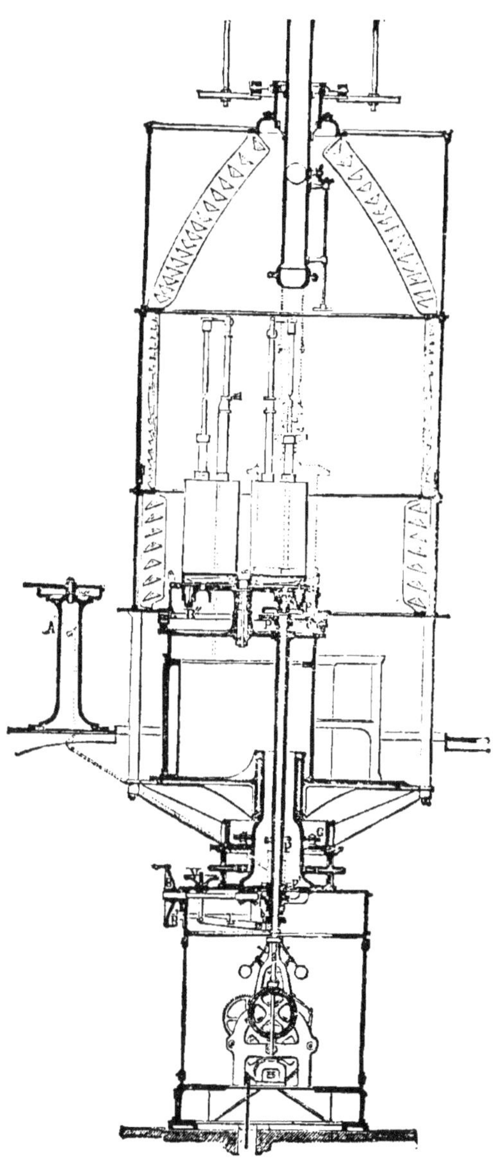

Fig. 15. — Optique d'un phare.

ments par l'étude de quelques cas particuliers et par un devis approximatif de transformation d'un phare à l'huile en phare électrique.

Transformation des phares français. — Dans les phares transformés en France, l'appareil lenticulaire a 60 centimètres de diamètre ; ces dimensions ont semblé suffisantes pour protéger les lentilles contre l'échauffement et les matières incandescentes projetées par les charbons. C'est un appareil de feu fixe, muni d'un réflecteur catadioptrique dans l'angle obscur, et pourvu d'un tambour formé de lentilles verticales dont le nombre et la courbure ont été combinés pour chaque phare, de façon à produire les différents *caractères* d'éclats adoptés par l'administration.

La machine de rotation est renfermée dans le socle en fonte qui soutient l'optique.

La lampe électrique est du système Gramme. Ce foyer, plus constant et d'un réglage plus parfait que le régulateur Serrin précédemment employé, et dont il a d'ailleurs l'apparence extérieure, se place au foyer de l'optique, glisse sur des rails, et peut être, en un tour de main, remplacé par une lampe de rechange.

La surveillance du gardien est d'ailleurs rendue extrêmement facile par l'adjonction d'une petite lentille qui projette sur un écran l'image du foyer lumineux.

Une lampe à huile à quatre mèches peut également entrer rapidement en fonctions en cas d'accident survenu aux deux foyers électriques.

Dans le but de faciliter le service, les lanternes des phares électriques ont de grandes dimensions, relativement à celles de l'optique ; cependant elles ne dépassent pas ordinairement le diamètre de $3^m,50$, et ce n'est qu'exceptionnellement, et par suite de l'agencement général de l'édifice que celle du phare Planier a 4 mètres.

Avec les appareils d'une hauteur peu considérable, tels que ceux de 60 centimètres, les montants de la lanterne sont inclinés dans toute la partie qui correspond à l'optique ; cette modification se fait sur place.

Quel que soit le système de générateurs employé, deux machines sont nécessaires. L'une est constamment en service, l'autre reste en réserve, mais dans les circonstances particulièrement défavorables, telles qu'une brume intense, on peut accoupler les deux machines de façon à produire un foyer lumineux d'intensité double.

Les machines de l'Alliance, adoptées pour les premiers essais ont été remplacées, soit par des machines de Méritens, comme elles à courants alternatifs, soit par des machines Gramme à courant continu, du même type que celles qui fonctionnent à bord des navires de guerre pour alimenter les projecteurs. Les premières semblent avoir la préférence bien qu'elles aient l'inconvénient de produire deux foyers distincts, séparés par un intervalle plus obscur.

Le moteur doit avoir une régularité de vitesse absolue, condition indispensable pour la fixité de la lumière ; mais son choix est subordonné aux moyens d'alimentation que possède le phare. Pour les feux situés sur des îlots dépourvus d'eau douce, comme le phare Razza qui éclaire la rade de Rio de Janeiro, on est obligé quelquefois d'avoir recours à un condensateur à air ; au Planier au contraire, le condensateur est alimenté par de l'eau de mer. On conçoit que ces conditions exceptionnelles apportent des modifications dans le choix de la machine motrice.

Parmi les phares dont l'installation est achevée, on peut citer en France : Dunkerque, Calais, le cap Gris-Nez, la Canche, les phares de la Hève, les Baleines, la Palmyre, le Planier.

Expériences de South-Foreland. — Pendant qu'en France on transformait successivement en foyers électriques les phares de premier ordre, en Angleterre on poursuivait des expériences comparatives entre l'éclairage à l'huile, au gaz et à l'électricité pour l'éclairage des phares. En Amérique, on supprimait la lumière électrique au phare de Hell-Gate, prétextant que le feu trop vif paralysait, pour ainsi dire, la faculté si développée des marins de voir pendant la nuit et que, sortis du faisceau lumineux du phare, les pilotes distinguaient moins bien les objets plongés dans l'obscurité. Le fait n'est pas invraisemblable, mais n'est-ce pas changer un cheval borgne contre un aveugle ? La chose se passait en 1886.

Pour en revenir aux expériences anglaises, M. Wigham préconisait son système d'éclairage au gaz ; des essais furent entrepris au phare de South-Foreland.

En 1885, les feux du gaz de M. Wigham, simples ou superposés, avaient été adoptés sur toute la côte d'Irlande. Les brûleurs Wigham sont formés par des séries de becs concentriques qui permettent de proportionner l'intensité des feux à l'opacité de l'atmosphère.

Les lampes électriques essayées à South-Foreland étaient des régulateurs Serrin-Berjot disposés en série, au nombre de trois, et alimentés par des machines de Méritens.

Les brûleurs Wigham firent fendre les lentilles et, au haut de la lanterne, la température atteignait jusqu'à 190° avec les brûleurs de 108 becs.

Ces expériences démontrèrent qu'il est inutile en temps de brouillard, de projeter une partie des rayons sur le ciel, la première perception étant donnée par la vision de l'arc lui-même qui apparaît comme un point lumineux tandis que son reflet ne se voit que de plus près. Par les nuits claires, au contraire, une lueur projetée sur le ciel augmente la portée lumineuse.

Les conclusions de M. Grylls Adams tendent à démontrer :

1° Que la supériorité de l'appareil électrique surtout par la brume est indiscutable ;

2° Que son intensité, en temps clair, est environ 20 fois celle du gaz et lui est près de 13 fois supérieure en temps brumeux ;

3° Qu'un arc unique, alimenté par 3 machines, se voit mieux par le brouillard que trois foyers superposés, alimentés chacun par un générateur ;

4° Que pour le gaz et l'huile, les lumières condensées sont celles qui traversent le mieux le brouillard.

Phare de May. — En 1636 un feu de charbon signalait seul au navigateur la présence de l'île de May (Écosse). En 1819 on lui substitua des lampes Argand munies de réflecteurs ; en 1836, un appareil dioptrique y fut installé avec un feu de premier ordre ; à la fin de décembre 1886, la lumière électrique commença à y fonctionner.

L'électricité est fournie par deux machines de Méritens, à courants alternatifs, actionnées par deux moteurs à vapeur, horizontaux, marchant à la vitesse de 140 tours par minute. L'alimentation a lieu par l'eau de pluie recueillie dans des réservoirs.

Une seule de ces installations fonctionne normalement, l'autre sert de rechange ou bien est mise en jeu par les temps de brouillard pour augmenter l'intensité des feux.

Des tiges de cuivre amènent le courant dans la lanterne.

Le phare est un feu à 4 éclats par demi-minute.

L'optique fixe a $1^m,40$ de diamètre; il est entouré d'un tambour qui fait un tour par minute, et porte une couronne de prismes verticaux fournissant les éclats.

L'appareil est disposé de manière à pouvoir varier l'inclinaison de son feu qui, par les temps clairs, est projeté sur l'horizon et par les temps de brouillard, est dirigé à 6 ou 8 kilomètres.

La lampe est un régulateur Serrin-Berjot qui peut être remplacé en 8 secondes par un appareil semblable tenu en réserve.

Les charbons ont 40 millimètres de diamètre, brûlent à raison de 30 millimètres par heure, et fournissent des éclats dont l'intensité est estimée à 3 millions de bougies lorsqu'une seule machine fonctionne, et à 6 millions quand on emploie les deux.

La portée géographique du phare n'est que de 22 milles, mais les éclats qu'il projette sur le ciel permettent, dit-on, de le reconnaître de beaucoup plus loin. On estime à 561.000 francs les frais d'installation, en y comprenant la valeur des anciennes constructions qui ont pu être utilisées ; les frais d'entretien et d'exploitation sont de 26.250 francs par an.

Phare de Macquarie. — Dans la baie de Sydney, ce phare, élevé de 105 mètres au-dessus du niveau de la mer, a une portée géographique de 40 kilomètres et une portée lumineuse de 48 kilomètres pour un observateur placé à $4^m,50$ au-dessus du niveau de la mer.

Il est à feu tournant, donnant un éclat de 8 secondes de minute en minute.

La disposition de l'appareil optique est telle que toute la puissance du feu n'est utilisée qu'à partir de 15 kilomètres environ ; pour les distances plus faibles, un certain nombre seulement d'éléments courbes interviennent, de sorte que l'intensité du feu qui augmente avec la distance compense la perte de lumière occasionnée par l'éloignement.

Du côté de la terre se trouve un miroir rejetant en avant les rayons inutiles en arrière.

Les procédés de roulement de l'appareil optique sont très perfectionnés.

Les lampes qui sont des régulateurs Serrin peuvent aisément être remplacées par des lampes à huile ou à gaz.

Les deux machines de Méritens qui fournissent l'électricité au régulateur tournent à 930 tours et sont mises en marche directement par des moteurs à gaz Otto de Crossley, de la force de 8 chevaux.

Le reflet du phare sur le ciel se voit à 100 kilomètres.

C'est la maison Chance, de Birmingham, qui a procédé à l'installation.

Phare de Tino. — Le phare de Tino est installé dans des conditions analogues ; son foyer est à 120 mètres au-dessus du niveau de la mer, sa portée géographique est de 34 kilomètres, sa portée lumineuse de 45. Il donne un triple éclat toutes les demi-minutes. C'est un appareil dioptrique de 2ᵉ ordre, avec 700 millimètres de distance focale ; il se compose de 24 panneaux groupés 3 par 3.

L'île où se trouve le phare étant complètement privée d'eau, on a adopté pour la force motrice deux moteurs à air chaud de Brown, actionnant chacun une machine par l'intermédiaire de transmissions.

Les générateurs d'électricité sont les mêmes qu'au phare de Macquarie et allument des régulateurs Serrin perfectionnés par M. Berjot.

L'installation remonte à 1884 et, aux premiers essais, le phare se voyait distinctement à 50 kilomètres ; il paraît même qu'on l'aperçoit souvent près de Gênes, à une distance de 80 kilomètres.

Pour les charbons des régulateurs, on fait usage de tiges cannelées qui, en brûlant, se creusent moins que les crayons ordinaires ; on prétend ainsi avoir augmenté de 10 pour 100 l'intensité de la lumière.

L'ensemble de l'installation a coûté 250.000 francs.

Les frais d'exploitation s'élèvent annuellement à 28.000 francs.

Phare Sainte-Catherine. — Le phare de Sainte-Catherine sur l'île de Wight a reçu récemment un des foyers les plus puissants qui existent ; son intensité atteint 7 millions de bougies. Deux moteurs à vapeur, dont un de réserve, mettent en marche deux machines de Méritens qui allument les lampes à arc. Quoique le mécanisme soit double, on a encore prévu les cas d'accidents, et l'éclairage à l'huile peut être immédiatement rétabli.

Le foyer du phare Sainte-Catherine est dix fois plus intense que celui de Souther-Point réputé le plus puissant de toutes les côtes de la Grande-Bretagne.

Phare de Hell-Gate. — Le phare de Hell-Gate, installé au village d'Astoria sur Long-Island, fonctionna pour la première fois le 20 octobre 1885.

L'appareil optique est installé au sommet d'une tour carrée en fer.

En raison de l'absence d'eau douce pour alimenter les moteurs, on a construit des citernes qui recueillent les eaux pluviales mais qui sont parfois insuffisantes, aussi est-on souvent obligé d'avoir recours à l'eau de mer, malgré les inconvénients qu'elle présente relativement à l'incrustation des chaudières.

Deux dynamos Brush alimentent 9 foyers du même inventeur ; un ascenseur permet de visiter ces foyers situés au sommet de la tour.

Phare de Berdiansk. — Il nous reste encore à citer, entre bien d'autres, le phare de Berdiansk si facilement reconnaissable à son panache lumineux. La coupole est formée par un projecteur lenticulaire dont l'axe est vertical et dont le foyer coïncide avec la source lumineuse ; il en résulte une gerbe lumineuse qui s'élève au-dessus du phare, et que l'on aperçoit bien au-delà de la portée normale des feux.

Devis de l'installation électrique d'un phare de premier ordre. — Le tableau suivant indique les prix des différents organes d'un phare électrique pour un appareil de 60 centimètres :

APPAREIL DE 60	OPTIQUE		MÉCANIQUE		TOTAUX
	fixe	tournant	armature	machine de rotation	
	fr	fr	fr.	fr.	fr.
Feu fixe.	5.500	»	1.500	»	7.050 »
Feu tournant à éclats blancs. . . .	5.550	5.300	2.550	2.500	15.900 »
— — blancs et rouges. .	5.550	5.800	2.550	2.500	16.400 »
— 2 éclats blancs et 1 rouge. .	5.550	5.700	2.550	2.500	16.300 »
— 3 — — —	5.550	5.625	2 550	2.500	16.225 »
— 4 — — —	5.550	5.575	2.550	2.500	16.175 »
Transformation d'une lanterne existante de 3^m,50..	»	»	»	»	12.500 »
Lampe électrique Gramme.	»	»	»	»	1.500 »
— Serrin.	»	»	»	»	1.500 »
Lampes à huile de secours, assortiment de 2 lampes à réservoir inférieur et à bec à 2 mèches.	»	»	»	»	150 »
Lampes à huile de secours à mouvement d'horlogerie et bec à 3 mèches.	»	»	»	»	1.350 »
Machine Gramme, type C T. . . .	»	»	»	»	6.000 »
— de Méritens, type G. . .	»	»	»	»	10.000 »
Système de communication entre la machine de Méritens et le distributeur.	»	»	»	»	300 »
Machines à vapeur (ensemble de 2 machines mi-fixes, sans condensation, pouvant commander chacune 2 machines électriques, avec tuyauterie, transmission et accessoires). . . .	»	»	»	»	25.500 »
Câble à 1 conducteur 15^{mm},25, isolé (le mètre).	»	»	»	»	1 80
Le même (sous plomb).	»	»	»	»	3 »
Crayons cuivrés, diam. 15^{mm} (le mètre).	»	»	»	»	2 50
— — 18 —	»	»	»	»	4 15
— — 20 —	»	»	»	»	5 »
— — 25 —	»	»	»	»	6 »
Accessoires.			950 à 1100 francs.		

Pour l'installation d'un appareil de 60 dans un phare existant, il faut compter en chiffres ronds :

Optique et mécanique. 15.000
Lanterne. 20.000
Lampes électriques. 4.500
Lampes à huile. 1.350
Machines électriques.. . . . . 12.000
Moteurs et transmission. 25.500
Câbles 500
Crayons de charbon.. . . . . 1.660
Accessoires.. . . . . 1.000
Fournitures pour l'installation et l'entretien
   des machines. 750
Emballage. 2.400

TOTAL. . . . . 85.510 fr.

Cet ensemble présente un volume de 53 mètres cubes et pèse 25.500 kilogrammes.

L'incandescence dans les phares. — M. Félix Lucas préconise l'emploi de l'incandescence pour l'éclairage des phares ; c'est dans cette voie, pense-t-il, qu'il faut en chercher la véritable solution.

La lumière produite par l'arc voltaïque ne provient que de l'énorme température à laquelle sont soumises les pointes de charbon : c'est donc un cas particulier d'incandescence, et il est à remarquer que la flamme de l'arc voltaïque lui-même ne fait qu'atténuer l'intensité de la source lumineuse proprement dite ; pourquoi alors ne pas supprimer cet écran importun ? pourquoi ne pas recourir à l'incandescence pure et simple ? M. Lucas, comme base de ses études, s'est imposé les conditions suivantes :

1° Emploi d'un foyer lumineux affectant la forme d'une surface de révolution à axe vertical ;

2° Adoption de courants de quantité ;

3° Utilisation du charbon qui est le seul corps résistant à des températures très élevées.

La grosse difficulté est d'obtenir le vide absolu dans les ampoules des lampes à incandescence. Il résulte des expériences de M. Lucas que la moindre parcelle d'oxygène produit avec le temps un dépôt charbonneux qui nuit à la transparence, et que la rapidité du dépôt correspond à la pression du gaz à l'intérieur de la lampe. Or, ce gaz est emmagasiné dans les pores du charbon et du métal qui le soutient ; il n'est restitué que très lentement pendant le passage du courant, mais est réemmagasiné pendant la période de refroidissement. C'est un cycle d'où il n'est pas aisé de sortir ; M. Lucas cependant pense y être parvenu par l'emploi d'appareils absorbants, fonctionnant à demeure dans les grands foyers incandescents dont l'usage lui apparaît comme un réel progrès à réaliser dans l'éclairage des phares.

La statue de la Liberté. — L'éclairage de la statue de la Liberté à New-York nous offre une transition naturelle entre les phares électriques et les fanaux du canal de Suez. La France a pris une trop large part dans l'édification de ce monument pour que nous le passions sous silence ; la statue de la Liberté de Bartholdi n'est-elle pas d'ailleurs un phare d'un nouveau genre.

« La liberté éclairant le monde », c'est très bien au figuré ; au propre, elle se borne, en tant que phare, bien entendu, à éclairer la rade de New-York, et encore a-t-on discuté pendant longtemps comment elle l'éclairerait.

On avait songé d'abord à projeter sur certe statue de 151 pieds de hauteur, les feux de puissants foyers et à la surmonter d'une auréole lumineuse. On songea ensuite à utiliser la torche qu'elle porte à la main pour en faire un centre de lumière; c'est à ce dernier parti que se sont arrêtés les ingénieurs américains.

La gigantesque statue élève un de ses bras portant une torche. La torche est entourée d'une galerie autour de laquelle une douzaine de personnes peuvent aisément circuler, tandis que 50 autres, à l'intérieur de la tête, occupent la place de la cervelle absente.

Après avoir longuement discuté, on décida que la torche, percée d'ouvertures sur sa circonférence, serait le siége de 10 foyers à arc disposés sur deux rangs.

La statue, dont le piédestal se trouve au centre du fort Wood, dans l'ile de Bedloë, donna asile à une petite usine électrique. D'un pavillon où sont installées les machines partent des fils qui, montés sur des isolateurs ordinaires, suivent les murs de la fortification et vont aboutir à des postes munis de réflecteurs projetant leurs rayons sur le vaste monument; voilà pour l'éclairage extérieur. D'autres conducteurs pénètrent à l'intérieur de la statue, sont recouverts d'une couche isolante, et aboutissent, dans la torche, à une couronne sur laquelle sont montées en série dix lampes fournissant un arc de 1/4 de pouce, avec des charbons cuivrés de 3/4 de pouce de diamètre.

La compagnie *American electric Manufacturing* a fait gratuitement tous les frais d'installation.

La force motrice est fournie par une machine à vapeur de 50 chevaux, du système Armington et Sims. La dynamo, très soignée, pèse 3700 livres et, à 875 tours, débite 30 ampères sous 700 volts; elle peut alimenter

Fig. 166. — Navire traversan

Canal de Suez pendant la nuit

15 lampes de 6000 bougies. C'est une dynamo Gramme, à inducteurs aplatis, qui d'ailleurs n'offre rien de particulier.

On a constaté que le prix de l'éclairage employé pour l'inauguration reviendrait à 4500 francs par mois.

En 1887, ce premier éclairage fut modifié, dans le but d'en augmenter la puissance. M. le lieutenant du génie Mills, chargé des travaux, installa dans la torche une forte lentille, destinée à concentrer les feux ; le fanal formé par la torche est devenu ainsi un des plus puissants du monde.

L'éclairage extérieur a également été amélioré ; au lieu de 8 foyers à arc qui projetaient leurs feux sur la statue, il en existe aujourd'hui 13 ; des lampes à incandescence ont en outre été réparties dans l'intérieur.

La navigation de nuit dans le canal de Suez. — « L'application de la lumière électrique au passage des navires dans le canal de Suez, dit M. de Lesseps, a été étudiée :

« 1° Au point de vue de l'exécution de nuit des travaux d'entretien et d'amélioration, dans le but de diminuer, pendant le jour, les ennuis qui peuvent résulter pour la navigation, dans certains cas, de la présence dans le canal des appareils de dragage en travail et des transporteurs emportant les déblais.

« 2° Au point de vue du transit des navires proprement dits, le passage de nuit permettant de réduire la durée des arrêts en garage, inévitables jusqu'au moment où l'élargissement du canal maritime, effectué sur toute sa longueur, facilitera les croisements. »

Ces études, couronnées de succès, déterminèrent la Compagnie à publier un règlement dont il est intéressant de connaître les deux premiers articles :

Article premier. — A partir du 1er décembre 1885, et jusqu'à nouvel ordre, les bâtiments de guerre et les navires postaux pourront être autorisés à marcher de nuit dans le canal entre Port-Saïd et le kilomètre 54, dans les mêmes conditions que celles établies pour la navigation de jour et en se soumettant aux dispositions ci-après :

Art. 2. — Les bâtiments de guerre et les navires postaux qui auraient l'intention de transiter de nuit de Port-Saïd au kilomètre 54 et *vice versa*, devront avoir fait constater à Port-Saïd. à Ismaïlia ou à Port-Tewfik, par les agents de la Compagnie, qu'ils sont munis des appareils suivants :

1º A l'avant : un projecteur électrique d'une portée de 1200 mètres ;

2º A l'arrière : une lampe électrique capable d'éclairer un champ circulaire de 200 à 300 mètres de diamètre.

3º Sur chaque flanc une lampe électrique avec réflecteur.

De son côté, la Compagnie avait procédé à un balisage lumineux du chenal. Cette précaution était indispensable si on songe aux conditions particulièrement difficiles dans lesquelles se trouvent des navires de fort tonnage naviguant de nuit dans un canal n'ayant que 22 mètres de plafond et 9 mètres environ de profondeur.

La Compagnie fournit des pilotes expérimentés qui, pendant tout le trajet, prennent la direction du navire, mais la route est tellement étroite que le secours d'indications lumineuses n'était pas à dédaigner. Faire coincider constamment l'axe du navire avec celui du chenal, il n'y fallait pas songer, d'autant plus qu'il existe nombre de courbes sur l'ensemble du parcours. Il fallait se contenter de louvoyer aussi près que possible de cet axe, de parcourir une sorte de sinusoïde s'en rapprochant le plus possible.

Les jalons lumineux disposés le long du canal sont de deux sortes : d'abord une double ligne de bouées convenablement espacées et flottant parallèlement aux rives ;

ensuite des fanaux indiquant les garages et munis eux-mêmes de signaux de mât.

Ces deux systèmes, ainsi qu'un navire pourvu de ses feux réglementaires, sont représentés sur la figure 166 que nous empruntons à un intéressant travail de M. Max de Nansouty.

Les bouées sont éclairées au gaz comprimé, connu sous le nom de *gaz Pintsch*, emprisonné dans leur intérieur ; elles sont surmontées d'un appareil lenticulaire de Fresnel dans lequel se trouve le brûleur ; leur feu est rouge ou vert suivant le côté de la rive qu'elles sont appelées à signaler. C'est entre cette double chaîne que le navire doit évoluer, il lui faut donc apprécier la distance qui le sépare de l'alignement des bouées rouges ou de celui des bouées vertes.

Les feux de position sont hissés au sommet d'une potence en fer treillagé, le long de laquelle ils s'élèvent, guidés par deux tringles.

Le foyer lumineux est blanc ; il est alimenté par une lampe à pétrole dont l'intensité est à peu près celle d'un bec Carcel. L'appareil optique qui répartit la lumière, et au foyer duquel se trouve la lampe, distribue les rayons dans trois directions : en avant et en arrière suivant l'axe du canal, de face, perpendiculairement à cet axe.

Les lentilles dirigées dans le sens de l'axe du canal sont à échelons et calculées de telle sorte que la partie centrale concentre une grande quantité de rayons, tandis que la périphérie fournit une lumière plus douce ; on évite ainsi le grave inconvénient de faire passer subitement l'œil du navigateur d'une lumière intense à une obscurité complète. La transition s'opère graduellement à mesure qu'on s'approche du fanal.

La face du foyer dirigée perpendiculairement à l'axe du canal est fermée par une simple glace, et laisse voir sa position exacte lorsqu'on passe près de lui. Les feux de signaux sont des fanaux ordinaires à verres rouges. Hissés au sommet de la potence, leur nombre et leur position respective fournissent les indications usitées dans les ports et dans les sémaphores. Ils sont placés à 10 ou 11 mètres au-dessus du niveau du canal.

Les feux de position sont espacés de telle sorte que lorsqu'on arrive à un ou deux kilomètres de l'un d'eux, on aperçoit déjà le suivant.

L'appareillage des navires comprend un moteur, une dynamo, un projecteur, un tableau de distribution, et les trois lampes d'arrière et de flanc.

La plupart des navires de guerre sont aujourd'hui pourvus d'une installation plus complète qu'il est aisé d'approprier aux conditions réglementaires imposées par la Compagnie; mais, pour les paquebots-poste. MM. Sautter, Lemonnier et Cie ont construit des ensembles peu encombrants et d'un aménagement facile.

La dynamo Gramme Compound est actionnée directement par un moteur Brotherhood. Quatre circuits, dont les dimensions sont calculées en raison des appareils qu'ils desservent, alimentent chacun des quatre feux réglementaires; les conducteurs emmagasinés sur des bobines ne sont déroulés que lorsque les projecteurs doivent fonctionner. Le tableau de distribution, muni de coupe-circuit, est placé sur la passerelle, sous la main du pilote qui peut en manœuvrer les différents commutateurs, allumer ou éteindre les feux et qui, en outre, communique téléphoniquement avec l'agent préposé à la surveillance du projecteur dont le foyer se règle à la main.

Ce projecteur, placé à l'avant du navire et dont, comme nous l'avons dit, la portée doit atteindre 1200 mètres, est un projecteur du colonel Mangin, de 40 centimètres de diamètre. On l'installe à 3 mètres au-dessus de l'eau et il illumine, non seulement les deux lignes de bouées, mais encore les rives ; il a pour effet de signaler la présence d'une drague qui aurait omis d'allumer ses feux réglementaires, ou de faire distinguer tout autre obstacle obstruant accidentellement le passage.

Le feu d'arrière est une lampe suspendue à la même hauteur que le projecteur ; il renseigne le pilote sur la position des bouées qu'il vient de dépasser.

Les feux de flanc sont analogues aux feux d'arrière ; ils sont placés un peu en avant de la passerelle, de sorte que le pilote profite de leur pouvoir éclairant sans en être incommodé. Ils ont particulièrement pour effet de faciliter le croisement des navires aux abords des garages.

Tous les navires pourvus d'une installation électrique peuvent aisément se conformer aux conditions de traversée nocturne du canal de Suez sans rien emprunter à personne. Pour les autres, un service de location est installé par la Compagnie.

Il suffit au navire qui veut faire une traversée de nuit d'en aviser télégraphiquement la station d'entrée, Port-Saïd ou Suez, suivant sa direction ; un remorqueur marche aussitôt à sa rencontre, emportant derrière lui, sur un chaland, un des ensembles construits par la maison Sautter, Lemonnier et Cie dont nous venons de donner la description ; le tout est hissé à bord et restitué à la sortie du canal.

Le premier bateau qui ait traversé le canal de Suez par les procédés que nous venons d'indiquer est le *Carthage* de la Compagnie péninsulaire orientale. Il a abrégé ainsi de 18 heures sa traversée pour passer d'une mer à l'autre.

XII

L'ÉCLAIRAGE ÉLECTRIQUE DES NAVIRES

La marine de guerre française. — Le *Richelieu*. — L'*Indomptable*. — Le *Furieux*. — Les navires de guerre étrangers. — Les paquebots.

La marine de guerre française. — La plupart des navires de guerre des principales puissances sont aujourd'hui pourvus d'installations électriques ayant pour objet leur propre sécurité. C'est à l'aide de puissants projecteurs qu'ils parviennent à déjouer les manœuvres des torpilleurs ; les mêmes engins leur servent aussi pour la correspondance de nuit, soit entre eux, soit avec les ports voisins. Mais, puisqu'on dispose à bord d'une source d'électricité, pourquoi ne pas l'utiliser pour l'éclairage intérieur du navire ? C'est dans cette voie que sont entrés la plupart des États possédant une marine militaire de quelque importance.

La première installation complète d'éclairage électrique à bord d'un cuirassé français date, croyons-nous, de 1883.

Le « Richelieu ». — C'est sur le vaisseau le *Richelieu*

que la maison Sautter, Lemonnier et Cie a réalisé cette
installation. L'éclairage comprend 227 lampes Edison à
incandescence, dont 211 de 8 bougies chacune, pour
l'éclairage normal, et 16 de 30 bougies pour les feux de
route et de position, ainsi que pour les signaux.

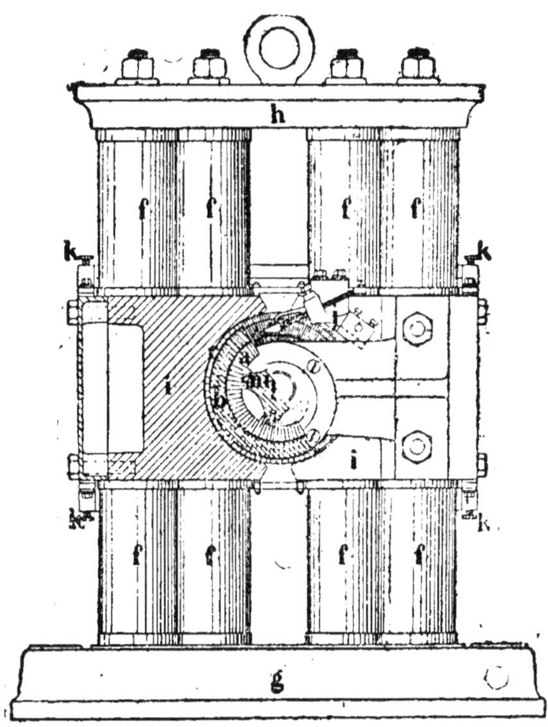

Fig. 167. — Machine Gramme du *Richelieu*.

Les circuits sont organisés de telle sorte que, sans
introduire aucune résistance, l'extinction d'un nombre
quelconque de lampes n'altère pas le fonctionnement
de celles qui restent allumées.

Le générateur d'électricité est mis directement en

marche, sans courroies ni transmissions d'aucune sorte, par un moteur Mégy, à grande vitesse, muni d'un régulateur différentiel. Moteur et régulateur ont une marche très régulière de 580 tours à la minute.

Le générateur d'électricité est une dynamo Gramme (type D) qui fournit, à sa vitesse normale de 580 tours, un courant de 200 ampères sous 51 à 52 volts aux bornes.

En raison de la faible résistance de l'induit, par suite aussi du mode d'excitation, produit par dérivation sur les inducteurs, la force électro-motrice aux bornes reste constante quel que soit le nombre des foyers alimentés.

La machine n'a que 1 mètre de hauteur et occupe, à sa base, une surface inférieure à 1 mètre carré. Les inducteurs (fig. 167) sont formés par 8 cylindres de fer doux f servant en même temps de bâti et réunissant les deux platines. Ils portent, en leur milieu, une armature en fonte, épanouissement des pièces polaires, au centre de laquelle tourne la bobine induite. Les cylindres f sont entourés sur chacune de leurs moitiés par 83 mètres de fil de cuivre de 4 millimètres et 4/10 de diamètre ; ce sont les électro-aimants inducteurs.

MM. Sautter-Lemonnier, nous apprennent que « les 227 lampes Edison ont été réparties en 7 circuits, savoir :

« 1° Circuit de jour, 2° circuit de nuit, 3° circuit de combat. 4° circuit de la machine, 5° circuit de mer, 6° circuit des feux de route, 7° circuit des feux de signaux. »

Tous ces circuits partent d'un tableau de distribution (fig. 168) placé près de la machine. On voit que chacun de ces circuits peut être allumé par la simple

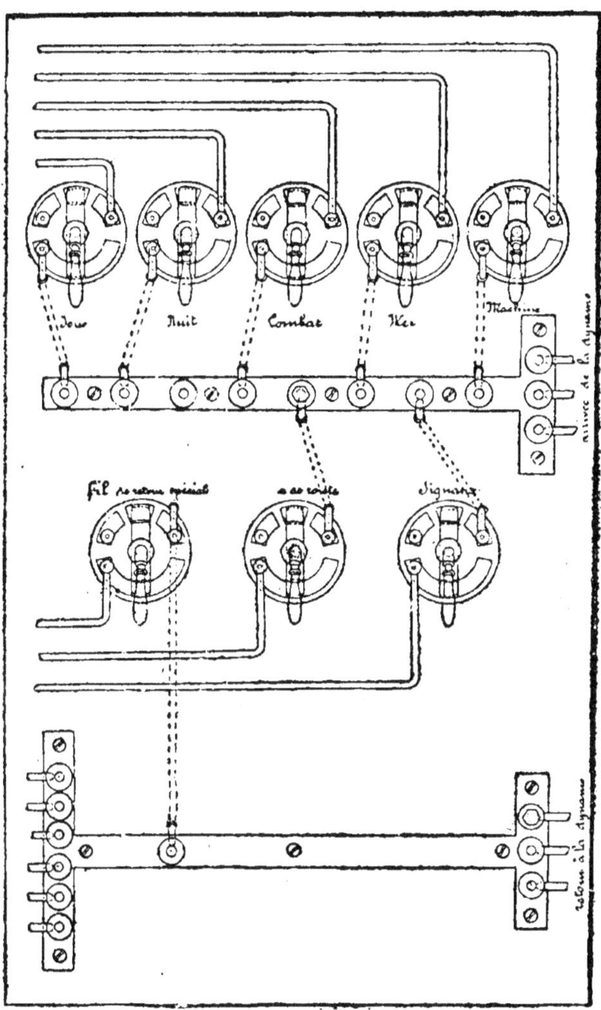

Fig. 168. — Tableau de distribution du *Richelieu*.

manœuvre d'un commutateur, mais, dans chaque
circuit, un certain nombre de lampes, dont l'usage ne

répond qu'à certaines éventualités, sont individuellement munies de commutateurs qui permettent de ne les mettre en service que sur un ordre précis.

Les conducteurs, sur lesquels 48 coupe-circuit ont été intercalés, sont dissimulés le long des parois du navire, dans une canalisation en bois, recouverte d'une plinthe.

Deux fils de retour sont utilisés, l'un pour les quatre premiers circuits, l'autre pour les trois derniers.

« 1° Le circuit de jour, destiné à fonctionner jour et nuit, comprend 68 lampes de 8 bougies réparties dans les parties basses du bateau obscures même pendant le jour ; 45 lampes placées dans les soutes contenant les munitions pour les exercices, le magasin général et autres locaux où on n'a besoin de lumière qu'à certains moments de la journée, dans le réduit des sacs et quelques endroits obscurs seulement lorsque les sabords sont fermés, sont munies de commutateurs individuels.

« 2° Le circuit de nuit destiné, comme son nom l'indique, à fonctionner seulement la nuit éclaire les postes de couchage, cabines et carrés, appartement de l'amiral, etc. ; il comprend 79 lampes de 8 bougies dont 58 pourvues de commutateurs individuels.

« 3° Le circuit de combat, 16 lampes de 8 bougies réparties dans les soutes à munitions.

« 4° Le circuit de la machine. Ce circuit est destiné à éclairer la salle de la machine et les chaufferies en rade. Il comprend un total de 26 lampes de 8 bougies, divisées en deux séries commandées par un commutateur placé dans la salle même de la machine.

« La série A de 8 lampes (2 dans les lignes d'arbres, 1 dans les chaufferies, 5 dans la machine) doit fonctionner jour et nuit et donner la lumière nécessaire pour permettre de circuler. La série B de 18 lampes vient compléter l'éclairage fourni par la série A pour permettre de visiter les pièces de la machine et faire les réparations.

« 5° Le circuit de mer, comprenant 22 lampes de 8 bougies, complète l'éclairage de la machine et des chaufferies lorsque le bateau prend la mer.

« 6° Le circuit des feux de route, comprenant 6 lampes de 30 bougies, dont 3 placées dans les fanaux d'arrière, 2 dans les fanaux de côté et une dans le fanal placé dans la hune ;

« 7° Le circuit des signaux comprenant 10 lampes de 30 bougies, alimente les feux placés dans la mâture pour les signaux de nuit.

« Les deux câbles, partant du panneau de distribution aboutissent au kiosque de la majorité où ils peuvent être fixés aux deux bornes du manipulateur.

« Deux câbles mobiles, composés chacun de 6 câbles isolés les uns des autres, tordus autour d'une corde en chanvre, et recouverts d'une tresse en chanvre goudronné, servent à établir les communications entre le manipulateur et chacune des lampes placées dans les fanaux hissés dans la mâture. Comme ces fanaux sont placés à deux mètres l'un au-dessous de l'autre, chaque câble lâche, tous les 2 mètres, à partir d'une de ses extrémités, un des fils qui le composent et un brin, fixé sur le sixième fil, qui sert de retour commun aux cinq lampes [1]. »

Le manipulateur destiné à produire les signaux est

---

[1] Sautter-Lemonnier, *Éclairage électrique du « Richelieu »*.

une boîte dont le couvercle est percé de dix trous garnis

FIG. 169. — Manipulateur à signaux.

de verres dépolis (fig. 169); en face de chacun de
ces trous est un interrupteur.

Ces interrupteurs sont numérotés de 1 à 10, comme les fanaux auxquels ils correspondent. Chacun d'eux commande le circuit d'un fanal, mais l'allumage et l'extinction ne peuvent avoir lieu que par la manœuvre d'un commutateur général. Ainsi pour allumer les feux 1, 4 et 7, par exemple, que nous prenons au hasard pour fixer les idées, il suffit de tourner les interrupteurs 1, 4, et 7. A ce moment par un dispositif ingénieux, les trous 1 4 et 7 s'illuminent, représentant ainsi le signal qui, partant de la matûre, se projettera au loin. L'opérateur n'a plus pour allumer le signal qu'à agir sur le commutateur général. Une manœuvre inverse éteint le signal et remet en place les interrupteurs partiels faisant disparaître en même temps le signal de contrôle. Cet éclairage de la boîte à signaux s'obtient par une petite lampe-témoin qui brûle constamment mais qui ne laisse apercevoir son feu qu'au moment où chaque interrupteur mis en jeu démasque le trou correspondant de la boîte, trou qui s'illumine aussitôt. La personne qui fait le signal peut ainsi contrôler à l'avance l'effet que produira la manœuvre du commutateur général.

Les lampes d'éclairage qui se rapportent toutes au type Edison de 50 volts fonctionnent avec 0,75 ampère.

Les plus grandes précautions ont été prises, dans les suspensions, pour soustraire les foyers aux vibrations occasionnées par la marche des machines et par le tir du canon.

Quelques-unes sont suspendues par des chaînettes ; pour celles qui doivent être appliquées sur les parois du navire, des plaques de feutre, de 10 à 15 millimètres ont été interposées entre les supports ; les lampes sont en outre reliées à leur support par l'intermédiaire de deux petits socles en bois et d'un ressort à boudin.

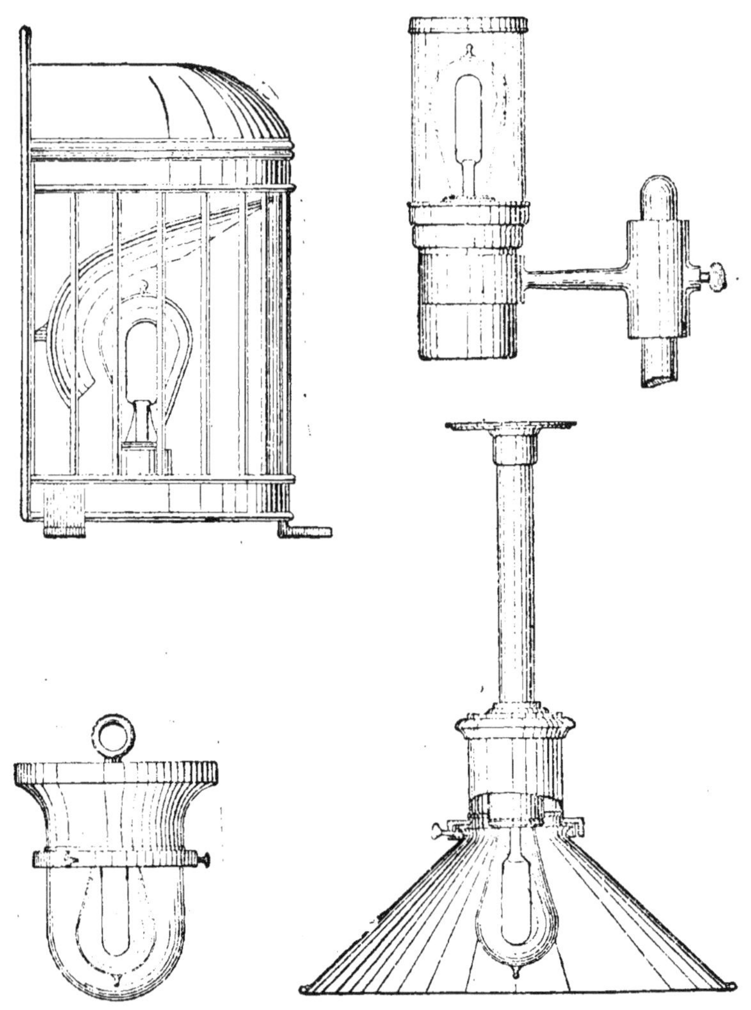

Fig. 170. — Différents modèles de lampes.

La figure 170 montre différentes formes de supports employés.

Fig. 171. — Moteur et dynamo de l'*Indomptable*

L'« Indomptable ». —Dans l'aménagement du cuirassé l'*Indomptable*, MM. Sautter-Lemonnier ont adopté d'autres dispositions.

La marine désirait en effet se rapprocher, comme types, des moteurs que déjà elle utilisait journellement.

Le moteur de l'*Indomptable* est une machine pilon à deux cylindres. Sa puissance normale est de 20 chevaux effectifs à 3 kilogrammes de pression. Comme le montre la figure 171, le moteur et le générateur d'électricité sont montés dans le prolongement l'un de l'autre, la liaison ayant lieu à l'aide d'un manchon flexible à ressorts.

Le générateur est une dynamo duplex, c'est-à-dire à deux paires de pôles, dont l'induit, par conséquent, est mû dans un double champ magnétique. Cet induit est un anneau Gramme dont les sections sont couplées deux à deux en quantité.

Par ce moyen, on obtient, pour une même vitesse et une même intensité de champ, un débit double de celui d'une dynamo ordinaire, ou bien même débit avec une vitesse angulaire moitié moindre.

Les électro-aimants inducteurs sont à double enroulement, le fil fin servant à l'excitation en dérivation.

Le débit, à la vitesse de 350 tours par minute est, avec une force électro-motrice constante de 66 volts, de 1 à 150 ampères, tandis que le nombre de lampes de 10 bougies alimentées peut varier de 1 à 225.

L'ensemble du moteur et du générateur électrique pèse 3200 kilogrammes ; il occupe un espace de $3^m,40$ en longueur et $0^m,80$ en largeur ; sa hauteur est de $1^m,60$.

Deux ensembles analogues sont installés à bord de

l'*Indomptable*, chacun d'eux pouvant se substituer à l'autre, et participant, soit à l'éclairage général du navire soit à l'alimentation des projecteurs ; c'est ainsi que l'un peut allumer 225 lampes, tandis que l'autre entoure le bateau d'une ceinture de lumière au moyen de 8 projecteurs de 0ᵐ,40 de diamètre, dont la divergence est de 45°, et qui, par conséquent, éclairent tout l'horizon.

Le « Furieux » — Les premiers essais se sont vite généralisés et les navires de guerre de construction récente sont tous pourvus d'une installation électrique très complète ; c'est ainsi que MM. Sautter et Lemonnier ont fourni pour la batterie cuirassée, le *Furieux*, construite à Cherbourg, 2 projecteurs de 1.600 carcels et environ 150 lampes à incandescence qui éclairent le carré des officiers, les batteries et les tourelles.

L'électricité est fournie par une machine Gramme mise en marche par un moteur Brotherhood ; le navire possède en outre une machine de combat de même force que la précédente et une troisième machine de réserve.

Parmi les autres installations déjà réalisées, citons celles du *Suffren*, du *Courbet* qui possède 2 projecteurs et 350 lampes, du *Vengeur*, garde-côte sur lequel la maison Bréguet a aménagé 150 lampes de 10 bougies.

L'électricité trouve encore son emploi dans les constructions navales, avant même que les navires aient pris la mer. Les chantiers de construction, comme ceux de Cherbourg, comme les bassins de radoub du Havre, reçoivent bien les rayons de puissants foyers, mais ces flots de lumière ne traversent pas la coque des navires dont l'intérieur, dès que les travaux sont suffisamment avancés, reste plongé dans l'obscurité la plus complète.

De là, nécessité pour les ouvriers de travailler avec des lampes ou des bougies. On a remédié à cet état de choses en organisant à Lorient, pendant la construction des navires le *Formidable* et le *Hoche*, tout un système d'éclairage électrique à l'intérieur même de ces cuirassés. L'aménagement de ce service est l'œuvre de la maison Sautter, Lemonnier et Cie.

Les navires de guerre étrangers. — On doit à la même usine l'installation de plusieurs navires de guerre pour le compte des puissances étrangères.

En 1886, l'Amirauté anglaise ordonna des expériences comparatives entre la lumière électrique, l'huile et les bougies pour l'éclairage des navires ; ces essais qui durèrent près de trois mois à bord du *Colossus* et du *Crocodile* furent favorables à l'électricité même au point de vue économique.

Un peu avant, tous les cuirassés anglais avaient été pourvus de quatre projecteurs.

A cette époque déjà plusieurs navires de guerre étaient éclairés à l'électricité : *Edinburgh*, *Warspile*, *Impérieuse*, *Collingwood*, *Rodney*, installés par la maison Siemens. Onze autres navires reçurent l'électricité après les expériences que nous venons de citer : *Trafalgar*, avec 460 lampes, 4 projecteurs et 3 dynamos ; *Nile*, avec 500 lampes, 4 projecteurs et 3 dynamos ; les vaisseaux-écoles *Britania* et *Hindoustan*, avec 450 lampes de 10 bougies, etc.

A la suite de ces installations et de beaucoup d'autres, la maison Armstrong a eu l'idée d'adapter, aux canons des cuirassés, des mires électriques pour le tir de nuit.

Jusque-là, on employait un vernis lumineux, mais

maintenant que presque tous les navires de guerre sont pourvus de dynamos, il devient aisé d'appliquer aux mires des bouches à feu de petites lampes électriques.

La maison Sautter-Lemonnier a installé pour le compte du gouvernement russe l'éclairage des navires *Livadia* et *Pierre-le-Grand*. Elle a traité pour l'éclairage de tous les navires de la marine turque.

Outre le *Dandolo*, la marine italienne possède plusieurs autres navires éclairés électriquement, et parmi ceux-ci, le croiseur *Dogali* qui passe pour le navire de guerre le plus rapide du monde. L'organisation électrique de ce dernier est due à la maison Armstrong qui l'a pourvu de 2 projecteurs de 15.000 bougies et de 150 lampes à incandescence Swan de 16 bougies chacune, le tout alimenté par 3 générateurs Pearson à grande vitesse.

Enregistrons encore, parmi les navires européens qui, à notre connaissance, sont éclairés par l'électricité : les cuirassés espagnols *Numancia* et *Vitoria*, le cuirassé suédois *Swea*, le croiseur danois *Ivert*, etc.

Au nombre des installations américaines, on trouve, en première ligne, l'*Atlanta*, croiseur de construction récente, pourvu de deux projecteurs très perfectionnés. MM. Crompton et Cⁱᵉ ont agencé sur le cuirassé brésilien *Aquidaban* 3 dynamos alimentant chacune 180 lampes Swan ; le navire possède en outre deux projecteurs de 25.000 bougies chacun.

Enfin, la marine japonaise possède les croiseurs *Unébi*, *Takachiho* et *Naniwa* où se trouvent 4 dynamos, 4 projecteurs de 2000 carcels et 108 lampes Swan de 16 bougies ; les canons y sont manœuvrés et tirés par l'électricité.

Paquebots. — Toutes les grandes compagnies de navigation, en Angleterre, en Allemagne et en France remplacent à bord de leurs paquebots l'éclairage à l'huile et à la bougie par des lampes à incandescence.

L'*Océanien*, paquebot-poste des Messageries maritimes réalise un type absolument complet d'installation électrique, type étudié et construit par MM. Sautter-Lemonnier dont le nom revient sans cesse lorsqu'il s'agit d'applications de l'électricité à la marine et à la guerre.

L'éclairage comprend 200 lampes à incandescence de 12 bougies pour les salons, les couloirs et les cabines ; 21 lampes de 20 bougies pour les soutes à bagages ; 3 lampes de 40 bougies pour les feux de route.

Le pont et les abords du paquebot peuvent être instantanément éclairés par un foyer à arc de 150 carcels suspendu à une vergue de manière à faciliter les opérations d'embarquement et de débarquement.

Le nombre des lampes en activité est très variable à bord ; par suite, elles doivent être indépendantes les unes des autres et leur intensité maintenue constante quel que soit le nombre d'appareils en service.

Cette indépendance est assurée par deux machines Gramme mises en marche et commandées directement par un moteur Mégy à grande vitesse tournant à 750 tours.

Chaque machine peut alimenter 180 lampes, et toutes deux fonctionnent jusqu'à onze heures du soir, heure à laquelle le nombre des foyers restant allumés est inférieur à 150.

Les dynamos sont à double enroulement et leur chute

de potentiel reste constante aux bornes tant que la vitesse du moteur reste elle-même constante. Cette dernière condition est obtenue par l'emploi de régulateurs de vitesse d'une grande précision et dispense d'introduire dans le circuit des résistances additionnelles lorsqu'on allume ou qu'on éteint un nombre plus ou moins considérable de lampes.

Un tableau de distribution placé dans la salle des machines répartit les courants sur deux circuits principaux, tribord et bâbord ; deux circuits moins importants éclairent la machine.

L'arrêt subit de l'un des moteurs amènerait l'extinction des lampes de tout un côté de bateau et produirait une obscurité complète si, dans chaque compartiment du navire, on n'avait pris soin de distribuer en quantité égale des lampes appartenant aux deux circuits principaux qui sont allumés en même temps. En outre, une batterie d'accumulateurs, toujours chargée, est prête à fournir son courant pendant 8 ou 10 heures, pour assurer le service des feux de route normalement alimentés par une dynamo indépendante.

La *Champagne*, la *Bretagne*, le *Lafayette*, paquebots de la Compagnie générale transatlantique ont reçu de la maison Bréguet des organisations analogues ; la *Bourgogne* la *Gascogne* et la *Touraine* (de la ligne du Havre à New-York) en ont été également pourvues. Les paquebots de la Compagnie des Messageries maritimes de la ligne d'Australie et de la ligne de l'Indo-Chine sont pourvus d'installations électriques.

Sur le *Norham-Castle*, paquebot anglais qui fait le service du cap de Bonne-Espérance, la compagnie Brush a organisé un aménagement très complet. Chaque cabine de 1ʳᵉ classe est pourvue d'une lampe à incandescence de 16 bougies avec un commutateur à la portée du voyageur. Le salon principal est éclairé par 28 lampes du même type.

Les moteurs commandent directement les dynamos.

Les signaux sont également des fanaux électriques et une lampe sous-marine permet d'examiner l'hélice et la coque du navire.

En Angleterre encore, de nombreux yachts de plaisance sont éclairés à l'électricité, à commencer par ceux de la famille royale, *Victoria and Albert* appartenant à la Reine, *Osborne* au Prince de Galles. Dans ce dernier, le service est assuré par des accumulateurs hermétiquement clos pour empêcher le renversement des liquides.

Si la France est moins luxueuse, quelques particuliers y possèdent cependant des bateaux de plaisance munis de petits projecteurs ; tels sont les canots de M. Menier et de M. Trouvé.

XIII

APPLICATIONS DE L'ÉCLAIRAGE ÉLECTRIQUE A LA GUERRE

L'éclairage électrique au point de vue de la mobilisation. — Opérations de guerre. — Projecteur Mangin. — Projecteur de l'armée allemande. — Projecteur anglais. — Emploi des projecteurs.

L'éclairage électrique au point de vue de la mobilisation. — L'essai de mobilisation du 17e crops de l'armée française a mis en évidence l'intérêt que présente un éclairage bien compris des quais d'embarquement et de débarquement, des haltes-repas, et de tous les points où doivent s'effectuer rapidement en temps de guerre les transbordements de troupes, de matériel, de munitions ou de vivres.

Pourquoi ne pas avoir un ensemble de matériel électrique, facilement transportable, n'immobilisant qu'un truc ou deux dans un train, et permettant en quelques minutes de développer un réseau étendu d'éclairage électrique? C'est dans cet ordre d'idées que des essais très concluants ont été tentés en Autriche.

L'ensemble construit à Vienne par la maison Siemens et Halske a pour objet de favoriser un débarquement de troupes, de matériel de guerre ou d'approvisionnement en pleine voie, tout en se prêtant également à l'éclairage de travaux plus pacifiques, tels que chantiers ou exploitations agricoles.

Deux voitures distinctes comprennent, l'une une locomobile et une dynamo, l'autre tout un matériel d'éclairage. Rien n'y a été omis : poteaux, perforateur pour les planter, câble, isolateurs, outils de différentes sortes, 8 lampes d'une durée de 10 heures chacune, charbons de rechange, combustible d'alimentation pour le moteur, etc. La locomobile pèse 6320 kilogrammes, le fourgon d'accessoires 3800. Une rampe de chargement permet d'embarquer rapidement les deux voitures sur des trucs. Dans les cas pressés, on peut chauffer la locomobile pendant la marche du train et, avec une équipe exercée, obtenir très rapidement de la lumière en plein champ où les voitures peuvent être traînées, soit par des chevaux, soit même à bras.

Pendant la période de mobilisation du 17e corps, la compagnie du Midi a éclairé à l'électricité la gare de Toulouse et la gare des marchandises de Carcassonne. Des installations mobiles avaient été expédiées dans ce but par MM. Sautter, Lemonnier et Cie. Chacune d'elles comprenait deux voitures : sur l'une étaient aménagés la chaudière, le moteur et la dynamo, l'autre portait un approvisionnement d'eau, de charbon et d'outils. L'ensemble des deux voitures permet d'alimenter 6 régulateurs Gramme de 150 carcels ; deux furent placés à la gare des marchandises de Toulouse, un autre à la gare de Carcassonne ; ils fournirent un éclairage très satisfaisant.

Dans le même ordre d'idées, M. Fein, de Stuttgard, a construit une locomobile comprenant : un moteur à vapeur avec des coffres pour le charbon et l'eau d'alimentation, une dynamo située à l'avant et protégée contre les chocs par une enveloppe métallique, enfin un commutateur placé au-dessus de la dynamo. La transmission de mouvement se fait à l'aide d'un volant plein qui sert en même temps de poulie, et la dynamo, montée sur une glissière, peut être rapprochée ou éloignée au moyen d'une vis, de façon à tendre suffisamment la courroie.

Un second fourgon porte 250 mètres de câble, les lampes, leurs supports, en un mot tous les accessoires. Les supports des lampes sont des trépieds en fer creux sur lesquels se monte une hampe à potence soutenant le foyer que l'on hisse à une hauteur de 5 mètres à l'aide d'un câble et d'une poulie. L'équilibre est maintenu par une sorte d'ancrage que l'on obtient en enfouissant dans le sol un lingot métallique relié par un câble à la flèche qui supporte la lampe ; un raidisseur donne la rigidité voulue. Les lampes sont munies de réflecteurs et projettent leurs rayons vers le sol.

Ce matériel est aisément transportable en chemin de fer et, une fois débarqué, il suffit, au dire de l'inventeur, de 15 minutes pour mettre la chaudière en pression et procéder à l'allumage.

Opérations de guerre. — A la guerre, on n'a généralement pas intérêt à s'éclairer soi-même, mais bien à éclairer les autres ou, en d'autres termes, et pour ne

Fig. 172. — Chaudière, moteu

ynamo du projecteur Mangin.

pas prêter un double sens au mot *éclairer*, on a intérêt à rester dans l'obscurité et à placer l'ennemi dans la lumière. Dans une place forte assiégée, on a intérêt à éclairer l'ennemi pour reconnaître et contrarier ses travaux, pour signaler ses mouvements de troupes et repousser une attaque de vive force, pour assurer la régularité du tir de l'artillerie.

Une armée en rase campagne ou une armée assiégeant une place a intérêt à éclairer les ouvrages de l'ennemi pour les détruire.

Le but sera d'autant mieux atteint que l'observateur restera dans l'obscurité et que la source lumineuse dont il dispose sera plus puissante ; ajoutons que si cette source lumineuse est peu visible, si elle peut se déplacer facilement, il deviendra difficile pour l'ennemi d'apprécier la distance à laquelle elle se trouve et de régler efficacement son tir dans sa direction. Quelquefois pourtant il est utile d'éclairer ses propres travailleurs, soit pour des constructions de ponts, des réparations de routes, entrepris en dehors de la présence de l'ennemi, ou bien encore des embarquements ou débarquements de troupes et de matériel, comme nous l'avons vu au sujet de la mobilisation.

Nous n'avons pas à faire ici l'historique de tous les engins lumineux de l'antiquité et du moyen âge, destinés à l'attaque et à la défense des places, engins pour la plupart primitifs, mais présentant des dispositions ingénieuses. Pas plus, nous ne décrirons les artifices éclairants, tels que les fusées à parachute, torches Lamarre et autres, nous arriverons sans transition à l'éclairage direct par la lumière électrique.

Les premières tentatives faites dans ce sens remontent à la campagne de la Baltique, pendant la guerre de Crimée, à la guerre d'Italie et enfin au siège de Gaëte, à l'occasion duquel un projecteur avait été construit sans que, d'ailleurs, on ait eu à l'utiliser.

Au siège de Paris, des essais furent entrepris de part et d'autre, dans le but d'éclairer les ouvrages; dans l'armée assiégée, des régulateurs Serrin, alimentés par des éléments Bunsen; chez l'assiégeant des instruments actionnés par des machines magnéto-électriques.

Depuis la guerre franco-allemande, depuis surtout la construction et les perfectionnements apportés aux dynamos, l'éclairage électrique à la guerre a fait des pas de géant. Dès 1873, on voyait déjà figurer à l'Exposition de Vienne des appareils de projection dans la section allemande et dans la section française.

Tout, maintenant, se fait à l'aide des projecteurs, et le plus usité, même à l'étranger, est celui du colonel Mangin, ce savant modeste à qui l'on doit aussi les appareils de télégraphie optique adoptés par l'armée française.

Projeter dans l'espace un faisceau lumineux aussi intense que possible, de façon à obtenir une grande portée, tel est le but que l'on se propose : comment l'atteindre pratiquement ? Les miroirs paraboliques offrent une solution de la question ; leur forme est celle que l'on obtient en faisant tourner un arc de parabole autour de son axe. Théoriquement, ils réfléchissent parallèlement à leur axe les rayons lumineux émanant d'une source placée exactement à leur foyer. Dans la pratique, on se heurte à de grosses difficultés. En admettant que la forme parabolique soit exactement obtenue, la source lumineuse a toujours des dimensions appréciables et, de tous les points situés en dehors du foyer, partent des rayons qui sont réfléchis dans des directions différentes ; ces rayons ne concourent plus à augmenter la puissance du cylindre lumineux projeté dans l'espace. D'ailleurs, il a été jusqu'à présent, très difficile, pour ne pas dire impossible, de construire industriellement de bons miroirs paraboliques. Dans les miroirs sphériques que l'on fabrique plus aisément, le parallélisme des rayons réfléchis émanant du foyer principal ne peut-être considéré comme exact que si l'ouverture du miroir ne dépasse pas 8 ou 9 degrés. Pour des miroirs de plus grandes dimensions, il y a convergence, et par conséquent diminution de portée.

Trouver un système limité par des surfaces sphériques, et jouissant des mêmes propriétés que les miroirs paraboliques, tel fut le but que se proposa le colonel Mangin, tel est aussi le résultat qu'il a obtenu en calculant les éléments de son miroir aplanétique.

Projecteur Mangin. — Le miroir, placé au fond d'un gros tube cylindrique, de même diamètre que lui, se compose, d'une lentille concavo-convexe (fig. 173) dont la face postérieure est argentée et forme miroir. Les rayons de courbure des deux surfaces sphériques qui limitent la lentille sont différents, et la distance focale est à peu près égale au diamètre du miroir. En plaçant une source lumineuse au foyer de la lentille, le faisceau réfléchi par la face argentée est parfaitement cylindrique et a une grande portée. La source lumineuse est un régulateur Gramme dont le réglage est automatique ou

bien peut se faire à la main. Un petit miroir concave, au
centre de courbure duquel se trouve l'arc voltaïque,

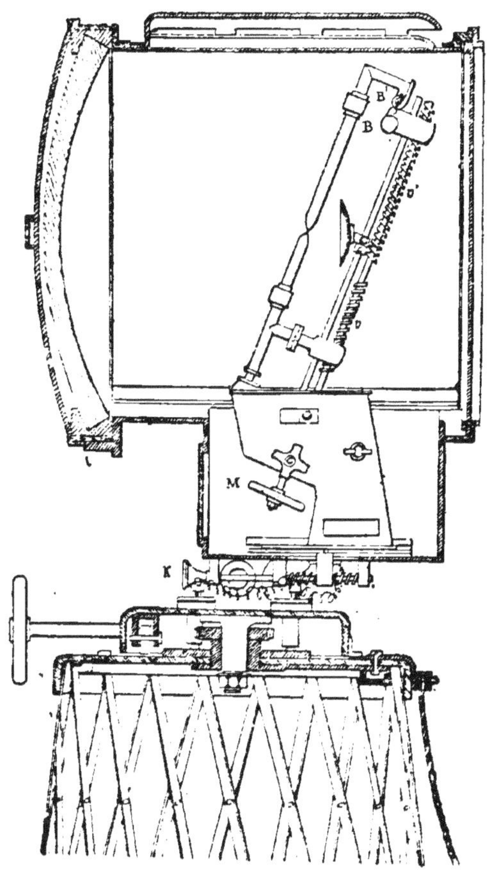

Fig. 173. — Projecteur Mangin.

renvoie vers le réflecteur les rayons aberrants qui se
perdraient en avant.

Un système de vis permet de déplacer le projecteur
dans le sens horizontal et dans le sens vertical, et par
conséquent de faire varier à l'infini la direction du faisceau lumineux.

Pour obtenir un faisceau divergent, il suffit de déplacer la source lumineuse, mais on a plus souvent besoin d'un épanouissement seulement horizontal pour éclairer un plus grand espace de terrain ; on a alors adapté à l'instrument une porte garnie de lentilles divergentes qui produisent l'effet voulu. On construit des projecteurs de 90, 75, 60 et 40 centimètres de diamètre ; ils sont montés sur des socles en fonte pour les stations fixes, charriés sur des voitures pour le service des armées, et le petit modèle peut même être transporté par deux hommes et mis en station' sur un support treillagé (fig. 173).

Le matériel réglementaire de l'armée comprend deux types correspondant, l'un à une intensité de 2500 carcels, l'autre à une puissance lumineuse de 600 carcels. Le grand équipage se compose de quatre voitures. La première (fig. 172) est à quatre roues ; elle porte une chaudière Field, un moteur Brotherhood, de la force de 7 chevaux, et une machine Gramme : le moteur tourne à raison de 880 tours par minute, et son arbre est directement relié à la dynamo[1]. Ce chariot porte en outre tous les accessoires de la machinerie, tels qu'injecteurs, pompe, outils, etc.

Deux autres voitures, à deux roues seulement, portent chacune un projecteur, 100 mètres de câble à deux conducteurs, pour établir la liaison entre le projecteur et la machine, un support en fer treillagé et de menus outils.

L'un des projecteurs est de $0^m,75$, l'autre de $0^m,60$.

---

[1] Voy. colonel Gun, *l'Électricité appliquée à l'art militaire.*

La quatrième voiture est chargée d'un approvisionnement d'eau et de charbon pour un service de trois heures, et d'une pompe rotative.

L'appareil secondaire ne comporte plus qu'une seule voiture transportant tout l'ensemble dont les dimensions sont réduites et qui se compose :

D'une chaudière Field ; — d'un moteur Brotherhood de trois chevaux ; — d'une dynamo Gramme ; d'un projecteur de 40 centimètres ; d'un câble à deux conducteurs de 50 mètres ; — d'un support treillagé pour projecteur ; — d'une caisse d'outils.

Le nombre des projecteurs Mangin vendus par la maison Sautter-Lemonnier s'élevait en 1883 à 402.

Projecteur de l'armée allemande. — Le projecteur employé en Allemagne pour le service de l'armée de terre et de la marine de guerre présente à peu près la même forme extérieure que le précédent. Il se compose d'un miroir en verre, que l'on prétend parabolique, et qui réfléchit suivant un faisceau parallèle les rayons lumineux émis par une lampe à arc dont les charbons sont horizontaux. La lampe à arc fonctionne automatiquement, ou bien est réglée à la main. Les porte-charbon sont montés sur des roues, placées elles-mêmes sur des rails où des galets les retiennent pour empêcher qu'elles soient projetées hors de leur voie par les trépidations de l'instrument. Les deux porte-charbon étant mobiles, l'arc est fixe et toujours maintenu au foyer du miroir. Le charbon positif est plus gros que le négatif et envoie sur le miroir les rayons émanant de son cratère, de sorte que le point obscur du faisceau n'a que le diamètre du charbon négatif. La proportion entre les deux charbons est d'ailleurs telle qu'ils s'usent de la même quantité et que la fixité de l'arc est obtenue par un déplacement égal des deux porte-charbon.

Le réglage automatique a lieu d'après le système Krizik-Piette qui fonctionne aussi bien verticalement que dans la position horizontale. Ce régulateur est formé par deux solénoïdes dans lesquels pénètrent plus ou moins deux noyaux de fer doux coniques, auxquels sont fixés les deux porte-charbon. Il est renfermé dans une boîte métallique, et les porte-charbon émergent seuls au dehors à travers deux fentes longitudinales ; pour éviter que des éclats, provenant des charbons incandescents, pénètrent dans la boîte contenant le mécanisme, chaque tige de porte-charbon est pourvue d'une petite toiture inclinée qui recouvre la fente lui livrant passage. Un jeu de lentilles intervient quand on désire transformer le faisceau lumineux parallèle en un faisceau divergent.

Le miroir et la lampe sont, comme dans le projecteur Mangin, enfermés dans un cylindre métallique monté sur un socle mobile dans deux directions perpendiculaires, disposition qui permet de diriger le faisceau lumineux dans tous les sens.

Ce modèle de projecteur est employé non seulement en Allemagne, mais aussi en Belgique, en Italie et même en Chine.

Les appareils de campagne de l'armée allemande ont été construits par la maison Siemens. Ils ont une portée de 3500 mètres.

L'équipage comprend : 1° Un chariot à 4 roues chargé de la chaudière, du moteur et de deux dynamos Siemens ; 2° une seconde voiture portant le projecteur, 100 mètres de câble, deux appareils télégraphiques de campagne,

Fig. 174. — Projecteur anglais, construit par la maison Woodhouse et Rawson.

système Buckholtz, avec leur bobine à dérouler le câble, enfin un approvisionnement d'outils.

Projecteur anglais. — La figure 174 représenté le type du projecteur construit par la maison Woodhouse et Rawson pour la marine anglaise. Dans ces sortes d'instruments, les modèles varient peu et ne se distinguent guère que par des modifications de détail.

Ici, la lampe est légèrement inclinée et les constructeurs se sont attachés à rendre la manœuvre de l'appareil aussi sensible que possible par des transmissions de mouvement qui permettent à l'opérateur de diriger à son gré le faisceau lumineux.

Emploi des projecteurs. — Y a-t-il intérêt à se placer auprès du projecteur pour observer le terrain éclairé ? Certainement non. Outre que l'intensité du faisceau lumineux est une gêne pour l'observateur placé dans le voisinage, il est à remarquer que la lumière qui vient frapper son œil fait un double trajet, du projecteur à l'objet éclairé et de celui-ci à l'observateur, de sorte que, sans même tenir compte de l'absorption de l'atmosphère, l'intensité lumineuse varie, non plus en raison inverse du carré de la distance, mais bien en raison inverse de sa quatrième puissance. Au point de vue de l'observation, il y a donc intérêt à placer le poste d'observation le plus près possible du terrain éclairé. Au point de vue tactique, il y a également intérêt à séparer le projecteur du poste d'observation, de façon à réduire autant que possible l'ensemble exposé aux coups de l'ennemi.

Évidemment, la configuration du terrain est dans la question un facteur important et peut, dans bien des cas, imposer la position du poste d'observation par rapport à celle du projecteur.

Quoiqu'il en soit, et lorsqu'on est maître de ses actions, en se plaçant à 1500 mètres en avant d'un projecteur de première grandeur, on aperçoit distinctement des hommes isolés placés à 3000 mètres de ce projecteur. Avec un projecteur secondaire on obtient le même résultat pour une portée de 1000 mètres, en se plaçant à 600 mètres en avant.

Si, par suite de circonstances particulières, le poste d'observation ne peut être porté en avant, il faut l'éloigner de 3 ou 400 mètres sur la droite ou sur la gauche et alors, bien que la portée de la vue soit un peu réduite, on aperçoit encore des hommes isolés, avec de bonnes jumelles, à 2500 ou 1000 mètres, suivant la puissance du projecteur.

Mais ces postes d'observation éloignés du projecteur doivent pouvoir le faire manœuvrer et communiquer leurs ordres aux mécaniciens qui le surveillent. Pour cela, on déroule un câble léger et des postes téléphoniques munis de sonneries sont installés aux deux extrémités.

En dehors des expériences du temps de paix, les projecteurs ont été utilisés dans différentes opérations de guerre. Pendant la guerre turco-russe, ils ont protégé les côtes de la mer Noire ; le port d'Odessa notamment en faisait usage toutes les nuits pour surveiller les abords de sa rade.

Au moment de l'intervention anglaise en Égypte, les travaux élevés pendant la nuit par Arabi-pacha à Alexandrie furent reconnus par l'escadre anglaise à l'aide de projecteurs ; l'armée britannique les employa également à l'attaque de Souakim pendant l'expédition du Soudan.

Nous les voyons encore mis en œuvre en Tunisie par l'amiral Garnault devant Sfax, Gabès, Monastir et Sousse. L'amiral Courbet s'en sert pour regagner la mer et traverser les passes de la rivière Min, après la destruction de l'arsenal de Fou-Tchéou.

Enfin, des essais ont récemment été faits par plusieurs puissances pour faire participer les projecteurs à une œuvre philanthropique ; il s'agit d'éclairer les champs de bataille pour permettre de relever les blessés pendant la nuit qui suit l'action. Ces expériences ont eu lieu en 1883 à Vienne, en 1884 au Champ de Mars à Paris, en 1884 aussi à Aldershot en Angleterre avec les appareils de MM. Sautter-Lemonnier. L'appareil est un projecteur Mangin de 40 centimètres. Tout l'ensemble qui pèse 2000 kilogrammes est porté sur un chariot traîné par deux chevaux et revient à 12.000 francs.

Il est facile d'adjoindre au projecteur des miroirs auxiliaires qui permettent de dériver du faisceau principal des pinceaux lumineux que l'on dirige dans plusieurs directions. Cette disposition ingénieuse est due à M. Burstyn, officier de la marine autrichienne.

Dans le même ordre d'idées, l'armée wurtembergeoise a réalisé des essais prouvant qu'avec un matériel très mobile, on éclairait le terrain à une distance de 700 mètres, même pendant la marche.

L'emploi de la lumière électrique permettra ainsi de sauver la vie à bien des malheureux et d'abréger bien des souffrances ; ce ne sera pas une de ses applications les moins utiles.

XIV

APPLICATIONS DE L'ÉCLAIRAGE ÉLECTRIQUE
A L'INDUSTTRIE

Installations industrielles. — Eclairage des chantiers de construction et des exploitations agricoles. — Eclairage des carrières. — Eclairage des mines. — Eclairage des gares. — Eclairage des trains. — Les grands magasins. — L'éclairage électrique de l'Exposition de 1889.

Installations industrielles. — Les usines éclairées par l'électricité ne se comptent plus, et il serait sans intérêt de décrire, comme on l'a fait dans le début, l'aménagement de chacune d'elles, un volume y suffirait à peine : nous nous contenterons de citer au hasard.

La première installation fixe est celle des ateliers de la Société Gramme qui remonte à 1873.

Viennent ensuite la fonderie Ducommun à Mulhouse, les ateliers Sautter, Lemonnier et Cie, à Paris, les différentes usines de M. Ménier, sa fabrique de caoutchouc de Grenelle, la chocolaterie de Noisiel, la sucrerie de Roye (Somme).

La lumière des régulateurs à arc convient très bien pour l'éclairage des grands espaces, et lorsqu'il s'agit d'une usine possédant déjà une force motrice dont on peut distraire une petite quantité, le prix de revient est singulièrement abaissé. Ajoutons que, dans les sucreries, la vapeur qui actionne le moteur peut encore être utilisée après, de sorte que la dépense se réduit, pour ainsi dire, aux frais de premier établissement et à l'usure des charbons.

C'est avec des régulateurs à arc qu'ont été réalisés les premiers aménagements dont nous venons de parler. Dans d'autres, l'arc voltaïque est combiné avec l'incandescence ; tels sont les ateliers Cail à Grenelle, l'huilerie Marchand à Dunkerque.

La lumière par réflexion est appliquée dans beaucoup d'usines où les régulateurs projettent sur le plafond l'éclat de leurs feux.

Dans les filatures où il est nécessaire d'apprécier à leur juste valeur les nuances les plus délicates, et d'assortir à chaque instant les fils ou les tissus, la lumière électrique avait un emploi tout indiqué et devait se subsituer au gaz dont les rayons ne permettent pas de distinguer la tonalité des couleurs.

Le fabrique de soieries de MM. Irénée Brun à Saint-Chamond, la filature de Blainville, les tissages du Thillot, sont éclairés par lampes à incandescence.

C'est encore l'incandescence qui viendra soulager les compositeurs d'imprimerie. Pendant les pénibles travaux de la nuit, l'ouvrier typographe reçoit toute la chaleur d'un bec de gaz placé presque au-dessus de sa tête ; il aura bientôt devant lui une lampe à incandescence qui ne lui procurera plus aucune gêne ; c'est déjà un fait accompli à l'imprimerie Lahure.

Dans les minotteries où l'atmosphère est toujours remplie de poussières inflammables, les lampes à incandescence préviendront des incendies ou des explosions ; la force motrice n'y fait pas défaut, et plusieurs moulins ont déjà inauguré l'éclairage électrique.

Eclairage des chantiers de construction et des exploitations agricoles. — L'éclairage des chantiers de construction compte au nombre des premières applications de la lumière électrique.

Pour les travaux du pont Notre-Dame, pour la reconstruction du Louvre, pour celle des magasins du Printemps, et pour tant d'autres travaux où il s'agissait d'aller vite, on en a fait usage.

Souvent le fanal est placé au sommet d'un échafaudage en bois et un réflecteur projette les rayons lumineux sur la partie à éclairer ; une locomobile alimente la machine génératrice.

Pour les exploitations agricoles où souvent une récolte est sauvée pour avoir été rentrée quelques heures en avance, on a construit tout un système composé d'une locomobile actionnant une dynamo. La lampe est portée sur un chariot séparé qui contient aussi un support treillagé s'élevant au moyen d'un treuil. C'est un système analogue à celui sur lequel les enfants font évoluer de petits soldats de bois (fig. 175); la lampe est montée. sur une série de parallélogrammes en fer, articulés. qui, en se développant. peuvent fournir une élévation de 10 mètres, et qui, repliés, n'occupent que très peu d'espace sur le chariot.

Pendant ces dernières années. des installations plus complètes, essentiellement mobiles, et comportant.

sous peu de volume, une petite usine d'électricité, ont été construites, notamment par la Société de matériel agricole de Vierzon.

La locomobile est montée sur un train de voiture à

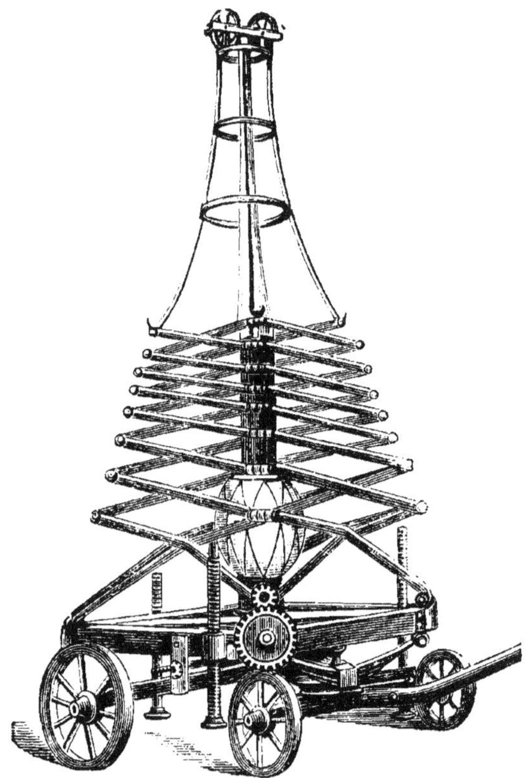

Fig. 175. — Système d'éclairage mobile.

4 roues, suspendue, qui contient l'ensemble de l'usine. A l'avant, une dynamo Gramme ; entre celle-ci et la machine à vapeur, deux batteries d'accumulateurs, genre Planté, de 25 éléments chacune. Sur un panneau vertical, le tableau des communications avec les appareils

de mesure; enfin, dans le dessous, tout le service d'éclairage proprement dit, comprenant les câbles, les lampes, etc.

La voiture est à claire-voie, au moins dans sa partie supérieure, et sa toiture met à l'abri tous les organes que pourrait endommager la pluie; elle pèse 3600 kilo-

Fig. 176. — Système mobile d'éclairage électrique (Woodhouse et Rawson).

grammes et coûte 4500 francs, matériel compris, moins les accumulateurs.

La figure 176 montre une disposition à peu près analogue construite par la maison Woodhouse et Rawson de Londres.

Les lampes peuvent s'installer sur des trépieds de la forme que représente la figure 177.

Il ne peut, dans ces sortes d'aménagements, y avoir que des variétés de détails, l'installation peut être plus ou moins spacieuse, s'étendre à un réseau d'exploitation

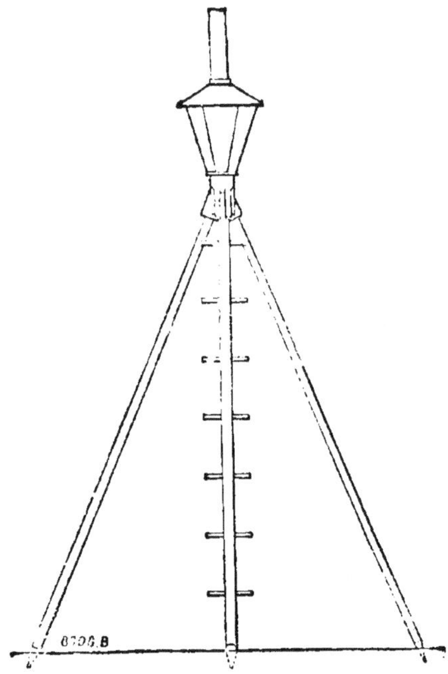

FIG. 177. — Support mobile.

plus ou moins développé, répondre enfin à tel ou tel besoin ; la diversité ne saurait être tellement grande qu'elle nécessite, dans un ouvrage de vulgarisation, une description spéciale pour chacun des types qui entrent dans le domaine de la pratique.

C'est par des procédés semblables que depuis 1883, les bassins de radoub du port d'Anvers sont éclairés ;

cela permet de doubler les équipes d'ouvriers et, par un travail de jour et de nuit, de diminuer considérablement les frais de stationnement qu'ont à supporter les armateurs dont les navires sont en réparation.

Dans le même but, et en raison de l'insuffisance des formes du radoub du Havre, en attendant surtout l'achèvement de celles qui étaient en construction, l'administration adopta, en 1884, l'éclairage électrique pour le bassin de l'Eure et le bassin de la Citadelle.

Ce service fut installé par MM. Sautter, Lemonnier et Cie, au mois d'avril 1884.

Ici l'installation est fixe. On adopta des foyers de 500 carcels. Ils sont au nombre de 6 supportés par des pylones en fer, le long desquels, comme les anciens reverbères, ils peuvent être hissés à toute hauteur, jusqu'à 12 mètres au-dessus du sol.

Les générateurs sont deux dynamos Gramme, alimentant chacune trois foyers en série. Les lampes sont des régulateurs Gramme pourvus de globes en verre et de réflecteurs.

Éclairage des carrières. — Dès 1863, M. Bazin tentait avec succès l'éclairage des ardoisières d'Angers au moyen des machines de l'Alliance. Plus tard, l'installation devint définitive et on y employa une machine Gramme alimentant deux régulateurs Serrin qui, en raison de l'obscurité permanente de la carrière, fonctionnent nuit et jour.

La machine est placée à environ 350 mètres des régulateurs et, pour ne pas être obligé de donner une vitesse trop grande au générateur, il a fallu faire usage de conducteurs volumineux.

Éclairage des mines. — L'expérience a trop souvent prouvé que la lampe de sûreté de Davy pour l'éclairage des mines ne met pas un obstacle absolu aux explosions de grisou. Soit qu'il y ait imprudence de la part des ouvriers, soit pour tout autre motif, il y a encore des explosions : elles sont malheureusement trop fréquentes, et presque toujours désastreuses. La lumière électrique conjurera-t-elle le danger ? c'est ce que plusieurs inventeurs ont pensé.

Déjà, en 1845, Boussingault avait tenté d'exploiter cette idée. Pour essayer de se soustraire aux frais de revient, considérables alors, de production des foyers électriques. Dumas et Benoit avaient construit une lampe dans laquelle la lumière était produite par l'éclat de l'étincelle d'induction ; c'était une sorte de tube de Geissler à lumière blanche ; l'avenir était réservé à l'incandescence. et on possède aujourd'hui plusieurs types de lampes de mineurs agencées par ce procédé, et dont l'emploi se répand dans les mines d'Angleterre et d'Amérique.

Dès 1881, Gaston Planté avait construit sous le nom de *lanterne électrique* ou *lampe de mineur* un instrument dont la figure 178 représente les principales dispositions.

La boîte renferme deux accumulateurs ; les vases ont été dessinés comme s'ils étaient en verre, pour laisser voir l'intérieur des éléments, mais, en réalité, ils sont en ébonite et hermétiquement clos après que le liquide actif y a été introduit.

La batterie communique avec une petite lampe à incandescence de Swan qui peut être enveloppée d'une éprouvette pleine d'eau ou garnie de toile métallique

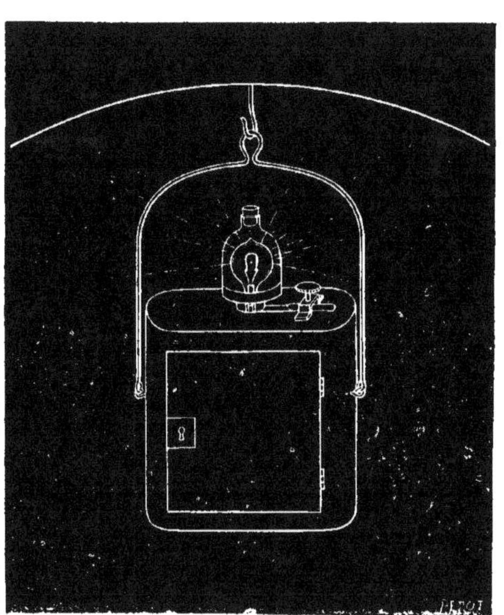

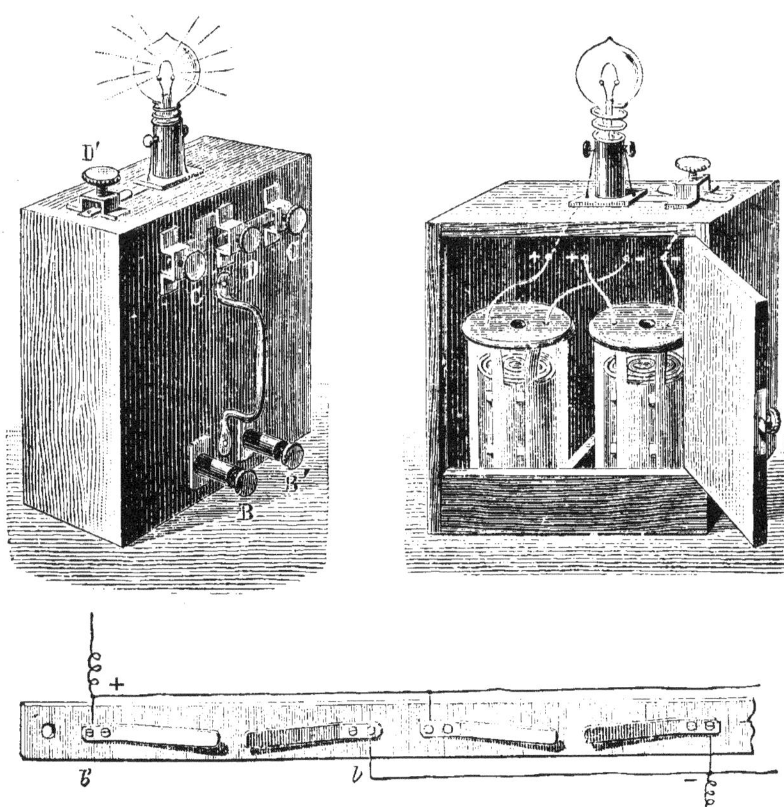

Fig. 178 — Lanterne électrique de Planté.

pour éviter les accidents en cas de rupture de l'ampoule. On voit au bas de la figure 178 les détails d'un commutateur qui facilite les opérations de charge et de décharge.

Pour charger l'appareil, on serre les boutons CC′ qui associent les deux accumulateurs en quantité ; on pousse ensuite les boutons B B′. Ces derniers viennent s'appuyer sur des ressorts tels que bb' communiquant avec les pôles d'une pile ou avec les bornes d'une machine.

Pour décharger l'appareil, c'est-à-dire pour allumer la lampe, on desserre C C′ et on serre D D′. La borne D réunit les deux accumulateurs en tension tandis que D′ établit la liaison avec la lampe.

Une poignée adaptée à la boîte de l'instrument permet de le porter à la main ; il est également facile de la suspendre à la voûte d'une galerie de mine.

La lampe Trouvé n'a pas été spécialement construite pour l'éclairage des mines ; l'ingénieux inventeur l'a nommée *lampe universelle*, et en effet elle est utilement employée par les pompiers, les gaziers, les distillateurs, tous gens ayant à traverser des endroits dont l'atmosphère renferme souvent des gaz inflammables ; elle a été adoptée par la préfecture de la Seine, par la compagnie parisienne du gaz, par la marine de l'État et par les sapeurs-pompiers de la ville de Paris.

Il en existe deux modèles ne différant que par des détails de construction ; dans l'un (fig. 179), la lampe s'allume lorsque la poignée est rabattue et s'éteint lorsqu'on la relève ; elle se suspend à la ceinture ou se porte en bandoulière ; dans l'autre, l'allumage a lieu lorsqu'on relève la poignée et l'extinction lorsqu'on pose la lampe à terre ; c'est assez dire qu'on doit la porter à la main.

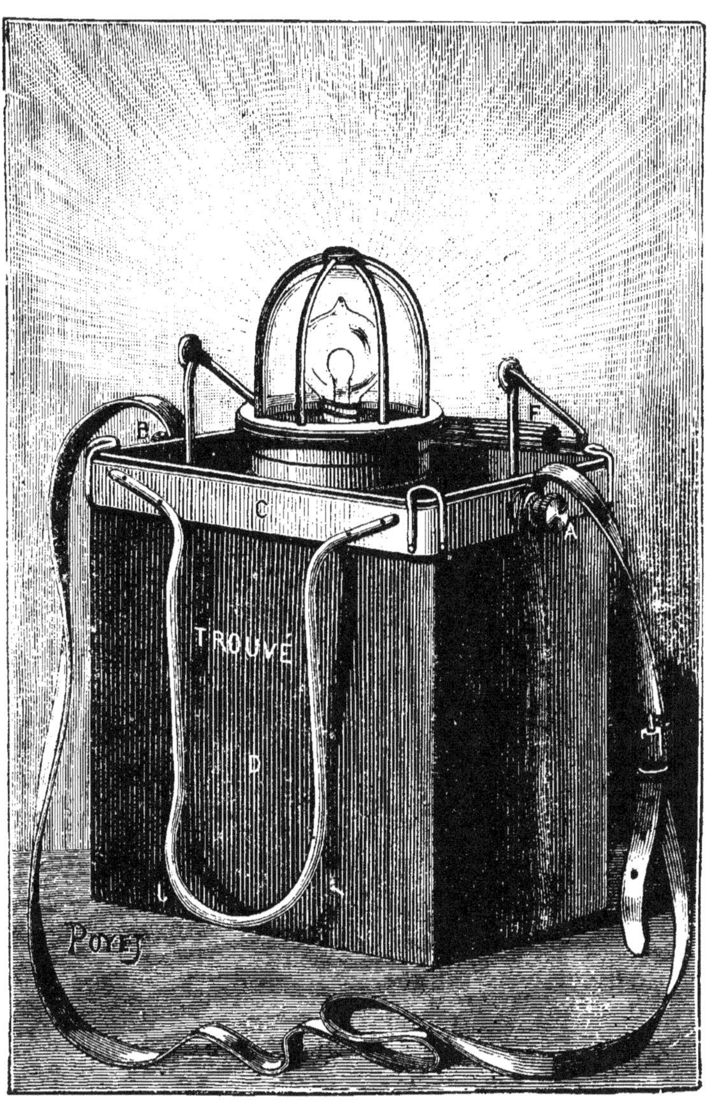

Fig. 179 — Lampe Trouvé (modèle vertical).

La caisse placée au-dessous du foyer est divisée en compartiments et renferme les éléments d'une pile Trouvé au bichromate de potasse qui sont suspendus au couvercle de la boîte. La lampe est placée tantôt sur le dessus, tantôt sur le côté ; elle est renfermée dans une double enveloppe de cristal, protégée par une cage métallique. Sur les côtés de la boîte sont disposées des armatures en fer qui empêchent la lampe de se renverser. On obtient avec la lampe Trouvé une intensité de cinq bougies pendant trois heures, ou bien d'une seule bougie pendant quinze heures, telles sont au moins les données du type de fabrication courante. Le prix de ces lampes est de 50 à 70 francs.

Se plaçant plus particulièrement au point de vue de l'éclairage des mines, M. Edison a construit un modèle de lampe à incandescence qui peut s'appliquer le long des parois des galeries. La lampe en elle-même est du modèle que nous connaissons déjà mais, pour éviter tout accident, l'ampoule lumineuse est entourée d'une cloche en verre remplie d'eau ; le tout se place sur un anneau scellé dans la paroi verticale de la galerie. Dans le même ordre d'idées, M. Swan a construit la lampe représentée par les figures 180 et 181. Un accumulateur composé de quatre éléments groupés dans un bloc de gutta-percha (fig. 181) assure un éclairage de dix heures de la valeur de 1 bougie à 1,3 bougie ; les éléments sont composés de cylindres en peroxyde de plomb ayant pour noyau un fil de plomb ; le tout pèse un peu plus de 3 kilogrammes et coûte 33 fr. 75 ; l'entretien ne revient, paraît-il, qu'à 35 centimes par semaine.

Cette lampe est très employée dans les mines d'An-

gleterre. M. Swan l'a complétée par un indicateur de
grisou ; toutes, cependant, n'en sont pas munies, et
l'adjonction de cet appareil supplémentaire est réservée
aux lampes des inspecteurs. L'indicateur de grisou est

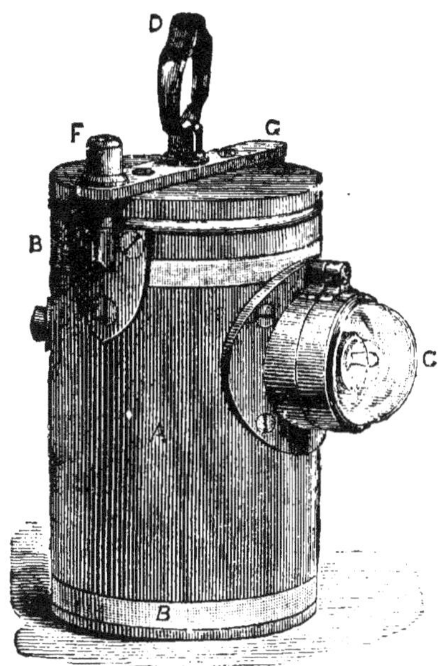

Fig. 180. — Lampe Swan pour
mineur.

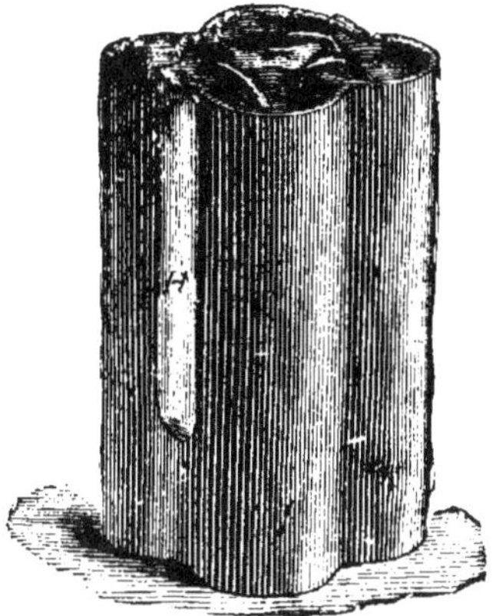

Fig. 181. — Accumulateur de
la lampe Swan.

basé sur ce principe : un mélange d'air et de grisou se
combine avec réduction de volume lorsqu'il est en contact avec un fil chauffé au rouge.

L'appareil contient un fil de platine très fin, roulé en
spirale, qui rougit par l'effet du courant d'une pile ; un
tube, jaugé à l'avance, et renfermant un liquide coloré,
de la glycérine et de l'eau, est mis en communication
avec l'air de la mine, puis hermétiquement clos par un
robinet ; le circuit de la pile est ensuite fermé, le fil de

platine rougit, la combinaison a lieu, et la quantité de liquide coloré qui monte dans le tube indique la proportion de grisou que contient l'atmosphère.

La lampe de MM. Woodhouse et Rawson (fig. 182) est enfermée dans une boîte en chêne, munie d'une forte courroie qui permet de la porter à la main. Le foyer est fixé en avant, garni d'une épaisse lentille, et son éclat est renforcé par un réflecteur.

Fic. 182. — Lampe de mineur Woodhouse et Rawson.

L'intérieur de la boîte comprend un accumulateur que l'on peut charger à l'aide d'une pile ou d'une dynamo, et qui, à pleine charge, fournit de la lumière pendant seize heures.

D'autres inventeurs ont également construit des lampes à incandescence portatives pour l'éclairage des mines.

M. Schanschieff emploie une pile de quatre éléments au sulfate acide de mercure, au zinc et au charbon ; le modèle destiné aux mineurs ne pèse que $1^{kg},5$ et fournit l'éclat d'une demi bougie pendant huit heures en ne dépensant que 10 centimes.

M. Walker utilise des éléments au bichromate de potasse; la lampe Pitkin, la lampe Waughson, celle du *Portable electric lamp and power Syndicate* et celle de M. Sweeta, sont pourvues d'accumulateurs; cette dernière est munie d'un système automatique qui interrompt le courant si la lampe vient à être cassée; il en résulte une extinction qui prévient les explosions.

Le poids de ces différentes lampes, dont la pratique seule déterminera le meilleur type, varie entre 2 et 4 kilogrammes; le prix de la lampe Pitkin qui est la plus chère est de 53 francs. La dépense d'entretien est généralement minime, et ces modèles variés sont déjà utilisés dans beaucoup d'exploitations minières.

Éclairage des gares. — Beaucoup de gares, et même des plus petites, sont aujourd'hui éclairées par l'électricité, tant en France qu'à l'étranger. Dans les gares de marchandises, la régularité et la puissance de l'éclairage jouent un grand rôle. Les employés sont gênés dans leur besogne s'ils sont obligés de transporter constamment avec eux des lanternes; le travail de manutention en est ralenti et les erreurs se multiplient; c'est là que l'électricité devait trouver sa place et c'est dans ces vastes chantiers qu'eurent lieu les premiers essais tentés par les compagnies de chemin de fer.

En 1876, la compagnie du Nord donna l'exemple, et ce n'est que longtemps après qu'on se préoccupa d'améliorer l'éclairage des gares de voyageurs. Dans ces dernières, on a cherché à obtenir une lumière douce, ne fatiguant pas la vue, en masquant les foyers et en les empêchant de frapper directement l'œil du public. Le système consiste généralement à réfléchir sur le plafond les rayons des lampes qui, renvoyés dans toutes les directions, se diffusent uniformément dans les salles sans donner un éclat trop vif ni des ombres trop dures.

Dans les gares de marchandises, on fait habituellement usage de pylones qui supportent les foyers lumineux répartis d'après la disposition générale des bâtiments de façon à en éclairer toute la surface.

On rencontre aujourd'hui la lumière électrique à Paris dans la plupart des gares, à Marseille, à Bellegarde, etc.

En Allemagne, à Berlin, Munich, Hanovre, Carlsruhe, Strasbourg, Darmstadt, Mayence, et dans une quarantaine d'autres grandes gares.

En Angleterre, à Londres, Liverpool, Glasgow, etc.

En Autriche, à Vienne et à Buda-Pesth.

En Belgique, 17 gares de l'État font usage de foyers à arc et de lampes à incandescence.

En Espagne, on peut citer Barcelone : en Italie, Rome, Turin, Milan, Gênes, Pise, Naples.

Chaque État, fait usage, bien entendu, de sources différentes, parmi lesquelles on trouve les régulateurs Gramme, Cance, Brush, Jaspar, Siemens, et beaucoup d'autres, ainsi que les lampes à incandescence d'Edison et de Swan.

Éclairage des trains. — C'est une amélioration qui s'est bien fait attendre et qui enfin ne tardera pas à se généraliser. Que faire, l'hiver, dans un wagon, de 4 heures du soir à 8 heures du matin, avec le faible concours d'un modeste quinquet, ou tout au plus, lorsqu'on est favorisé, avec celui d'un bec de gaz microscopique?

L'éclairage des trains comprend deux parties bien

distinctes : l'éclairage extérieur, celui qui signale l'approche
ou la présence du train,
qui éclaire la voie et
permet au mécanicien
d'y distinguer les ob-
stacles; l'éclairage intérieur, celui des voitures,
uniquement réservé au
bien-être des voyageurs.

L'éclairage extérieur
des trains, consistant en
un fanal électrique placé
en tête de la locomotive,
n'a pas donné dès le
début les résultats qu'on
en attendait. Les organes
mécaniques étaient dé-
rangés par les trépida-
tions de la machine et
la lampe s'éteignait.

Plus tard, MM. Sed-
laczek et Wikulille, en
Autriche, imaginèrent
une lampe dont le mou-
vement des charbons est
réglé par un liquide et
qui a fourni un service
plus régulier. Les deux
porte-charbon A et B

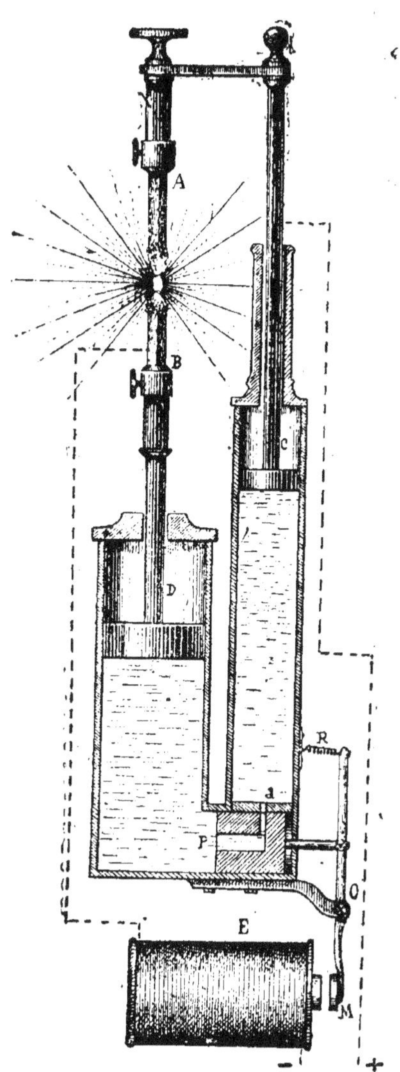

Fig. 183. — Lampe Sedlaczek et Wikulille.

(fig. 183) sont terminés par des pistons CD. plongeant
dans un tube recourbé deux fois à angle droit et rempli

de glycérine; les diamètres des deux parties verticales du tube sont calculées de façon qu'à un mouvement du piston D, supportant le porte-charbon négatif, corresponde un mouvement deux fois plus grand du piston C qui soutient le porte-charbon positif. La communication entre les deux branches verticales du tube est assurée par l'orifice *a*, mais, au-dessous de cet orifice, dans la branche horizontale, se meut un piston P, percé d'un trou, et remplissant à peu près le même office que les tiroirs des machines à vapeur. La marche de ce piston est commandée par la palette M de l'électro-aimant E pivotant en O et munie d'un ressort antagoniste R. L'électro-aimant E est embroché sur le circuit général.

Si nous supposons les charbons en contact, et le piston P dans la position que représente la figure 183, il est aisé de voir qu'il existe une libre communication entre les masses liquides des deux tubes verticaux. A ce moment, le courant traverse l'électro-aimant et les charbons; la palette M est attirée, le piston P, entraîné vers la droite, ferme l'orifice *a*, le piston D s'abaisse et l'arc jaillit entre les deux charbons séparés. Dès lors, le piston P agira comme régulateur; suivant que la résistance de l'arc augmentera ou diminuera, il se déplacera, ouvrant ou obstruant l'orifice *a*, et par conséquent rapprochant ou éloignant les charbons.

Ce système, très simple, a été appliqué à l'éclairage extérieur des trains en marche et il ne s'éteint pas à la vitesse ordinaire des express.

Les diverses expériences entreprises, tant en France qu'en Allemagne, ont permis de constater que l'emploi de la lumière électrique n'altère ni la visibilité ni la coloration des signaux de la voie. Elle n'incommode pas les mécaniciens du train, mais devient une gêne pour les agents placés sur la voie, devant lesquels passe rapidement le puissant faisceau lumineux, et dont l'œil est soumis à l'éclat de la lumière la plus intense pour retomber ensuite, sans transition aucune, dans l'obscurité la plus complète.

Nous ne pensons pas que ce soit cette considération qui ait empêché de vulgariser l'emploi des fanaux électriques sur les locomotives; il faut plutôt en attribuer la cause au chiffre élevé qu'atteindraient les frais de première mise.

« L'éclairage des voitures à voyageurs par l'électricité est une question à l'ordre du jour. Il faut le reconnaître, les lampes à l'huile ou les becs de gaz aujourd'hui employés fournissent une lumière trop faible pour la lecture et souvent pénible pour les yeux. Or, le besoin de lire en chemin de fer se fait vivement sentir; on raconte même qu'en Angleterre un seul fabricant vend annuellement jusqu'à 60.000 lanternes de poche pour cet usage. »

Notez que c'est le rapporteur du congrès des chemins de fer de Bruxelles qui parle.

Plusieurs compagnies ont fait des essais en Amérique, en Angleterre, en Allemagne, en Autriche, en Belgique, en France sur le réseau de l'Est.

Quatre systèmes sont en présence :

Piles primaires, accumulateurs, dynamos, ou bien un agencement mixte utilisant des dynamos et des accumulateurs.

Le premier système, essayé en Angleterre où des piles spéciales ont été construites pour cet usage ne soutient pas la discussion. Jusqu'ici, aucune pile primaire n'a un rendement économique.

Bien que l'emploi des accumulateurs exige des transbordements fréquents, bien qu'aussi ils ne rendent qu'en partie le travail dépensé pour les charger, ils offrent l'avantage d'assurer l'indépendance d'éclairage de chaque voiture.

Supposons que chaque wagon soit pourvu d'une batterie d'accumulateurs facilement démontable, capable de fournir le courant pendant 12 ou 15 heures, pouvant facilement être enlevée lorsqu'elle est épuisée, et immédiatement remplacée par une autre batterie toute chargée, il n'y a plus qu'à organiser un service de rechange comme celui des bouillottes; reste le côté économique. M. Wetzler nous apprend ce qu'il en est par la relation de ce qui se passe dans les trains américains de Boston et de New-York à Albany.

Plusieurs wagons de ces trains sont éclairés par des lampes à incandescence alimentées par des accumulateurs Jullien.

Vingt-quatre lampes de 10 bougies, suspendues au plafond, sont installées dans chaque wagon, deux autres sont placées sur les plate-formes. L'éclairage étant calculé pour 10 heures, soit 4 heures de plus que la durée normale du trajet, chaque voiture est pourvue de 60 accumulateurs répartis dans 10 boîtes de 6 éléments groupés en tension. L'aménagement de ces boîtes est chose tellement facile qu'il est inutile d'en parler; à combien revient l'éclairage, voilà l'important : suivant l'auteur, il ne dépasserait pas 38 centimes par jour et par lampe.

L'emploi des dynamos présente plus d'un inconvénient.

Une idée séduisante *a priori* consiste à les faire mouvoir par la marche même du train, en les mettant en
relation avec les essieux, mais, quand le train ralentit.
la dynamo ralentit, quand le train s'arrête, la dynamo
s'arrête et les lampes s'éteignent; il faut donc un moteur
spécial. Et encore, même avec ce moteur, l'indépendance
de l'éclairage des voitures n'est plus assurée comme avec
les accumulateurs; il faut une liaison électrique entre
toutes les voitures du train, de là difficulté dans la
manœuvre; vient-on à fractionner le train, tout s'éteint.

Reste la combinaison mixte qui consiste à utiliser à
la fois une dynamo et des accumulateurs ; c'est là que
semble se trouver la vraie solution.

Un certain nombre de dispositifs ont été présentés dans
ce sens; dans la plupart, la dynamo est commandée par
un des essieux du fourgon dans lequel elle se trouve,
mais il a fallu agencer la transmission de telle sorte que
la rotation de la machine électrique ait toujours lieu dans
le même sens, que le train avance ou recule. Plusieurs
ingénieurs pensent que les batteries d'accumulateurs
doivent être placées dans chaque voiture pour prolonger
l'éclairage en cas de rupture d'attelage ou de fractionne-
ment du train. Enfin, M. Tommasi propose, pour économiser les frais toujours onéreux occasionnés par l'emploi
des accumulateurs, d'utiliser l'électricité pendant la
marche et le gaz pendant les arrêts.

Malgré tous ces essais et toutes les discussions contra-
dictoires qui en ont résulté, la question est encore pen-
dante et les trains éclairés par l'électricité constituent

une exception qu'on ne rencontre guère qu'en Amérique et en Angleterre.

Les grands magasins. — Nous n'apprendrons rien à nos lecteurs en leur disant que les magasins du *Printemps* du *Louvre*, du *Bon Marché*, et beaucoup d'autres moins importants possèdent de véritables usines d'électricité, que la lumière y est répandue à flots et que le plus grand luxe a été déployé dans l'aménagement; c'est à Paris, il suffit d'aller voir. Ces installations ont été décrites par presque tous les journaux s'occupant d'électricité et reproduites par beaucoup de feuilles quotidiennes, nous n'y reviendrons pas; qu'il nous suffise de dire qu'au *Louvre*, aménagé depuis 1878, les bougies Jablochkoff forment le fond de l'éclairage complété par des lampes Edison de 16 bougies. La lumière de chaque bougie Jablochkoff revient à 40 centimes par heure, celle des lampes Edison à 5 centimes.

Les magasins du *Printemps*, qui ont des raisons particulières pour redouter les incendies, devaient être des premiers à adopter un mode d'éclairage qui tend à les rendre de plus en plus rares; aussi, dès sa reconstruction, en 1882, l'édifice a-t-il été pourvu de bougies Jablochkoff et de lampes à incandescence.

Après un premier essai, le *Bon Marché* avait repris le gaz et c'est seulement en 1886 que les administrateurs se décidèrent à faire construire, dans les sous-sols des nouveaux bâtiments, une usine complète d'éclairage électrique.

La surface occupée par la machinerie est de 2400 mètres carrés; l'ensemble de la force motrice disponible est de 995 chevaux-vapeur.

L'éclairage électrique de l'Exposition de 1889. — L'Exposition universelle de 1889, avec ses constructions grandioses et son immense développement, offrait à l'industrie une occasion unique de montrer au public les progrès réalisés depuis une dizaine d'années par l'éclairage électrique.

Le 15 février 1888, une convention était signée entre l'État et un syndicat d'électriciens représentant la plupart des grandes sociétés parisiennes.

Aux termes de ce traité, l'État autorise les contractants à organiser, à leurs risques et périls, une exposition collective d'éclairage électrique dans l'enceinte du Champ de Mars et dans ses annexes. Le syndicat perçoit le montant des entrées du soir, à la charge par lui de verser au Trésor une partie de ses recettes, dans la proportion suivante :

Moitié pour les recettes brutes n'excédant pas 3.600.000, sept ou huit dixièmes, jusqu'à 4.600.000 et neuf dixièmes au-dessus de cette somme.

A la fin de 1888, le syndicat avait déjà reçu l'adhésion de vingt-quatre sociétés, et son accès est resté ouvert à tous les électriciens, à quelque nationalité qu'ils appartiennent.

Décrire le merveilleux effet produit par les foyers lumineux de toute sorte éclairant les visiteurs du soir est chose impossible. Quelques chiffres suffiront pour donner une idée de la quantité de lumière distribuée dans le vaste enclos.

Le jardin supérieur possède 72 régulateurs et 950 lampes à incandescence.

Dans le jardin central, on compte 68 régulateurs

Gramme, et la société Edison y fournit, à elle seule, 33 régulateurs et 5100 lampes à incandescence.

Le jardin inférieur est l'apanage de la société *l'Éclairage électrique* qui y allume 64 foyers.

Le dôme de la galerie centrale est éclairé par une couronne de 48 lampes de 500 bougies, puis par 14 lustres de 20 lampes, et par 16 lampes-soleil. La galerie des machines, la galerie de 30 mètres, le palais des Beaux-Arts ne sont pas moins luxueusement dotés et il nous semble superflu de pousser plus loin notre énumération.

Pour alimenter tous ces foyers, la force mécanique mise en action équivaut à 4000 chevaux-vapeur auxquels viennent s'adjoindre, en cas de besoin et pour parer aux éventualités, des batteries d'accumulateurs dont le poids atteint 10.000 kilogrammes.

On estime à 170.000 becs carcels la puissance lumineuse de cet ensemble.

XV

APPLICATIONS DIVERSES

Les lanternes magiques électriques. — Auxanoscopes. — Applications aux études
de laboratoire. — Applications aux dissections et aux opérations chirurgicales.
— Applications à la photographie. — Applications domestiques. — Conclusion.

Les lanternes magiques électriques. — Il y en a de deux
sortes, les grandes et les petites, celles qui sont des instruments d'étude, celles qui servent d'amusement. Les
premières, ce sont les appareils de projection dont on
fait un fréquent usage dans les cours et les conférences
pour reproduire sur un écran l'image agrandie d'objets
qu'il serait difficile de montrer autrement à un nombreux
auditoire. Voici, en substance, comment sont agencés
ces instruments : un régulateur à arc est enfermé dans
une caisse métallique hermétiquement close ; en arrière,
un miroir concave recueille les rayons de l'arc et les renvoie en avant dans la direction d'une lentille plane con-
vexe qui les laisse passer au dehors sous forme d'un
faisceau conique convergent ; c'est en ce point de convergence que se place l'objet transparent dont on veut
faire voir l'image. Le grossissement s'obtient à l'aide

d'une lentille biconvexe ou de tout autre système qui projette, sur un écran, disposé à 4 ou 5 mètres en avant de l'appareil, un puissant faisceau lumineux contenant l'image de l'objet placé dans l'appareil.

C'est ainsi que l'on peut montrer des photographies sur verre reproduisant avec la plus grande netteté des vues rapportées de voyages d'exploration; c'est ainsi que l'on peut agrandir les préparations microscopiques les plus délicates; c'est ainsi enfin, que pendant le siège de Paris on déchiffrait, au bureau de la rue de Grenelle, les dépêches apportées de province par les pigeons voyageurs, dépêches dont chacune occupait à peine, sur une feuille de papier pelure, l'espace d'un millimètre carré.

Les petites lanternes magiques électriques ont tout récemment fait leur apparition dans les rues de Paris; la mode est aux machines automatiques : mettez deux sous, et vous verrez... Ah ! dame, je ne peux pas dire ce que vous verrez, le spectacle change tous les jours.

Nous ne nous arrêterons pas à décrire l'aspect extérieur de la machine que chacun peut contempler à son aise dans les rues de Paris; nous passerons immédiatement dans la coulisse, autrement dit nous examinerons l'intérieur, ce qui n'est pas donné à tout le monde.

Et d'abord, voici les faits : nous mettons 10 centimes dans la tire-lire et nous appliquons l'œil devant la lentille placée immédiatement au-dessus. D'obscur qu'il était, l'intérieur s'éclaire subitement et nous voyons défiler, de bas en haut, une série de dessins dont chacun s'arrête de façon à nous donner le temps de l'examiner; on y voit des portraits de célébrités, des sujets d'actualité, des reproductions de tableaux, et le spectacle change chaque jour.

Le gros sou déposé dans la tire-lire glisse dans un tuyau, fait basculer un levier et s'emmagasine dans une boîte; sa mission est terminée.

Le levier en basculant ferme le circuit d'une pile de neuf éléments à travers un moteur Trouvé qui se met en marche, faisant tourner le châssis qui porte les images, et allumant en même temps une petite lampe Swan garnie d'un réflecteur. De ce fait, le panorama mouvant est éclairé; encore faut-il que chaque dessin s'arrête pendant quelques secondes devant l'œil de l'observateur qui, sans cela, n'en aurait pas pour son argent. A cet effet, le châssis qui porte les images est garni de dents qui, toutes les sept secondes, sont embrayées par un doigt appartenant à l'arbre du moteur, de sorte que, toutes les sept secondes, on passe d'une image à la suivante. Pendant ce temps, une came en colimaçon abaisse graduellement le levier que le sou a fait basculer et qui a donné le signal du lever de rideau; quand le colimaçon est à bout de course, crac! il y a une chute, le levier a repris sa position première, tout s'éteint, la toile tombe. Mettez deux sous et vous verrez... il n'y a pas d'entr'acte.

Auxanoscope. — L'auxanoscope électrique est un petit instrument imaginé par M. Trouvé, et qui tient à la fois des lanternes magiques scientifiques et des lanternes magiques amusantes. Comme les premières, il sert à projeter sur un écran les images grossies d'objets destinés à l'étude; comme les secondes il peut amplifier des photographies, des dessins, des gravures, en somme toutes sortes de corps opaques, de dimensions appropriées et convenablement éclairés.

C'est l'instrument lui-même qui se charge de l'éclairage. Il se compose (fig. 184) de deux tubes cylindriques

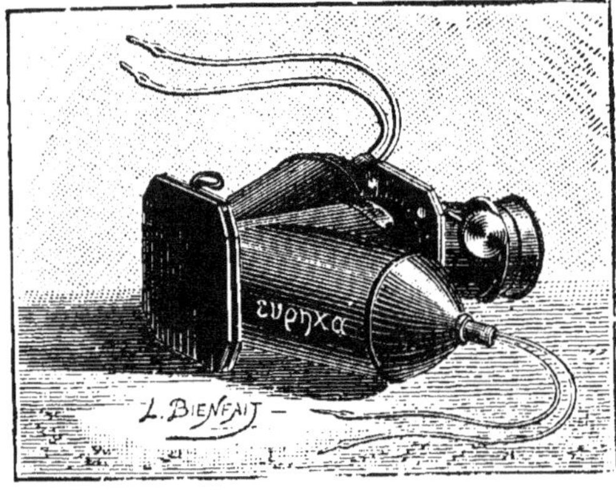

FIG. 184. — Auxanoscope Trouvé.

se raccordant. sous un angle déterminé, à l'endroit où se place l'objet à montrer. L'un des tubes est garni d'un objectif photographique, l'autre porte à son sommet une lampe à incandescence et un réflecteur.

La lampe est alimentée par les batteries de M. Trouvé dont nous avons déjà parlé.

Dans un second modèle, l'inventeur a concentré sur l'objet à projeter, les feux de deux lampes; en résumé c'est un appareil identique au précédent auquel on a

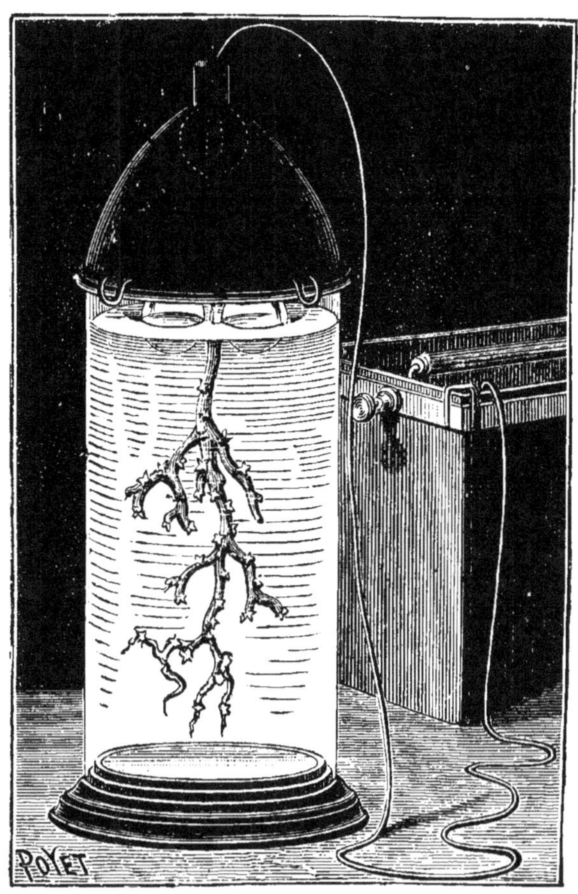

FIG. 185. — Éclairage des liquides.

adjoint un second tube à lumière. Enfin, un troisième modèle se prête également bien à l'amplification des objets opaques ou des photographies sur verre.

Application aux études de laboratoire. — L'histoire naturelle, la micrographie, la chimie trouvent un puissant auxiliaire dans l'éclairage électrique.

« Les deux appareils d'éclairage électrique que j'ai expérimentés dans mon laboratoire de la Sorbonne, sont appelés à rendre de réels services dans les stations zoologiques de Roscoff et de Banyuls pour lesquelles ces instruments ont été construits. Il n'est pas douteux que les chimistes, les botanistes et les minéralogistes ne puissent, comme les zoologistes, en tirer grand profit. »

C'est ainsi que s'exprimait M. Lacaze-Duthiers, le 3 août 1885, en présentant à l'Académie des sciences les deux appareils de M. Trouvé que représentent les figures 185 et 186.

Celui de la figure 185 est destiné à observer les animalcules en mouvement dans l'eau; en y plaçant de l'eau de mer, on peut y surprendre à chaque instant ce qui se passe dans les polypiers de toute sorte, les coraux, les éponges; on peut en faire un petit aquarium instantanément éclairé par une lumière très vive.

Au point de vue chimique, il permet d'étudier les phénomènes de cristallisation, la façon dont se mélangent les liquides, etc.

C'est un bocal en cristal dont le fond est garni d'un miroir argenté. Le couvercle est formé par un miroir parabolique au foyer duquel est suspendue une lampe à incandescence alimentée par une pile Trouvé. Par suite de la disposition du miroir parabolique servant de couvercle et du miroir plan formant le fond du vase, les rayons lumineux réfléchis parallèlement forment un faisceau cylindrique qui éclaire très fortement tout le liquide contenu dans le vase.

L'appareil représenté par la figure 186 est plus spécialement destiné à l'étude des fermentations ; il ne diffère
du précédent qu'en ce que le couvercle est vissé sur une
garniture métallique adaptée aux bords du bocal en

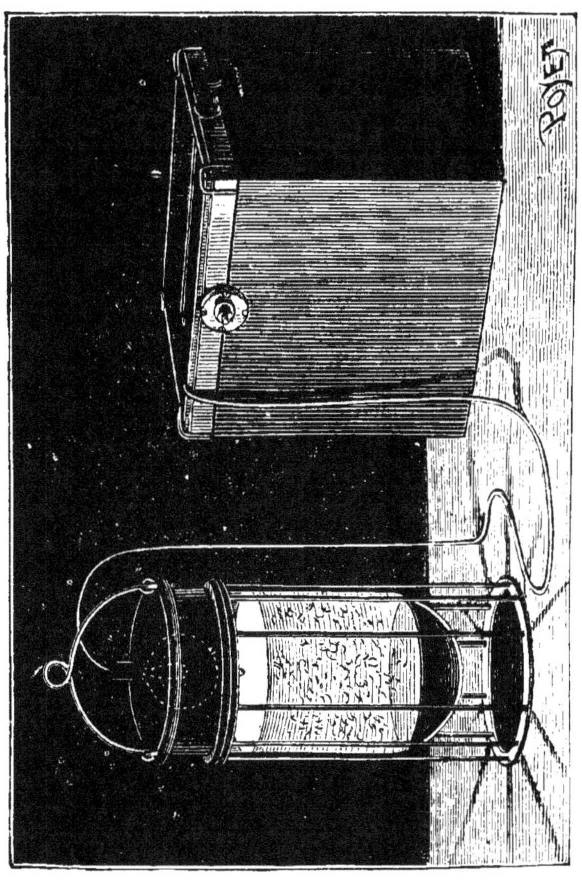

Fig. 186. — Appareil à fermentations.

cristal, permettant de le clore hermétiquement et de
mettre les liquides qu'il renferme à l'abri du contact de
l'air.

Applications aux dissections et aux opérations chirur-

gicales. — Ici nous devons nous borner à des généralités, sous peine de décrire en détail chacun des appareils
de chirurgie auxquels l'éclairage électrique a été adapté;
cette tâche nous semble trop lourde, et d'ailleurs une
telle étude ne saurait intéresser que les spécialistes qui

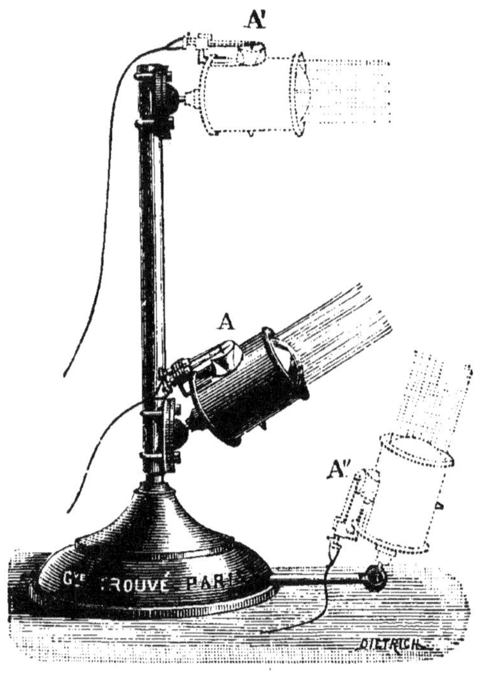

Fig. 187. — Photophore électrique.

en savent plus long que nous, et les patients qui ont
bien le temps de s'instruire.

MM. Hélot et Trouvé ont désigné sous le nom de
photophore électrique un petit instrument composé d'une
lampe à incandescence emprisonnée dans un tube métallique bouché d'un côté par un miroir concave, de
l'autre par une lentille convergente. Plaçons.la source

lumineuse au centre de courbure du miroir concave et au foyer principal de la lentille convergente, nous aurons obtenu, sous forme de faisceau cylindrique, le maximum d'éclat que puisse fournir la lampe dans une direction donnée.

En adaptant le photophore à un pied à glissière, comme le montre la figure 187, on peut opérer les dissections les plus fines, en éclairant fortement les préparations.

L'instrument alimenté, bien entendu, par une pile ou par un accumulateur peut se placer sur le front du chi-

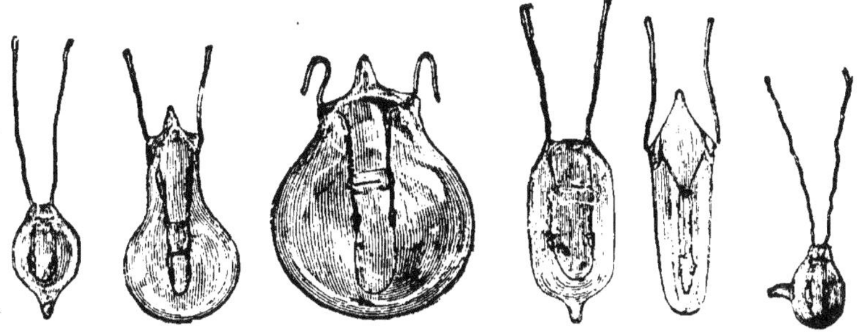

Fig. 188. — Lampes chirurgicales.

rurgien et y être maintenu par une courroie entourant la tête; il peut, de plus, être articulé et se mouvoir dans tous les sens, au gré de l'opérateur dont les mains restent libres. Il devient ainsi aisé d'explorer les différentes cavités du corps humain et d'opérer les lésions dont elles sont le siège.

De petites lampes à incandescence s'adaptent également à différents instruments de chirurgie, et l'usage du laryngoscope électrique s'est généralisé. Celles de la figure 188 sont des lampes Edison-Swan.

La lampe se place à l'extrémité de l'instrument; elle est enveloppée par une double ampoule à travers laquelle circule un courant d'eau empêchant l'échauffement et garnie d'un réflecteur. On peut ainsi très distinctement examiner le larynx, et même en photographier les moindres détails; pour cela, une chambre noire s'applique sur le manche de l'appareil et reçoit par réflexion l'image du tube respiratoire. L'appareil que représente la figure 189 est construit par la maison Woodhouse et Rawson, de Londres. M. le Dr Stein a imaginé un instrument qui rend solidaires le laryngoscope, la source lumineuse et l'appareil photographique, le tout restant dans la main d'un seul opérateur. Le déclenchement de l'obturateur s'obtient par un système électrique commandé par un bouton adapté au manche du laryngoscope.

Un autre instrument sert aux dentistes pour explorer la bouche. La lampe y est disposée comme dans le laryngoscope, mais comme ici, l'appareil peut être, sans inconvénient, plus volumineux, on a placé autour du manche une sorte de rhéostat permettant de régler l'intensité lumineuse de la lampe. C'est un fil de médiocre conductibilité dont, à l'aide d'un anneau mobile, on introduit une plus ou moins grande longueur dans le circuit.

Entre les mains des médecins oristes, la même lampe sert à éclairer un petit cornet métallique introduit dans l'oreille pour en examiner les parties profondes ; il prend alors le nom d'*otoscope*.

M. de Changy construit des lampes dont l'ampoule est opaque, à l'exception d'un seul endroit renforcé en

forme de lentille; c'est par là que l'appareil émet toute
sa lumière sous forme de faisceau parallèle. Dans tous ces
appareils, les inventeurs se sont bornés à produire une
source lumineuse plus ou moins intense. plus ou moins
commode, mais la partie optique y a été un peu négli-
gée ; il en est autrement dans les instruments connus

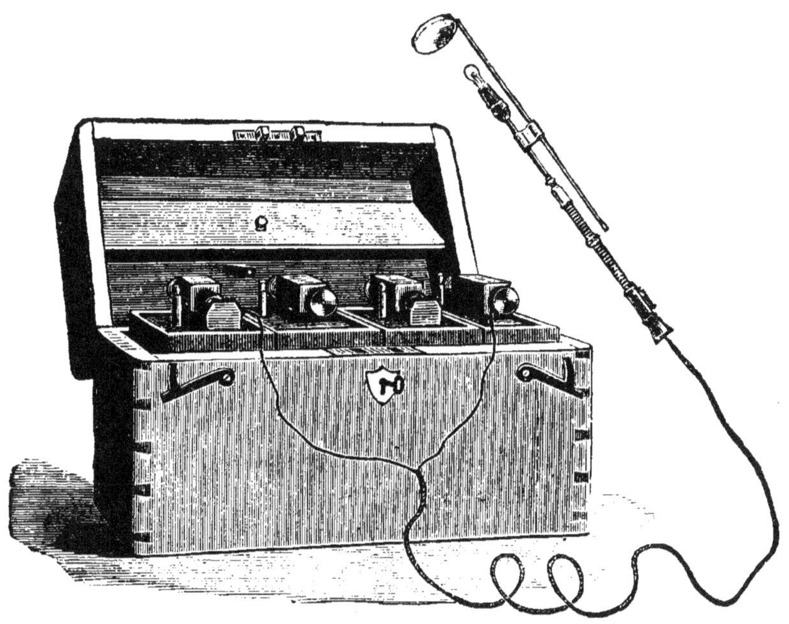

Fig. 189. — Laryngoscope électrique, construit par Woodhouse et Rawson.

sous le nom de *mégaloscopes*. Ces instruments, qui s'adaptent à toutes les grandes sondes destinées à observer les
muqueuses des cavités humaines, sont de véritables
appareils de précision. Le mégaloscope, présenté en 1885,
à l'Académie des sciences et à l'Académie de médecine
par le Dr Boisseau du Rocher, s'adapte à une sonde de
6 millimètres de diamètre sur 50 à 60 centimètres de

longueur; il comprend un appareil d'éclairage et un appareil d'observation.

La lampe, située à l'extrémité de la sonde, droite ou recourbée, suivant l'usage auquel on la destine, éclaire la muqueuse à observer. Un prisme à réflexion totale, surmonté de deux lentilles planes convexes, dont les convexités se regardent, compose un système optique donnant une image réelle, renversée et très petite de la partie éclairée ; c'est cette image qu'il s'agit de redresser et d'amplifier de façon à lui donner des dimensions égales ou supérieures à celles de la surface observée. Ce rôle est rempli par la *lunette mégaloscopique*, sorte de microscope dont l'oculaire mobile permet d'obtenir tel grossissement que l'on désire. Une première lentille opère le redressement, tandis que l'oculaire amplifie l'image qu'il est généralement suffisant d'obtenir de même grandeur que l'objet examiné.

Les instruments construits par M. Chardin pour la galvano-caustique et la lumière électrique constituent des ensembles alimentés par les piles à circulation de M. le docteur Boisseau du Rocher.

La disposition de cette pile la rend très portative, le liquide ne pouvant s'échapper ou remonter dans les vases supérieurs que sous l'action de la pression provoquée par l'opérateur.

Dans la figure 190, cette pression s'obtient par une sorte de soufflet à pédale sur lequel agit le pied du chirurgien, tenant de la main droite un laryngoscope dont la petite lampe s'illumine dès que la pile entre en fonctions.

Applications à la photographie. — Ce que recherche le

photographe, c'est la lumière par tous les temps; c'est
pour cela que les uns choisissent pour leurs ateliers les
étages des maisons les plus rapprochés du ciel, ce qui ne

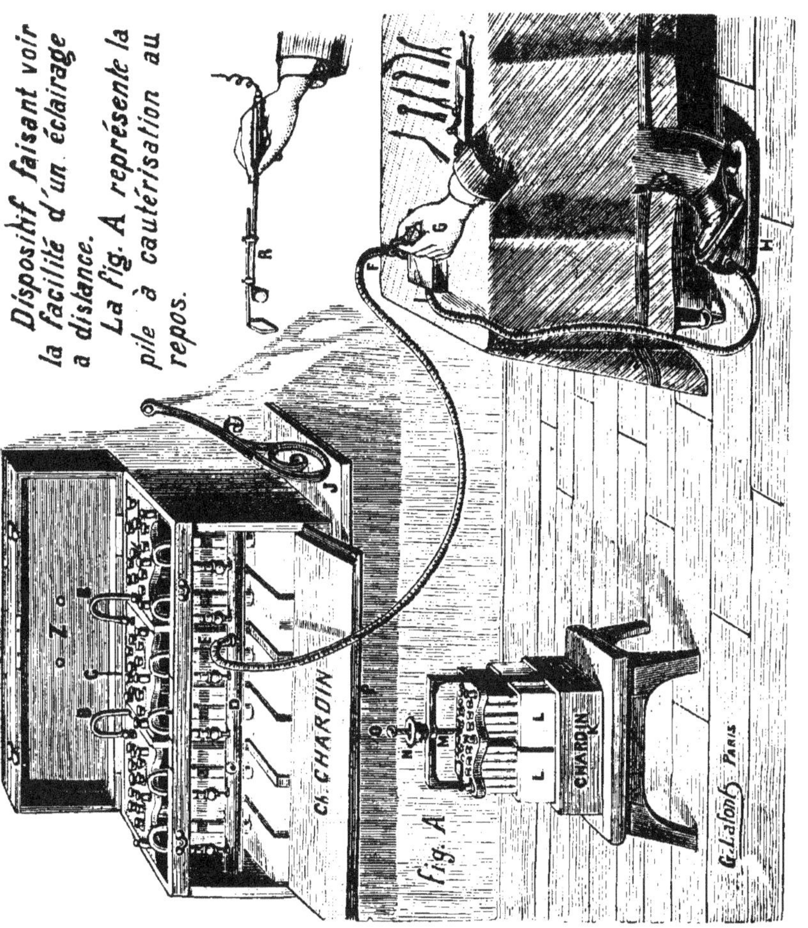

Fig. 150.

laisse pas d'être une gêne pour les clients, tandis que
d'autres organisent, plus près du sol, des constructions
vitrées permettant de répartir la lumière en abondance
sur les objets à reproduire. La lumière électrique avait là

sa place indiquée ; aussi, dès 1864, signalait-on à Vienne une installation de ce genre. Toutefois, pour le photographe, il y a lumière et lumière ; les rayons chimiques se mettent de la partie : la lumière jaune ne lui convient pas, et c'est le cas de celles que fournissent les lampes à incandescence. Mais si ces lampes à reflets dorés se prêtent mal à l'éclairage des sujets de pose, la coloration de leurs rayons les rend tout à fait propres à l'éclairage des ateliers.

La puissance des régulateurs à arc, les propriétés chimiques de leur lumière les font rechercher, au contraire, pour l'éclairage des objets pendant la pose ; mais ici encore, il y a une difficulté à vaincre.

Ce flot de lumière intense projette des ombres dures qu'il s'agit d'adoucir, et l'emploi direct des rayons de l'arc voltaïque ne donnerait que de mauvais résultats. Il faut de la lumière, pas trop n'en faut, ou si on en a trop, il faut la diffuser. Tel a été l'objet des dispositifs employés dans les ateliers de pose des photographes.

A Paris, à Londres, à Berlin, dans toutes les capitales enfin, et dans beaucoup de grandes villes, on trouve des ateliers de photographie où la lumière électrique remplace la lumière solaire insuffisante ; partout le principe de l'appareil éclairant est le même, partout aussi les détails sont variés, nous nous bornerons donc à donner une idée générale du procédé.

Le régulateur à arc est placé au foyer d'un réflecteur d'environ deux mètres de diamètre, tapissé de papier blanc ; en avant de la lampe, un petit miroir concave recueille les rayons, les renvoie sur le grand réflecteur et masque à la vue l'arc voltaïque lui-même ; c'est le faisceau réfléchi qui éclaire les objets à reproduire. Le régulateur est alimenté par une machine magnéto-électrique que met en marche un petit moteur à gaz.

Applications domestiques. — Après ce long voyage à travers les installations de toutes sortes, rentrons à la maison et voyons comment, à notre tour, nous pourrons jouir des bienfaits que nous avons tant admirés chez les autres ; comment, avec nos modestes ressources, nous éviterons l'odeur désagréable, la fumée et les dangers de la lampe à pétrole qui éclaire nos travaux du soir ; comment nous pourrons supprimer l'atmosphère chaude et viciée que nous procure le gaz ; comment, enfin, le simple jeu d'un commutateur nous permettra d'obtenir de la lumière alors qu'une boîte entière d'allumettes n'y suffit pas.

« La lumière électrique par incandescence, dit M. H. Fontaine, est la seule qui ne consomme pas d'oxygène, la seule qui ne produise pas d'acide carbonique. Son manque de dégagement de chaleur est un avantage en été, et il n'a d'autre inconvénient, en hiver, que d'augmenter les frais de chauffage de l'appartement.

« Nous ne conseillons d'ailleurs pas l'emploi de l'électricité aux personnes qui veulent réaliser des économies sur leur éclairage domestique ; au contraire, nous considérons la lumière par incandescence comme une lumière de luxe, d'un prix très élevé. »

Nous appuierons de quelques exemples les conclusions du savant électricien.

M. Preece, en Angleterre, possède dans sa maison 50 lampes à incandescence alimentées par des accumulateurs, chargés chaque jour par un moteur à gaz ; son installation lui a coûté 10.000 francs, et chaque lampe en service lui revient à plus de 800 francs; tout le monde ne peut pas se payer cela.

M. Hippolyte Fontaine estime à 150 francs par lampe un aménagement de cette nature réalisé en France.

Machines à vapeur, moteurs à gaz, moteurs hydrauliques, piles primaires, accumulateurs, tout cela est d'un prix élevé, tant pour l'achat que pour l'entretien. Ce n'est pas à la portée des petites bourses.

Reste l'abonnement à des stations centrales; malheureusement il n'y en a pas partout.

Conclusions. — L'éclairage électrique est-il économique? Telle est la question que le lecteur doit se poser après avoir parcouru ce petit livre. Tantôt nous avons dit *oui*, tantôt nous avons dit *non*. Actuellement encore nous disons *oui* et *non*.

L'éclairage électrique est économique tous les fois que l'installation dépasse certaines proportions, toutes les fois que l'on a besoin de beaucoup de lumière dans un grand espace.

L'éclairage électrique est onéreux toutes les fois que la consommation est restreinte.

Nous écartons, bien entendu, le cas où une usine centrale se charge de la distribution; c'est alors à chacun de voir s'il lui convient d'adopter ou non le tarif et de calculer s'il y trouve son compte.

FIN

LYON — IMPRIMERIE PITRAT AÎNÉ, RUE GENTIL, 4.